大漠奇迹

亿 利 治 沙 哲 学

奇迹

王文彪

著

GREEN WONDER

ELION'S DESERT

PHILOSOPHY

中信出版集团 · 北京

图书在版编目（CIP）数据

大漠奇迹：亿利治沙哲学 / 王文彪著 . -- 北京：
中信出版社，2019.1
ISBN 978-7-5086-9880-9

I. ①大… II. ①王… III. ①沙漠治理 – 概况 – 内蒙
古 IV. ① P941.73

中国版本图书馆 CIP 数据核字（2018）第 288024 号

大漠奇迹——亿利治沙哲学

著　　者：王文彪
出版发行：中信出版集团股份有限公司
　　　　　（北京市朝阳区惠新东街甲 4 号富盛大厦 2 座　邮编　100029）
承 印 者：北京盛通印刷股份有限公司

开　　本：880mm×1230mm　1/32　　印　张：12.5　　字　数：200 千字
版　　次：2019 年 1 月第 1 版　　印　次：2019 年 1 月第 1 次印刷
广告经营许可证：京朝工商广字第 8087 号
书　　号：ISBN 978-7-5086-9880-9
定　　价：58.00 元

目 录

第一章
地球的"癌症"：荒漠化

第二章
绿进沙退：库布其信念

第三章
生态文明：库布其沙漠治理的理论基础

第四章
创新驱动：库布其模式

第五章
维持生态平衡：沙漠治理与产业发展

第六章
重启希望：沙漠治理与精准扶贫

第七章
为京津冀护航

第八章
循环经济体系：沙漠治理的效益分析

第九章
绿色共享：库布其精神与文化传承

第十章
沙漠科技：库布其模式的推广与发展前景

附录
库布其生物多样性

位于内蒙古自治区的西部，与北京直线距离 800 千米，中国第七大沙漠库布其曾经沉睡如死亡之海。这里的农牧民们饱尝沙漠生活的苦涩艰辛。经过 30 年艰苦卓绝的治理，如今，这片 1.86 万平方千米的大沙漠，1/3 面积已经披上了绿装，创造了世界奇迹。

美国国家地理杂志记者乔治·斯坦梅茨 摄于 2016 年 9 月

为天地立心　为沙漠立道

——我的治沙哲学

万物皆载道，沙漠亦载道。

"道"是中国传统文化的精髓，是中国哲学的最高范畴。道对中国哲学思想的影响是根本性的，自它产生之日起，就对中国的哲学、美学产生了极大的影响。人类最大的道是天人合一、道法自然。人与自然和谐是立世之本、科学之本、发展之本。习近平总书记提出："我们应该遵循天人合一、道法自然的理念，寻求永续发展之路。"总书记强调，我们追求人与自然的和谐、经济与社会的和谐，既要绿水青山，又要金山银山，宁要绿水青山，不要金山银山，而且绿水青山就是金山银山。这一论断从生存论高度揭示了经济发展与环境保护的本质联系，为发展方式变革和文明类型转型奠定了哲学基础。

沙漠是有生命的，是生态的一部分，只不过是变坏了的生态。"库布其"为蒙古语，意思是胜利在握的弓弦，因为它处在黄河边，像一根挂在黄河"几字弯"上的弦，因此得名。库布其原本不是沙漠。据历史记载，3 000 年前，库布其沙漠曾是森林覆盖、水草肥美的宜居宜牧地区，养育着猃狁、戎狄、匈奴等中国古代少数民族。《敕勒歌》"敕勒川，阴山下，天似穹庐，笼盖四野。天苍苍，野茫茫，风吹草低见牛羊"描述的就是这一带的美景。商王曾在这里筑朔方城来抵御猃狁的入侵。2 000 年前，汉武帝北逐匈奴，在这片土地上设朔方郡，修葺朔方城，进一步巩固了中原对这片土地的管辖和统治。自商代后期至战国，气候变得干冷多风，使沙源裸露，并提供了动力条件。

1 000 年前，据《魏书·刁雍传》记载：刁雍军需粮道的流沙已严重影响了交通，流沙已相当严重。据历史考证，此军需粮道经过今鄂托克旗西部到杭锦旗北部的沙漠地带，这表明北魏时期库布其沙漠已经形成。而此时的气候处于低温期，生态环境脆弱，森林植被一旦破坏，短期内难以恢复，为形成流动沙丘提供了气候条件。

到唐代，鄂尔多斯北部陆续出现沙漠，即被称作"普纳沙"和"库结沙"的沙丘地带。

100 多年前，清朝光绪二十八年（1902 年），清王朝废止以前实施 250 多年的关于限制汉民移居蒙地的"边禁"政策，正式开放蒙荒，并改私垦为官垦。在内蒙古实施的这一所谓"新政"，敞开了内地汉民大量涌入草原地区的门户。光绪二十九年（1903 年）3 月，清王朝同意在杭锦旗开垦约 1 000 公顷土地，在达拉特旗开垦约 2 000 公顷土地。凡开垦处，一切树木都被砍光伐尽。

库布其沙漠的形成有地质、气候因素，更有人类活动导致沙漠扩展、沙丘活化、土地沙化的重要因素。

无论是北洋军阀政府还是国民党，均沿袭了清朝放垦内蒙古草原的"蒙地汉化"政策，并为此制定了许多奖励开垦的办法。伴随从沿海各省通往内蒙古铁路的修筑，移民大量涌入，使草原地区开垦规模进一步扩大。

过去的库布其沙漠散居着几万农牧民，他们就像星星洒落在星空一样，在沙丘的深窝里面很难被找到，过着最原始的生活。

中华人民共和国成立时，库布其沙漠每年向黄河岸边推进数十米、流入泥沙 1.6 亿吨，直接威胁着素有"塞外粮仓"之称的河套平原和黄河安澜，沙区老百姓的生存和生命安全常受其扰。20 世纪八九十年代，冬春时节狂风肆虐，黄沙漫卷，800 千米之外的北京由此饱受沙尘暴之苦。

1988 年，亿利集团诞生在库布其沙漠腹地。饱含着对这片土地的热爱，感应到大漠生命的呼唤，秉持活下来并且要活得更好的朴素追求，我们扎根库布其，躬耕 30 年，把一片死亡之海变成经济绿洲，重建了人与自然和谐共生的关系，重现了千年之前"风吹草低见牛羊"的美好图景，实现了"绿水青山就是金山银山"。我们改变了沙漠的命运，也改变了自己的命运。

回望 30 年，以什么理念来指导总结库布其经验，揭示亿利企业生存发展之道？用一句话来说，"精神为体，模式为用"。库布其模式是对亿利库布其 30 年治沙的真实写照，本书对库布其模式进行全面、深刻的介绍与说明。我们还有一项重要的任务，就是探讨这一模式的精神起源与发展。

立言的背后是境界

古人讲"三不朽"：立德、立功、立言。首先是立功，立功之后就会有功德。在"三不朽"中，还要重视立言。孔子的《论语》，传之百代而不衰。这就很好地体现了"立言"的力量。立言，就是把经历、经验上升为理论，从理论上把它研究透，考察从经济层面的"亿利"到思想和精神层面的"亿利"。

　　企业家的境界有高有低，立言的背后是境界。我曾经看过一篇文章，讲企业家的三种境界：草商、儒商、哲商。草商是富有冒险精神、实干主义的"草莽英雄"。他们为生存而奋斗，凭经验管理，靠直觉做事，敏于行、讷于言、拙于思。他们就像商业丛林中的"土狼"，体格强健，四处奔跑，永不疲倦，永不言败。这些人构成企业家的主体。

　　儒商是以知识武装自己、具有"士魂商才"的商人。所谓"士魂"，就是严守商业道德，诚信为本，谋利有度；所谓"商才"，是指企业家在商场中修炼有成，善于抓住商机，把握经营之要，圆融管理智慧，熟练运用各种管理方法和工具。他们就像以敏捷和速度著称的猎豹，能够巧妙地避开陷阱，迅猛地抓住猎物。他们世事洞明，人情练达。

　　哲商是商人和哲人的结合体，是用智慧统帅知识的新商人，在经营中体现的是大智慧，不是小聪明。在很多情况下，他们的行事方式往往令"土狼""猎豹"们难以理解。美国前总统小布什上台后，减税 1.6 万亿美元，其中包括遗产税 300 多亿美元。这个政策对富人非常有利，却遭到了比尔·盖茨、索罗斯、巴菲特等 120 多名商人的联名上书反对，原因就是他们不想自己的第二代不劳而获，这项政策将会影响美国未来长久的国力。心里时刻装着国家与社会，这就是哲商的情怀。哲商首先想的是国运，国运决定家运。哲商就是以企业为平台，以财富为力量，以报效社会为己任，以利益众生为追求。在企业成功、事业有成的同时，哲商也实现了人生意义的升华和智慧的圆满。哲商是商人的最高境界。立志把大漠变绿洲的勇士们，拥有深沉的家国情怀。

　　哲商是现代企业家应该力求达到的境界。两院院士、建筑学家吴良镛认为建筑学并不完全是盖房子，而是研究人居环境的科学，"美好的建筑环境的缔造，不仅在于建筑师的职业技巧，还寄托于缔造者高尚的心灵"。他还讲过，建筑师不仅要成为工匠，而且要成为哲匠。因为工匠可以治国，而哲匠可以救国。央视推出的《大国工匠》节目，体现的精神就是人文精神，一种哲匠的精神。我国现在每年大学毕业生近 800 万人，比美国、欧洲、日本、加拿大、澳大利亚的毕业生加起来还要多。从人数来说，中国不缺工匠，但是缺工匠精神。工匠精神在本质上是一种人文精神，具有人文精神的工匠才有可能成为哲匠。

任何事物都有形而上的层面，也有形而下的层面。古人讲，形而上者谓之道，形而下者谓之器。哲学思维就是让人们从市井生活中、具体事物中跳出来，想一想人生之中什么是重要的，什么是次要的，让人们抓住重要的东西，看开、放下次要的东西，提升自己的境界。

大到治国理政，小到企业管理都要靠哲学。作为一家企业，要有自己的企业文化，也要为自己的企业立言，这个立言应该是哲学层面的立言。乔布斯说过一句话："我愿意把我所有的科技去换取和苏格拉底相处的一个下午。"可见，伟大的领袖、真正的企业家都希望自己在哲学方面有所进步。

道心是真正恒久的品德

西方哲学的旨趣是"爱智"，中国哲学的志向是"闻道"，这是中西哲学的重要区别。一个是知识论体系，以理智作为知识的裁判者；一个是本体论体系，把人作为知识的裁判者，这是两者不同的地方。

"道"是老庄哲学的最高范畴，也是中国哲学的最高范畴。哲学家金岳霖先生指出，每一种文化类型都有它的核心思想，而每一个核心思想都有它最崇高的概念和最基本的原动力。中国思想中最崇高的概念似乎是"道",所谓行道、修道、得道,都是以"道"为最终目标。各家所欲言而不能尽的道,国人对之油然而生景仰之心的道,万事万物之所不得不由、不得不依、不得不归的道,才是中国思想中最崇高的概念、最基本的原动力。

以"道"为体来总结库布其模式,就是希望从认识论角度、价值论角度、历史观角度都可以总结。今天我们侧重从本体论角度来理解和总结库布其模式。本体论涉及人生观、生死观,比如人生何来、死归何处、人生何为,这些最终极的问题都要从本体论的角度去看。

要把握道家的"自然之思",还要解决两个关系,即道与自然的关系、道与人心的关系。对于道与自然的关系,老子说,"道法自然"。河上公注曰:"道性自然,无所法也。"道不违自然,乃得其性。道大、天大、地大、人亦大,这四大都是按自然原则运行。"天人合一"就是道,就是自然。"人与天一也",就是人与天都遵循道,遵循自然。庄子讲:"万物皆出于机,皆入于机。"机就是天机、天道。自然是道的根本属性,也是道的存在方式、人的存在方式。所以,在天地万物的自然本性中,包含了人的自在与自由。如果能做到天、地、人圆融为一,遵从大漠之自然,使得人和山水林田湖草沙各得其所,各得其品性,人就会尝到知天、事天、乐天、同天的乐趣与境界。辅万物之自然才能功成事遂,这奠定了我重新解读沙漠的认识论基础。

我们讲道和自然的关系,目的是了解它们与人类生存发展的关系。历史哲学中有两个重要的概念:一个是天道,另一个是人事。天人合一,天人不二,就是由人事以见天道。处理好天道与人心的关系,是解决天道与人事关系的关键。道之或隐或显,万物之性或成或毁,皆系于人心。我们经常讲,凡事要尽人事,听天命。在命运面前,不是俯首帖耳,而是奋起抗争,寻找命运与自身内在的关联,设法逃离

"神谕"的预言。

历史周期律既是规律，也是命运。怎样避免人生和事业的悲剧？老子强调"以道莅天下"，庄子则提出了至人理想。至人就是"知天之所为，知人之所为，至矣"。至人之心就是"顺物自然而无容私焉"。你把天和人都了解了，你就成了至人。至人之心就是顺应自然而不容私，没有私心杂念。

为什么要以至人为理想？因为只有至人才能与天地合其德，达到天人合一、与天同契的境界。只有基于道心的至人，才不会以经济状况为转移，做到富贵不能淫，贫贱不能移，威武不能屈。至人之心所拥有的道德是真正恒久的品德。有道心的企业家，其发展可以造福国民。无道心的企业家，缺少守正出奇的能力，把握不住大势，甚至会有害于国计民生。

认知革命：重建人与自然的伙伴关系

人是万物之灵，自然界在人身上实现了自我意识，道心是与道合二为一的心，道心最集中体现了人的超越本性。人的超越精神是自觉认识和无限接近天道的精神，正是它决定和建构了通达的人生观与生死观。

北宋理学家张载在《西铭》一文中，对天地境界有明确的表述。什么是天地境界？太虚就是气，万物皆由气聚而生成，万物既散而为太虚。这就是说万物散了之后，又回归太虚。每个生命，气聚的时候是吾体，气散的时候也是吾体。既然天地万物都是由于气聚和气散而造成的，那么全部的生灵都是我的同胞、我的朋友。"民吾同胞，物吾与也。"这就是他的宇宙观、他的天地境界。

宇宙万物是平等的，互为伙伴、互相共存。比如沙漠，它不仅是人的无机的身体，还把它的物产转化为我们有机生命的组成部分。沙漠也是有生命的，懂得知恩报恩，"你敬它一尺，它敬你一丈"。亿利人就是以这种态度来对待库布其沙漠的。亿利人治沙经过三个阶段：一是功利性的，为了保住盐厂不被流沙侵蚀；二是有深沉的家国情怀，为了保护家园故土，上升到社会道德层面；三是进一步上升到天地境界和宇宙层面，为了实现人与自然的和谐共生，实现厚道共赢。当大漠压迫我们无法生存的时候，我们想不到后面这两层。那时候，我们厌恶沙漠、害怕沙漠，认为沙漠有百害而无一利。但是，当大漠被我们捂在手里，被我们改造得越来越好时，我们跟它的生命的联系、情感的联系会越来越多，跟它的亲情血脉关系、朋友关系会越来越显著。这是一场跨越 30 年，逐步进行的认知革命。

这种认知革命就是"独与天地精神往来而不敖倪于万物"，追寻"天地与我并生，而万物与我为一"的大化境界。人与自然和谐共生是新的治沙理念，它超越了"沙进人退"还是"人进沙退"这一机械思维层面，超越了"人沙对立、以人灭天"的陈旧理念。这个过程体现了库布其儿女对大漠最深沉的爱，他们用实际行动诠释了中华民族天人合一的生存智慧，实践了"人与自然和谐共生"科学的自然观。

这 30 年，我们与沙漠、与自然和谐共生，"共在存在"原则体现在方方面面。比如，"科学为体、技术为用"，我们通过发明创造"微创气流植树法""风向数据植树法"等治沙造林新技术，不仅大大提高了治沙效率，提升了植物成活率，减少了治沙投资，而且使人与自然相互伤害最小化。经过 30 年的艰苦奋斗、认知革命，我们通过自己的双手和汗水，终于唤醒了沙漠的潜能。在思考治理荒漠化的问题上始终保持超越性的维度，这是亿利集团的宝贵品质，和我们"厚道共赢"

的企业核心价值观一脉相承。

超越精神：扼住命运的咽喉

历史哲学讨论天意、天命、天理，认为"无假其私以行其大公"。王夫之告诫人们要做"独握天枢"的勇士。"得天地之纲，知阴阳之房，见精神之藏，则数可以夺，命可以活，天地可以反覆。"也就是说，当你懂得了本体的来龙去脉之后，你的命数是可以夺过来的。命可以活，数可以夺。

讲到这里，我想从另一个角度来看亿利的成长。第一是命数，我和大部分第一代亿利治沙人都是命中注定生于斯、长于斯的沙漠之子。我生于库布其沙漠，而不是生在北京、上海、广东，我就是一个沙漠的孩子。第二是大漠的呐喊，沙漠是有生命、有灵魂的。"五元钱治沙"的决策是扼住命运咽喉的起点，作为万物之灵的人，首次听懂了大漠的呐喊。它唤醒了我们的使命感，唤醒了我们的良知。治沙的决策表明我们从传统商人向现代企业家的转变，把赚钱作为实现理想的手段，而不是把赚钱当成实现理想的目的。第三是使命，就是把大漠的托命上升为人的使命。第四是命运，就是把完成使命当作自己命运的核心信念，通过 30 年的耕耘改变了库布其人的命运。

做一件事，重要的是要有良好的动机和正确的价值观。良好的动机和正确的世界观，源于对生命的意义始终坚信不疑，信念不败，人生才能不败。人要有从现实世界的烦恼中超越出来、倾听天籁的能力，以及把握天道的能力，这是事业长盛不衰的关键。

超越精神就是企业家的理想和信仰。不忘初心，牢记使命，为人类治沙，将生命和灵魂融入库布其。我把一生矢志不渝的使命称为自己的命数和命运，也就是自己的天命。从这个角度来说，亿利已经扼住了命运的咽喉。

价值观的核心是理想信念

作家毕淑敏多年前曾写过一篇文章，题目叫《造心》。文章说蜜蜂会造蜂巢，蚂蚁会造蚁穴，人会造房子、机器、美丽的艺术品以及写动听的歌，但人最宝贵的东西是能够造心。人不仅能运用双手为自己造心，而且能为企业造心，甚至能为天地造心，为沙漠立道。万物皆载道，沙漠亦载道，通过我们内心把"道在大漠"揭示出来。亿利治沙勇士是沙漠生灵所化之人，也是沙漠绿化的托命之人。我们把治沙视为使命，进而把治沙使命变为信念和信仰，这种信念进入心灵，深入骨髓。信念先是发生在个别人身上，然后变为领导集团的信念，之后又扩大为核心团队的信念，最后演变为全体亿利人的信念。随着治沙的成功，这种信念又变成所有库布其人的心理基因。

价值原则源于本体论和存在论，源于天人合一、道法自然的本体论承诺和存在论假设，并由此生发出一系列思想原则，如人与沙漠和谐共生原则、激励型伙伴关系原则。哲学上有共在存在论原则，共在先于个人存在原则，人与自然、人与人关系理性原则，人与自然相互伤害最小化原则优先于人追求自然利益最大化原则，价值观与真理观辩证统一原则，科学为体、技术为用原则，等等。这些思想原则能否顺利贯彻，关系到市场化治沙和治沙产业振兴的未来。

在库布其，人与沙漠的共生关系已经形成，人们对沙漠的态度发生了转变，人人都说"我不恨沙漠了"。人们治沙的士气变了，思想观念也变了，由被动到主动，由大恨到大爱，由无奈到挚爱。通过经验，由感性到知性，由知性到理性，由理性到悟性，人们日益体悟到大漠之美和人性之美的相互辉映。庄子说，"天地有大美而不言"。人类成为与大漠进行情感交流的朋友，人作为大自然的产物，其精神的丰富和境界的提升同样离不开大自然。

绿水青山就是金山银山

Waters and Lu

当地人说："这几年，树多了，沙尘暴少了。没有治沙，就没有现在的好光景。"绿富同兴，生态效益、经济效益、社会效益同步提升。2018 年 12 月 15 日，生态环境部正式授予亿利库布其生态示范区为全国"绿水青山就是金山银山"实践创新基地。

美国国家地理杂志记者乔治·斯坦梅茨 摄于 2017 年 7 月

ountains are Invaluable Assets

我有一个梦想，那就是让荒漠越来越少，绿洲越来越多，造福更多人民。库布其沙漠不仅是我的出生地，也是我一生事业的植根之地。而这一事业的开端，始于对库布其沙漠的治理。库布其让沙漠经济学始终带着沙土的芳香，始终浸润着勤劳和汗水，始终闪耀着智慧的光芒。

我记忆中的库布其

我出生在库布其沙漠的北缘。记忆中的库布其风沙滚滚，树木罕见，草原鲜有，飞鸟难越。吃饭碗里是沙，睡觉炕上是沙，出门嘴里是沙。南北不通，里外不连，隔沙如隔世。沙漠里的人，有了病痛，要骑骆驼走好几天才能到达治疗地点。沙漠里的孩子，十三四岁才能出去上学。沙漠里的老百姓，只能游牧啃沙，饥寒交迫，流离失所。儿时的我，有两个痛苦的记忆，就是沙尘暴和饥饿。年少的我，有两个梦想，就是希望有个愚公把沙漠搬走，把沙漠变成绿洲，以及不再忍受饥饿。就是在这种环境下，父母省吃俭用供我读书，我考上了师范学校，当上了中学老师，后来当上了杭锦旗政府的秘书，逃离了沙漠，逃离了饥饿。

我为什么回到库布其

　　1988 年，是我在杭锦旗政府当秘书的第三个年头。听说库布其沙漠中的盐场要选拔一位年轻干部任厂长，我当时很冲动地就想去试试，但也很犹豫、很彷徨：一是怕下去干不了，丢了铁饭碗；二是怕父母反对。于是我硬着头皮征求母亲的意见，如我所料，母亲坚决反对。她说："你好不容易逃离了沙窝子，跳出了穷坑子，有了出息，再回去不是自讨苦吃吗？"我不敢反驳。我清楚地记得，那天晚上我做了一个梦，梦见上了一列火车去盐场，我回头一看，车轨没有了，就剩下了火车头。第二天，我把这个梦告诉了母亲，她没有多说什么。

　　开弓没有回头箭，我开始了一场没有终点的治沙马拉松。

我为什么治沙

一是生存所迫。企业要生存，老百姓要生存，就必须把沙子治住。那一年，我 29 岁，当上了杭锦旗盐厂的厂长。这个 18 平方千米的盐湖，供应着内蒙古中西部几十万人的食盐。但是漫漫黄沙吞噬着我们的盐湖，侵害着我们的工厂。新官上任三把火，我上任后下达的第一个厂长令，就是治沙。我们不到 100 人的厂子，挑出 27 个人组成林工队，并从每吨盐的利润中提取 5 元钱，一年大约花费 25 万元专门用于种树治沙，保卫盐湖。

二是基因所在。我的根在杭锦旗，魂在库布其。由于我出生在库布其，基因中赋予了对沙漠的深刻认知，这也是一种认识革命。这个革命就是一分为二地看待沙漠。在长期与沙漠的博弈中，我发现沙漠有祸害人的一面，但利用好的话就是一种财富，是有价值的东西，可以把问题变成机遇，把沙害变成沙利。

三是产业所需。我们是民营企业，不是公益组织，没有白来的投资，必须谋求市场化、产业化治沙。我们看准了沙漠的三个宝——"光热、土地和甘草药材"，在此基础上发展起了"1+6"的生态产业体系。

四是情怀所使。俗话说，"儿不嫌母丑，狗不嫌家贫"。20 世纪80 年代的杭锦旗是全国最贫困的旗县之一，库布其沙漠就占了杭锦旗 50% 的土地面积。库布其是我的家园，我的根扎在这里，所以我想尽我所能，去改变自己的家乡，建设自己的家园。

沙漠经济学的提出

经济学是关于经济发展规律的科学，是指导人类财富积累和创造的学问。沙漠作为地球最主要的陆地形态之一，占地球陆地面积的20%，拥有丰富的光能、风能、生物和土地资源，但一直没有一部以沙漠为研究对象的经济学专著。20世纪90年代初，我们在治沙路上艰难前行了四五年，吃了不少苦头，经历了不少教训，当然也找到了治沙赚钱的一些灵光。当时，我以一个企业经营者的视角和社会责任情怀思考与研究一个问题，就是怎样把治沙与生态有机统一，把生态与经济有机统一。对此，我学习、研究了古今中外经济学方面的一些思想，并于1992年大胆提出"库布其沙漠经济学"。提出这一理念，就是想在库布其构建"沙漠生态系统与企业、地区、农牧民经济协同发展"的可持续能力。当时，我们把库布其核心区也是亿利的治理区规划为"一带三区"。在此基础上，我们把库布其（核心区）划分为沙漠生态恢复与保护区（约4 500平方千米）、沙漠生态过渡保护区（约1 000平方千米）以及沙漠生态产业发展区（约500平方千米）。20多年来，在地方党委、政府的支持下，亿利会同社会投资者和当地农牧民严格按照"一带三区"规划，实施治沙绿化，推动生态移民搬迁、社区经济发展，构建生态绿色循环产业体系，实现了"治沙、生态、产业、扶贫"四轮平衡驱动与可持续发展，实现了生态系统建设与社会经济系统协调、和谐、相互驱动、共赢发展。

钱从哪里来

亿利库布其治沙的投资模式是"生态与生意相结合、公益与产业相结合、输血与造血相结合"。30年来，亿利公益性治沙投资33亿元，产业性治沙投资300多亿元，政府投资7 900多万元。

回头看，第一个10年是纯输血治沙，就是从亿利的能源化工主业利润中每年拿出 10%~20% 来进行治沙；第二个 10 年是输血＋造血；第三个 10 年特别是党的十八大以来，完全靠产业治沙实现了收支平衡、略有盈利、自我造血。

利从哪里得

经过几十年的努力，我们把沙漠变成了绿水青山和金山银山。我们的利，一是从土地中来，通过科技治沙，把沙漠变成生态农业用地、生态工业用地、生态旅游用地。二是从产业中来，在库布其搞了六大生态产业，"绿了沙漠、富了百姓、强了企业"。借用库布其老支书、民工联队队长陈宁布说过的一句话："在库布其，只要你肯干，遍地都是钱。"

治沙 30 年的体会

一是三代人坚守。

人生能有几个 30 年？我把最美好的 30 年献给了库布其沙漠，今年已经接近 60 岁。但是治理沙漠这场"马拉松"还在路上，还没有跑完。亿利治沙 30 年，三代人付出了艰苦卓绝的努力。第一代治沙人，除了我和几位创始人还坚守在岗位上，其他人有的退休了，有的出局了。第二代治沙人现在带着第三代，继续传承这份事业。

二是克服三大困难。

1）最大的考验是舆论的压力。从一开始，内部反对的声音不绝于耳，认为我是个疯子。我虽然是厂长，但班子成员大多比我大十几、二十几岁，每次在会上研究治沙，很多人都拍案而起，坚决反对。最后，我只能恳求他们同意我的决策。社会上不少人质疑我们治沙的动机：是不是沽名钓誉？是不是套取国家的资金？是不是侵害了农民的利益？再后来有人质疑我们是不是数字造林、数字扶贫，是不是仅在道路的两边搞绿化，没有在沙漠的腹地搞绿化，等等。耳听为虚，眼见为实。凡是去过库布其，目睹亿利人做的一切的人，还是心悦诚服的。

2）最大的困难是技术的突破。从治沙保盐湖开始，我们从零起步，没有老师，也没有教材。如1988年没钱买树苗，我用自己的幸福250摩托车作抵押，买了树苗，种10棵死9棵，非常心痛，当时恨不得给这些树磕几个头。后来大规模治沙开始，成片成片地种树，成片成片地死。20世纪90年代，我们从美国西雅图地区引进了价值2 000多万元的三角叶杨，想搞治沙产业速生林，后来发现杨树是"抽水机"，根本不能在本来缺水的沙漠里大规模生长。再如，我们在库布其腹地非常艰难地修了400多千米路。开一条道，第二天被沙子埋得无影无踪，再开再埋，反反复复与沙子抗争。再如，几十人的种树队伍进入沙漠深处，沙尘暴刮起来，迷失了方向，一天一夜找不到走出去的路。我们使用陈旧的飞机飞播。2003年春，一架用于飞播的飞机半空中突然失去动力，坠落在沙漠。得知消息的群众一起涌向沙漠寻找失事飞机，当大家抵达失事地点时，发现机上人员除了一些擦伤外并无大碍。就是在这种环境下，我们日复一日地坚守，年复一年地坚持，艰难地走到了今天。

3）最大的瓶颈是产业的支撑。长时期输血治沙让亿利捉襟见肘，只有产业治沙才是活路。一开始，我们只是在沙漠里种植药材甘草，种三年后才能采挖，周期很长，见效很慢。后来我们按照"平台＋插头"的经营策略，构筑一二三产业融合发展的沙漠产业体系。当时我不会说普通话，每次拜访客户前，总会把自己关在屋子里练个两三天。尽管这样，看上沙漠产业的人却寥寥无几，我们四处碰壁，处处遭白眼。

三是找到了三大"法宝"。

1）市场化治沙理念，是亿利库布其模式最鲜明的特色。亿利在库布其作为市场化的社会资本参与沙漠治理，让治沙事业能够汇聚政府、企业、社会和民众的磅礴之力，实现沙漠生态文明的多方共建、多方共治、多方共享。正是市场化的积极探索解决了"钱从哪里来""利从哪里得""如何可持续"等生态治理的老大难问题，让"沙患变成沙利，风沙变成风景，黄沙正在变成黄金"。

2）产业化治沙手段，是亿利库布其模式最蓬勃的动力。亿利30年来坚持产业化治沙，形成了生态修复、生态农牧业、生态健康、生态旅游、生态光伏、生态工业"六位一体"的生态产业体系。我们以农牧民分享产业链增值收益为核心，以延长产业链、提升价值链、完善利益链为关键，加强农业与加工流通、休闲旅游、文化体育、科技教育、健康养生和电子商务等产业的深度融合，增强"产＋销"互联互通，助力生态文明建设、乡村振兴和脱贫攻坚。

3）规模化与系统化的治沙行动，是亿利库布其模式最有效的途径。亿利在30年治沙实践中，制定了"锁住四周、渗透腹部、以路划区、分而治之""南围、北堵、中切割"的治沙方略，分"一带三区"形成治沙区划。亿利在治沙的同时，配套建设基础设施，"通路、通电、通水、通讯、布网、绿化"六位一体，最终形成沙漠绿洲和生态小气候环境，让沙尘与绿洲、降雨、生物多样性此消彼长。

亿利库布其治沙，"治理效果经得起看，生态与经济价值经得起算"。市场化治沙是库布其治沙成功的关键。没有市场化，企业的积极性就难以得到发挥。没有产业化，就不可能把沙漠治理持续下去。

四是收获了三个回报。

第一个是"绿水青山"的回报，也就是生态回报。在库布其沙漠治理过程中，亿利成功治理的沙漠面积相当于七八个新加坡的国土面积，创造了5 000多亿元生态财富，出现了500多种生物，沙尘越来越少，降水越来越多。

第二个是"金山银山"的回报，也就是经济回报。按照"向光要电、向天要水、向沙要绿、向绿要金"的发展理念，亿利发展起几百亿元的绿色产业，带动产业治沙，实现了企业发展和当地经济的发展。这么多年，我们向政府交了80亿元的税。

第三个是"绿富同兴"的回报，也就是社会回报。我们带动10多万人脱贫受益，特别是党的十八大以来，直接脱贫3.6万人。在这10多万人中，库布其区域受益的有近4万人，达拉特旗、巴彦淖尔市以及甘肃、宁夏、河南等周边地区有6万多人。其中，亿利组建了232个民工联队，累计支出人工劳务费用近10亿元，带动3万多农民工受益；通过工业园区带动就业创业5万余人，甘草产业带动脱贫5 500多人。

库布其治沙与扶贫实践归功于习近平生态文明思想的科学指引

党的十八大以来，习近平总书记多次就库布其治沙扶贫做出重要指示，对库布其治沙扶贫寄予殷殷嘱托。

库布其沙漠的人民，是习近平生态文明思想最大的受益者。我清楚地记得，2010年左右，随着亿利沙漠治理规模的扩大，投资压力也越来越大，我们在发展战略上举棋不定，进退维谷，左右为难。对于如何处理生态账和经济账这个问题，我们难以把握。在这个紧要关头，在亿利过大坎、过难关、生死存亡的时候，2012 年，党的十八大召开，党中央将生态文明建设纳入"五位一体"总体布局，习近平总书记"绿水青山就是金山银山"的伟大理念给我们吃了定心丸，让我们坚定了生态产业化治沙的信心和决心，更让我们坚定了为人类治沙的信念。如果没有习近平总书记，没有"绿水青山就是金山银山"理念的指引，库布其一定走不到今天，一定会半途而废，一定会无功而返，更谈不上为世界输出模式、输出经验。

亿利库布其治沙是习近平生态文明思想的忠诚践行者，从以下五个方面进行了成功的实践：

一是践行了"绿水青山就是金山银山"的伟大理念。如今的库布其，沙患变成沙利，风沙变成风景，黄沙变成黄金，10 多万人受益。

二是践行了绿色"中国梦"。30 年来，亿利人用辛勤的汗水，把绿色"中国梦"写在库布其大漠上。

三是践行了"人与自然和谐共生"的理念。我们把几千平方千米沙漠变成沙水林田湖草的生命共同体，形成了生态系统能力，改善了局部区域小气候，恢复了生物多样性，再现了"绿意盎然大森林""风吹草低见牛羊"的美好景象。

四是践行了"产业生态化和生态产业化"的发展道路。产业化治沙证明了"绿富同兴"辩证关系，解决了"钱从哪里来""利从哪里得""如何可持续"的问题。

五是践行了"精准扶贫"的伟大号召。扶贫、扶志和扶智相结合，绿起来和富起来相结合，通过治沙绿化带动生态产业扶贫，带动沙区人民脱贫致富、防返贫奔小康。

亿利库布其治沙模式概述

在习近平生态文明思想的引领下，在各级党委政府坚强的领导下，亿利和库布其人民一道创造了"党政政策性推动、企业规模化产业化治沙、社会和农牧民市场化参与、技术和机制持续化创新、发展成果全社会共享"的可复制、可推广、可借鉴的库布其模式，创新了"治沙、生态、产业、扶贫"四轮平衡驱动的可持续发展机制。库布其模式的实践证明，治沙必须考虑生态，生态必须考虑产业，产业必须考虑老百姓。因为哪里有沙漠，哪里就有贫困。治沙绿化，发展沙产业，必须"现场经得住看，经济账经得起算"。

1. 党委政府政策性推动

国家十分关注、支持库布其治沙事业。中央宣传部、中央统战部、国家发改委、生态环境部、科技部、国家林业和草原局等部委大力支持库布其生态建设、生态产业和新能源产业，助推了库布其生态产业化进程。特别是国家林业和草原局非常支持库布其治沙，把库布其列入三北防护林规划；在库布其建设西北地区最大的种质资源库，这是治沙之本；批准设立了库布其沙漠国家公园。

内蒙古自治区党委政府把库布其当作北方生态屏障的重要关口一样保护，鄂尔多斯市把库布其当作后花园一样爱护，我的家乡杭锦旗把库布其当作绿宝石一样呵护。内蒙古自治区的鄂尔多斯市、杭锦旗在全国最早出台了禁牧、休牧政策，一届接着一届坚持，从来没有动摇过，这是荒漠化治理最有力的保障。鄂尔多斯市、杭锦旗几十年如一日，像保护眼睛一样保护库布其，像支持宝贝儿子一样支持库布其发展产业。

2. 企业规模化产业化治沙

市场化治沙是库布其治沙的关键之关键。没有市场化，就不可持续。没有产业化，就不可能把沙漠治理持续下去，库布其 30 年的实践足以说明这个问题。社会资本的投入也是库布其治理的重要推手。这么大的治沙工程，仅靠一己之力难以为继。这么多年，亿利创新"平台＋插头"模式，引进华谊、中广核、正泰、泛海、万达、传化、均瑶、法液空等大型企业，有智出智，有钱出钱，进行产业化治沙，共治、共建、共享，收效很好。本土企业东达、伊泰、鄂尔多斯等企业彰显家国情怀，主动承担社会责任，积极参与库布其治理，成效显著。

3. 社会和农牧民市场化参与

人民群众是库布其治沙的真正英雄。沙区的农牧民是我们最大的支持者，是治沙最大的参与者、最大的受益者。他们是整个沙区治理的主力军，如果没有他们的参与，很难想象这么大的沙漠能够被治理和绿化。库布其 10 多万农牧民有多个就业创业身份，包括治沙农民、产业工人、旅游小老板、土地生态股东、新式农牧民等。

4. 技术和机制持续化创新

我们研发了 343 项创新技术。其中微创汽流法植树、甘草平移（横着长）等重大技术创新成果，为人类治沙提供了新变革、新动能。最近我们正在研发无人机种树，想解决人无法进入荒漠化地区、高原地区的问题，大规模搞生态建设没有路的问题。我们建立了沙漠大数据，把西部几大沙漠的数据囊括了进来。库布其技术和种子还走向了新疆南疆、西藏那曲，攻克世界性的生态难题。

5. 发展成果全社会共享

库布其治沙模式和经验已经推广到南疆塔克拉玛干沙漠、甘肃腾格里沙漠、内蒙古乌兰布和沙漠等我国各大沙漠，并在西藏、青海等生态脆弱地区成功落地。通过连续 10 年举办的六届库布其国际沙漠论坛，通过国际技术交流和产业治沙合作，库布其的理念、技术、经验、模式正在推向"一带一路"荒漠化国家和地区。

总的来讲，在习近平生态文明思想的指引下，在各级党委政府和社会各界的大力支持下，在国际组织的积极参与下，亿利和库布其人民成为治理库布其沙漠的主力军，三代亿利治沙人付出了艰苦卓绝的努力，奉献了青春，挥洒了汗水，贡献了智慧，书写了大漠传奇，把沙漠绿色中国梦写在了库布其，带动了周边企业和社会各界参与库布其沙漠治理，带动了中国西部沙漠的治理。

我的根在杭锦旗，魂在库布其。对家乡最好的回报，不仅仅是把库布其建设好、保护好，还要把库布其治沙的经验、技术、模式和理念，变成中国的经验、世界的经验，带到中国其他荒漠化地区和生态脆弱地区，走向"一带一路"，走向全世界，让地球上的风沙危害越来越少、绿洲越来越多，贫困越来越少、幸福越来越多。

库布其沙漠的治理模式、实践和成果得到了国际社会的广泛认可，为全球荒漠化治理树立了典范。2007 年，库布其国际沙漠论坛创立，论坛每两年举办一届，库布其七星湖成为永久会址。2013 年，库布其国际沙漠论坛会议中心建成。

美国国家地理杂志记者乔治·斯坦梅茨 摄于 2016 年 9 月

第一章

地球的 “癌症” ：荒漠化

什么是荒漠化

《联合国防治荒漠化公约》对荒漠化做了权威的定义，即"荒漠化是指包括气候变化和人类活动在内的种种因素造成的干旱半干旱和亚湿润干旱区的土地退化"。

荒漠（desert）是指气候干旱、降水极少、蒸发强烈、植被稀疏低矮、物理风化强烈、土地贫瘠、年降水量远远低于年蒸发量的地带。荒漠按地表组成物质可分为：长期风化、岩石裸露的岩漠；干旱地区粗大的砾石或卵石覆盖地表的砾漠；湖泊干涸，黏土覆盖的泥漠和盐分聚集地表的盐漠；沙漠及寒冻作用的寒漠。此外，局部草原区域大面积地块为沙丘所遮盖，也就形成了人们所说的沙地。人们习惯上也称之为"沙漠"，是因其在性质及地貌上与沙漠相似，例如呼伦贝尔市沙地（沙漠）。

荒漠化研究进展

国外对荒漠化进行较系统的考察和研究工作比我国早些，约从 19 世纪末至 20 世纪初开始。最早在 1886~1888 年，沙俄科学家 B. A. 奥布鲁切夫进行了荒漠野外考察工作。同期 H. A. 索科洛夫对荒漠地区的风沙进行了研究，提出了沙粒的三种移动方式。1921年，Bovill 对萨纳加河干涸原因进行考察，认为撒哈拉荒漠南缘人类居住环境的恶化是"荒漠入侵"的结果。1935 年，美国科学家 Lowdermilk 对"荒漠入侵"现象进行了进一步的研究，在其著作《人造荒漠》中指出，人类放牧及耕作破坏了植被，导致了荒漠化边缘从真正的荒漠化地带向非荒漠化地带扩展。1935~1936 年，英国物理学家 R. A. Bagnold 以空气动力学为基础，著有《风沙和荒漠沙丘物理学》，揭示了风沙现象的物理学本质，该著作至今仍被作为荒漠化研究的重要参考文献。1949 年，法国学者 A. Aubreville 在出版的《热带非洲的气候、森林和荒漠化》一书中首次提出"荒漠化"（desertification）的概念。此后美国、法国等国家的多位学者对荒漠化开展了研究。全球范围的荒漠化开发和研究工作，出现在第二次世界大战后，特别是 20 世纪 50 年代初期以来，荒漠化才受到日益普遍的重视。苏联、美国、澳大利亚、埃及、日本等国家先后开展了关于荒漠及荒漠治理的研究，并创作了一系列标志性著作，为后来的荒漠化研究做出了突出的贡献。自 1997 年联合国在肯尼亚内罗毕召开联合国防治荒漠化大会（UNCOD）之后，"荒漠化"研究逐渐成为国际学术的热点。

20 世纪 80 年代初，联合国环境规划署（UNEP）及联合国粮农组织（FAO）等在《荒漠化评价与制图方案》中提出了荒漠化现状、评价、危险性的具体定量标准及荒漠化发展程度等级。1992 年，巴西里约热内卢联合国环境与发展大会召开，提出从可持续发展的角度，全面提高区域可持续发展能力，达到消除全球环境退化的目标。同时，荒漠化被列为全球《21 世纪议程》的优先发展领域。《21 世纪议程》提出了以"维护脆弱的生态，与荒漠化和干旱作斗争"为主题的倡议。此外，有 70 多个国家和地区建立了从事荒漠化和干旱荒漠化研究的机构，其中科研院所多达数百个。随后，根据联合国大会精神，由多国政府组成谈判委员会起草了《联合国防治荒漠化公约》，并于 1994 年在巴黎正式签字。至此，防治荒漠化成为世界的一致行动。

20 世纪 30 年代，叶良辅和陈宗器等科学家对我国的个别沙漠进行了初步调查，开始了我国荒漠化科学的研究。中华人民共和国成立初期，根据营造防风固沙林带的需要，我国开展了一些小规模的沙漠化研究工作，如结合营造陕北防护林带的建设，开展了陕北榆林、靖边、定边等地区毛乌素沙漠的流动沙丘研究。但真正对荒漠进行科学的综合研究始于 1959 年中国科学院成立治沙队，那时组织了多学科联合的庞大科研队伍，开展了对我国主要沙漠与戈壁的大规模综合考察。与此同时，西北六省区建立了多个治沙试验研究站，开展了防治风沙危害农田、铁路的实验研究，同时展开了对农田、草场沙化及盐碱化的调查。通过这段时期的考察，我国获得了大量的科学资料，摸清了沙子的起源、沙漠地区的自然特点，总结了沙漠化地区广大群众的固沙经验，提出了许多有价值的科学论文和报告，极大地丰富了我国沙漠化科学理论和实践。

1977 年内罗毕联合国荒漠化大会之后，我国科学家从本国实际出发，主要开展了土地沙漠化的研究。我国沙漠科学的研究重点逐步转移到荒漠化方面，即将原来以研究沙漠及其形成、演变与防风治沙为主转移到研究荒漠化过程及其治理；将研究对象从原来的干旱和极端干旱区为主转移到具有较好生态环境和生产潜力，但已遭受或面临荒漠化危害的半干旱及部分半湿润地区。原中国科学院兰州沙漠研究所组织了北方沙漠化的综合调查研究，编绘了比例尺为 1:50 万区域沙漠化图以及比例尺为 1:400 万中国沙漠化图。这个时期的研究多是结合国民经济建设，以沙害治理为中心开展沙区资源及其社会经济状况的定位、半定位专题研究。这些都为后来的荒漠化理论研究奠定了坚实的科学基础。20 世纪 80 年代末，我国开展了北方沙漠化发展趋势及预测研究，编制了全国土地沙漠化治理区划，从历史、地理、沙地综合整治等不同角度，对毛乌素沙地、古居沿海地区、东北平原西部的沙漠化进行过许多有益的研究，特别是在沙漠化的成因、过程、灾害评价、发展趋势、防治战略及措施等方面进展显著。同时，原林业部主持的"三北"防护林建设工程对北方地区土地沙漠化防治模式起到了积极作用。结合区域特点，陕西省治沙研究所、甘肃省治沙研究所、内蒙古林业科学院等单位在沙地飞播、干旱区流域水资源调配、沙漠化治理模式研究等方面做了大量的工作，取得了显著成效。

1994 年，我国签署了《联合国防治荒漠化公约》，同时拟定了《中国 21 世纪议程》行动纲领，承担起了全球荒漠化防治的责任。我国一直以来十分重视经济发展与环境保护，充分认识到保护环境的重要性和资源利用过度的危害性。随着国际上有关"荒漠化"研究工作的大量开展，我国学者紧跟国际形势，分别从不同的侧面、不同的角度做了许多具体的研究工作，并取得了一定成果。1992~1996 年，我国在全国范围开展了第三次大规模的荒漠化普查，基本查明了我国荒漠化土地的分布和成因，编制了土地荒漠化类型图。近 10 年来，我国荒漠化科学研究趋于系统化，研究内容主要集中在以下方面：荒漠化地区自然环境演变过程、机制、演变规律和发展趋势；荒漠化发展趋势检测及信息系统；治沙重点工程；治沙模式研究及示范区；沙化区水、土、生物资源潜力评价和人口承载研究；治沙基础研究等。此外，一些学者还把发展沙化区产业，建立沙化区高效生态农业，实现沙化区经济、社会、生态效益的统一作为新的研究领域。而随着遥感技术（RS）、地理信息系统（GIS）和全球定位系统（GPS）及集成技术、模型反演技术的发展，特别是遥感技术的时空特性及地理信息系统的综合处理和分析空间数据的技术特点的呈现，近几年对荒漠化的监测、预测、预防技术研究也有了长足的发展。

全球荒漠化分布

世界荒漠集中分布在赤道两侧的亚热带至温带地区，主要在南北纬 10°~50°。其中，自北非的撒哈拉，经西南亚的阿拉伯半岛、伊朗、印度北部、中亚到我国西北和蒙古国，形成了一个几乎连续不断、东西长达 1.3 万千米的辽阔的干旱荒漠带，占世界荒漠面积的67%。撒哈拉荒漠、阿拉伯荒漠、利比亚荒漠、澳大利亚荒漠、戈壁荒漠、巴塔哥尼亚荒漠、鲁卜哈里荒漠、卡拉哈里荒漠、大沙荒漠、塔克拉玛干荒漠等十大荒漠，对全球自然、经济与社会有着极为重要的影响。

其中，北非撒哈拉荒漠面积为 860 万平方千米。阿拉伯荒漠是亚洲西南部荒漠，面积约为 233 万平方千米。澳大利亚荒漠、半荒漠面积达 340 万平方千米，约占其总面积的 44%，成为各大洲中干旱面积比例最大的洲。戈壁荒漠、中亚沙漠面积约 130 万平方千米，是世界上巨大的荒漠与半荒漠地区之一，绵亘在中亚浩瀚的戈壁大地，跨越蒙古国和我国广袤的地域。巴塔哥尼亚荒漠位于南美洲南部的阿根廷，面积约为 67.3 万平方千米。塔克拉玛干荒漠位于我国新疆南疆塔里木盆地，为沙质荒漠，整个荒漠东西长约 1 000 千米，南北宽约 400 千米，总面积达 35.73 万平方千米，是我国境内最大的荒漠，也是全世界第二大流动沙漠。库布其是我国第七大沙漠，也是距离北京最近的沙漠。

除了十大荒漠之外，各大洲还分布着一些较小规模的区域性荒漠，它们具有大型荒漠的干旱、少雨、土地裸露、多风沙等基本特征，也同样强烈影响着当地的自然与社会经济发展。

根据国家林草局发布的第五次全国荒漠化、沙化土地监测（2014 年）结果，截至 2014 年，我国荒漠化土地总面积达 261.16 万平方千米，占国土总面积的 29%，分布于北京、天津、河北、山西、内蒙古、辽宁、吉林、山东、河南、海南、四川、云南、西藏、陕西、甘肃、青海、宁夏、新疆 18 个省（自治区、直辖市）的 528 个县（旗、市、区）。与 2009 年相比，我国荒漠化土地面积净减少 12 120 平方千米，年均减少 2 424 平方千米，当前土地荒漠化和沙化状况较 2009 年有明显好转，呈现整体遏制、持续缩减、功能增强、成效明显的良好态势。

起因与后果

荒漠化是自然因素和人为因素共同作用的结果。干旱、洪水、风蚀、水蚀等自然灾害的发生和过程均与气候变化密切相关，是造成荒漠化的重要力量；人为因素是造成现代荒漠化的根本原因，人类不合理的土地利用是形成荒漠化的现实驱动力。全球荒漠化蔓延严重的国家，其土地利用主要有以下几种情况：过度放牧，破坏植被，干扰植物群落，尤其是在干旱年份和洪涝季节；砍伐破坏林木，造成植被群落退化，盖度减小，土壤侵蚀；盲目开垦并撂荒，致使生态系统稳定性在干旱季节频繁受到破坏；不合理的灌溉制度包括乱建水库、盲目修建灌渠，均不同程度引起土壤盐渍化、土地退化以及内陆河下游干涸。脆弱的干旱土地生态系统仅能承受有限的开发，一旦超出生态极限，短期内会导致生产力下降，长期则将给人类带来灾难性危害，其危害程度不亚于火灾、地震、旱灾、洪涝等灾难。无节制的人口增长同样是引起土地退化和荒漠化的重要原因。

全球 1/3 的干旱区处于荒漠化边缘，困扰着 100 多个国家的 9 亿多人口，荒漠化每年造成的经济损失高达 420 亿美元。全球大规模的荒漠化集中出现在非洲和亚洲，这两个地区拥有地球总人口的 74%。在非洲，撒哈拉荒漠的北移，致使非洲大陆北部国家的人们生存空间缩小。从撒哈拉荒漠以南，非洲稀树干草原以北，大西洋沿岸到埃塞俄比亚高原西麓之间呈东西带状分布的广大地区，是西非荒漠草原。在这里，农业和牧业相互交叠。从西部的塞内加尔和毛里塔尼亚到东部的苏丹、埃塞俄比亚和索马里，大量增长的人口和家畜对自然资源的需求，使越来越多的土地变成了荒漠。

日本地震、火山、台风、暴雨等自然灾害频繁，这些特大自然灾害发生后往往随之形成滑坡、崩塌、泥石流等次生土砂灾害，土砂灾害直接威胁着当地民众的生命财产及生产、生活等。

蒙古国伴随人口密度的增加和定居化程度的提高，对草牧场长期超强度利用，导致大约 70% 的草场出现不同程度的退化和沙化，700 多个湖泊干涸，尤其是最近几年来，土地沙化速度显著加快。

中亚地区随着不断增长的人口压力、全球气候变化的影响以及咸海水位不断下降，土地盐渍化、贫瘠化、极度干旱化以及地表植被退化趋势日益严重。在吉尔吉斯斯坦境内，由于过度放牧和长期使用传统的方式灌溉，一些地区土壤次生盐渍化严重，加之过量使用河水，使得湖泊面积锐减，湖泊调节气候的能力下降，再加上过度开垦，导致土地荒漠化加剧。

伊朗植被稀少，沙尘暴已经淹没了村庄，覆盖了牧草地，家畜遭受饥荒而死亡，人们被迫背井离乡。以色列南部地区主要为极度干旱的内盖夫荒漠，以风蚀荒漠化为主；中北部以水蚀荒漠化和冻融荒漠化为主；西部地中海沿岸平原和最北端靠近叙利亚与黎巴嫩的小部分地区，均以盐渍荒漠化为主。

在巴基斯坦，由于气候特别干旱，地貌的风力过程非常活跃，加上人类过度开垦、过度放牧、樵采破坏天然植被、河流变迁、交通路道修建等对地表的破坏，造成塔尔地区荒漠化加剧。

马里、阿尔及利亚、突尼斯、埃及、纳米比亚和南非等非洲国家荒漠化的基本动因，是持续的干旱、严重风蚀、过度开垦、火灾、采矿、毁林、殖民地行为和人口持续增长。

美国的荒漠干旱区和半干旱区主要分布在西部，荒漠化类型主要有风蚀荒漠化、水蚀荒漠化、草场退化、土壤盐渍化等，荒漠化面积约占国土面积的 1/6，土壤侵蚀遍布 50 个州（不包括阿拉斯加州），西部 17 个州尤为严重。

巴西大约有 5 800 万公顷的土地受到影响，主要集中在东北部地区，因荒漠化造成的经济损失每年高达 3 亿美元。与巴西相比，具有更大规模的干旱和半干旱土地的墨西哥也变得更加脆弱，农田土地的退化每年导致 70 万墨西哥人前往附近的城市或美国寻找新工作。

欧洲近 1/3 的肥沃土地受到荒漠化的威胁。在中欧、东欧和南欧的部分地区，一些河流干涸，生态环境遭到破坏，土地荒漠化已经非常严重，甚至无法继续为当地居民提供足够的食物。出现上述情况的主要原因是土壤侵蚀、气候变化、土壤酸化、人口日益密集及土地过度耕种。

澳大利亚的荒漠化，不仅源自干旱的内陆气候，土壤侵蚀和过牧也是主要原因。由于过牧和牧场管理不善，大片牧场、草原、灌丛地变成了贫瘠的荒漠地。过去可自由放牧的区域有超过 50% 的面积目前已经开始沙化，植被盖度减少，风蚀、水蚀严重。另外，大规模的矿业开采，也加快了土地荒漠化。

国际防治荒漠化模式

各个国家都在积极研究与不断探讨土地退化防治的对策和措施，并形成了不同类型的防治模式，如政府主导型、科技主导型、产业主导型等模式，积累了成功的经验。

德国、美国和加拿大：政府主导

德国号召回归自然，1965 年开始大规模兴建海岸防风固沙林等林业生态工程。造林款由国家补贴（阔叶树 85%，针叶树 15%），免征林业产品税，只征 5% 的特产税（低于农业 8%），国有林经营费用 40%~60% 由政府拨款。

美国是受荒漠化严重影响的国家。从 20 世纪 30 年代开始，美国制定了专门的法律，如限制土地退化地区的载畜量，调整畜禽结构，推广围栏放牧技术；引进与培育优良物种，恢复退化植被；实施节水保温灌溉技术，保护土壤，节约水源；禁止乱开矿山、滥伐森林等。另外，美国鼓励私有土地者种草植树，在技术、设备、资金上予以大力支持。美国荒漠化防治策略体现为：以防为主，治理为辅；集中开发，保护耕作；大片保护，公私双赢。这些政策和措施有力地促进了土地的合理利用，有效地遏制了土地荒漠化的急速扩展。

　　加拿大是较早开始防治荒漠化的国家，成为全球防治土地退化的最佳案例之一。政府部门建立了专门的土壤保护机构和协调机制，针对容易退化的林业用地、农业用地和矿区土地制定了全面有效的管理和保护政策，取得了良好效果。联邦政府和省政府启动了大批土壤保护计划和项目，综合运用优化管理方法、营造防护林、改造河岸地与草场、保护性农业耕作等实际措施恢复退化的土地，并遏止土地退化发展势头。加拿大联邦政府、省政府以及农场复垦管理部门在大部分计划和项目中发挥了重要作用。

以色列和印度：科技主导

　　以色列的荒漠化面积占其国土总面积的 75%，它采用高技术、高投入战略，合理开发利用有限的水土资源，在被世人视为地球的 "癌症" 的荒漠地区创造出了高产出、高效益的辉煌成就。为了提高荒漠地区的产出，科技人员大力研究开发适合本地种植的植物资源。目前，以色列的农产品和植物开发研究技术处于国际领先水平，从而保证了农牧林产品的优质化、多样化，在欧洲占据很大的市场份额，取得高额回报，并且使荒漠化的治理和农业综合开发得到了有机结合，迈入了良性循环的发展轨道。

　　印度在治理荒漠化方面也取得了明显成效。目前，印度已利用卫星编制了荒漠化发生发展系列图，基本摸清了不同土地利用体系下土壤侵蚀过程及侵袭程度；开发了一系列固定流沙的技术，如建立防风固沙林带，即沿大风风向，垂直营造多层次的由高大乔木和低矮灌木、灌丛组成的林带，建起绿色屏障，以减缓风速，减低风力，抵御风沙。印度西部干旱严重的拉贾斯坦邦地区在治理和固定流沙地方面的效果明显，既维持了生态平衡，又改造了大片流沙地，达到了可持续利用土地与保护环境的目的。

中国、澳大利亚和土库曼斯坦：产业主导

中国荒漠化、沙化土地面积约占国土面积的 1/4，受风沙危害的人口达到 4 亿多，内蒙古自治区作为我国荒漠化和沙化土地较为集中、危害较为严重的地区之一，经过多年不懈努力，实现了由"沙进人退"到"绿进沙退"的历史性转变，库布其沙漠治理就是一个典范和缩影。库布其沙漠治理是在系统化、规模化生态改善的基础上，搭建生态修复、生态农牧业、生态健康、生态旅游、生态光伏、生态工业"一二三"产业融合的发展体系，实现了绿化一座沙漠，兴了一片产业，富了一方百姓。库布其加强国际治沙合作，创办库布其国际沙漠论坛，与联合国环境署共同创建"一带一路"沙漠绿色经济创新中心，加强荒漠化治理技术转化应用，推动科技治沙产业发展，走出一条"科技带动—产业发展—企业壮大—百姓受惠"的共享沙漠经济之路。

澳大利亚的干旱、半干旱土地面积占 75%，澳大利亚充分利用荒漠化地区的资源，大力支持新能源、生态旅游、医用植物等的开发利用，加快高新技术成果的转化应用，使荒漠化防治的过程成为新兴产业、特色产业发展和农牧民脱贫致富的有效途径，真正实现了三大效益的有机统一。

土库曼斯坦国土面积的 90% 为沙漠和荒漠化土地，农业主要以

棉花和畜牧业为主。在荒漠化防治中，它编制了防治荒漠化国家行动方案，不断增加农田灌溉面积以及退化水浇地的复垦面积，并于1954年开始新建卡拉姆运河，调水到西部灌溉 5 250 万亩[①] 的荒漠草场和 1 500 万亩的新农垦区，并改善 10 500 万亩草场的供水条件，使运河两岸成为以棉花为主的农业基地。

国际荒漠化防治的基本经验可归纳为：把荒漠化防治列入国家重大事项，做好顶层设计，制定和完善法律法规，为防治荒漠化提供保障；建立和完善各级政府机构，有效管理荒漠化防治行动；国家重视，全民动员；重视荒漠化防治技术与能力培训；制定优惠政策，推动节水和合理利用土地；重视生态建设，合理利用水资源；以科技为支撑，获取荒漠化治理的最大效益；因地制宜，采用综合措施防治荒漠化；争取财力支持，多途径筹措荒漠化防治资金；以多种手段鼓励移民，调动民众防治荒漠化的积极性和主动性；借助非政府组织的力量，积极争取国际社会的支援。

国际防治模式实例与对我国的启示

美国

美国本土虽然多为温带和亚热带气候，但是干旱区面积仍比较大，约占国土面积的 30%，受荒漠化严重影响的土地面积约占国土面积的近 1/6，主要集中分布在美国西南部的加利福尼亚、新墨西哥、亚利桑那、内华达和得克萨斯等 5 个州，由齐瓦瓦、索诺拉和莫哈比

---

① 1 亩 ≈666.7 平方米。

三大荒漠构成。造成荒漠化的主要原因有乱采滥挖、毁林开荒、草原过度放牧、土地盐碱化、不合理利用地下水以及气候异常等。美国是一个经济、科技高度发达的国家，对防治土地退化十分重视。从 20世纪 30 年代发生大范围黑风暴以来，美国利用植物品种的改良选择，防治风蚀、水蚀等新技术防治荒漠化的措施取得了一定的成效，在干旱荒漠土地维护策略、水分动态、植物生理生态和土地科学管理方面取得了不少成就。通过几十年的实践，美国进行了大量的科学研究，推广了许多研究成果和适用技术，在防治荒漠化方面积累了一整套土地管理措施、办法和经验，基本遏制了荒漠化的进一步发展。

1. 土地退化防治的法律法规

美国在 20 世纪 30 年代就制定专门法律，限制土地退化地区的载畜量，制定水土保持标准，编制土地分类图，对土地利用实行分类指导；40 年代有一段时间曾禁止放牧；70 年代制定环境法、公共土地法，其目的是有计划地利用土地，确定了"谁破坏谁治理"的原则。同时，美国政府对搞农作物种植的农场给予适当的补贴，对采用滴灌等先进技术的农场，在技术、设备和资金上给予支持。

2. 土地退化防治的政策规划

（1）土壤银行计划

美国创建了"土壤银行"施实计划，对土地进行休耕。该计划要求农民以土地换补助金，在该计划内的土地上建立并维护永久植被层。虽然这可以实现水土保护目标，但制订该计划的主要目的是降低美国为保证农民收入所必须购买及贮存的农产品数量。该计划认为降低生产量就可以提高市场价格，而农民的收入亦会随市场价格的提升而有所提高。虽然该计划也实施水土保护措施，客观上起到了防治土地退化的作用，但这并不是它的主要任务。

（2）大平原水土保护计划

有些计划以水土保护为主要目标。大平原保持计划就是专门用于帮助区域内的农民对水土保持进行计划与实施的。该计划允许农民与美国政府签订 10 年的合约，使其可以以适时及负担得起的方式（这是因为在这之前几乎所有的水土保护措施都是以年复一年的方式计划并实施的）实施水土保护措施；该计划向农民支付部分实施水土保护措施的费用（通常根据措施对社会及农民的重要性而定，一般为措施实施费用的 50%~75%）；大部分农民都自己实施保护措施，将自己的劳力与设备费用算作措施实施的费用。大平原水土保护计划被许多人视为所实施的水土保护计划中最好的一项，主要原因是这个 10 年计划使得农民及水土保护的专业人员可对耕作保持采取系统方法，且为期 10 年的合约可确保农民在接下来的时期内始终坚持水土保护计划。

"土壤银行计划""大平原水土保护计划"以及 20 世纪 50 年代其他各种水土保护措施的实施对大平原起到了持续的影响作用。农民们乐于接受这些计划所给予的补助金，且可将市场价格控制在不让农民回到过去实行土地生产最大化的状态。因为技术的进步，农民得以持续增产，但这些计划对农作物生产的限制并未完全达到政府预期的效果。

3. 保护性耕作措施

19 世纪末西部大移民推动了农业发展和粮食产量提高，同时过度的农垦和放牧使土地失去了植被的保护；20 世纪 30 年代，爆发了持续近 10 年的大范围沙尘暴，美国政府反思沙尘暴的起源，研究治理沙尘暴的对策，结果表明是耕作破坏了植被和土壤结构，导致土壤极易发生风蚀，直至形成沙尘暴，于是美国开始了保护性耕作技术研究；20 世纪 40 至 60 年代，技术试验与研究起步；70 至 80 年代，一批企业开始商业化生产免耕播种机，加速保护性耕作的推广；90 年代以后，保护性耕作得到大面积推广。10 多年间，保护性耕作面积和其中的免耕面积都在增加，其中免耕面积增加得更快，从 1990 年的 684 万公顷增加到 2004 年的 2 525 万公顷。

从 1990 年开始，美国每两年进行一次全国保护性耕作应用情况调查；截至 2009 年年底，美国 68.3% 的耕地实施了保护性耕作，涉及的作物种类包括玉米、小麦、大豆等常规作物，以及棉花、蔬菜、马铃薯、西红柿等经济作物。它主要采用免耕、少耕、垄作免耕等技术模式，其中少耕和免耕面积较大，分别超过总耕地面积的 38% 和 22%。

4. 对我国的启示

（1）防治土地退化的体制建设

制度安排不合理是影响我国土地退化治理成效的根本因素之一。要走出现实的困境，就必须完成制度安排的正向变迁，在产权得到保护和补偿制度建立的前提下，有效地实施固定地租契约，鼓励农牧民和企业参与治沙，从根本上解决荒漠化的贫困根源问题；设立生态功能区和封禁保护区，创办专业化治沙生态林场（公司）；制定明晰的造林地产权制度，提高土地退化治理者的积极性。无论是国外还是国内，显著的环保成就与明确的土地产权不无关系。在这方面，我国已经有一些尝试。只有生态资源产权明晰化，才能有利于形成荒漠化治理的良性循环。

（2）完善生态效益补偿制度

我国应尽快建立和完善生态效益补偿制度。补偿内容包括三个方面：一是向防治土地退化工程生态效益的受益单位和个人，按收入的一定比例征收生态效益补偿金；二是使用治理、修复后的荒漠化土地的单位和个人必须缴纳补偿金；三是破坏生态者不仅要支付罚款和负责恢复生态，还要缴纳补偿金。收取的补偿金专项用于防治荒漠化工程建设，不得挪用。政府将需要治理的荒漠化土地以低价或无偿等方式承包给单位与个人时，除了规定承包、租赁期几十年不变以外，还必须使承包、租赁者所获取的这种长期的资源使用权得到法律的有效保护和支持，使承包者或承租者拥有长远又充分的资源使用、转让和经营管理权。为了补偿生态公益经营者的投入，弥补工程建设经费的不足，合理调节生态公益经营者与社会受益者之间的利益关系，政府应当尽快建立生态效益核算和补偿制度。首先使用治理好的荒漠化土地的单位和个人要缴纳补偿金；其次破坏生态的单位和个人不仅要支付罚款，还要缴纳补偿金；最重要的还是国家增加投入，建立生态补偿基金。

（3）加强法律法规和政策建设

目前在荒漠化地区，边治理边破坏的现象仍然比较严重，要解决此类问题，除了教育公众、提高环保意识以外，更重要的办法是依法管理。政府应允许发展生态农业、生态林业、生态牧业等治沙产业，禁止发展对生态环境带来压力和负面影响的产业。对一些地方以治理为名，行过度开发利用之实，使治理流于形式的行为，和一些企业与个人用治理的名义获得土地使用权或者取得国家投资，而其主要目的是取得开发实惠，而不顾生态环境的行为要进行规范，要制定专门的荒漠化治理法，对治理与开发做出明确的法律规定。同时，为了鼓励对荒漠化土地的治理与开发，政府应出台土地退化治理的新优惠政策：一是资金扶持，将中央农、林、牧、水、能源等各产业部门的资金与扶贫及农业综合开发等资金捆在一起，统一使用；二是贷款优惠，改进现行贴息办法，实行不同的还贷期限，简化贷款手续，放宽贷款条件；三是落实权属，鼓励集体、社会团体、个人和外商承包治理和开发荒漠化土地；四是税收减免，应进一步延长农业税、农林特产税的减免年限，降低税率。

（4）在适宜地区发展保护性耕作

我国北方干旱和半干旱地区，与美国中西部地区地理位置和气候相似，水土流失也比较严重。由于大部分农田以坡地为主，长年使用人力、畜力耕作或机械浅耕，土壤蓄水保墒能力很差。虽然年降雨较少，只有 200~500 毫米，但降雨集中，几场强降雨就会造成大量的水土流失。干旱时遇到大风又会产生沙尘暴，这些都给生态带来了严重的灾难。因此，在这些地区发展保护性耕作不仅客观上需要，而且还十分迫切，有利于保护资源和生态环境建设。发展保护性耕作既是农业可持续发展的必然选择，又是促进农民增收的有效措施。美国的实践表明，保护性耕作能够实现农业生产与环境保护"双赢"，能够提高土壤有机质含量，培肥地力，增加土壤保蓄水能力，减少灌溉用水需求，增加土地产出率，提高粮食产量，促进农业的可持续发展，保障粮食安全。

以色列

以色列位于亚洲西部地中海东岸，面积约为 2.5 万平方千米。以色列北部是山区高原，中部是丘陵地带，由中部向南延伸是沙漠地区，其中丘陵和荒漠约占 90%。以色列位居沙漠边缘，降雨量少，全年无降雨期长达 7 个多月，年降雨量为 20~800 毫米，水资源严重缺乏，全国每年可利用的水资源为 20 亿立方米。为克服区域缺水，以色列将境内所有的水源与国家整体管网相联（内盖夫沙漠使用少量地下微咸水），利用主要管道及各种输水管网将水自北部运送到境内中部和南部干旱地区，以先进的沙漠温室技术和节水灌溉技术享誉世界。

从以色列建国开始，荒漠治理就成了事关国家和民族生存与发展的大事，受到历届政府的高度重视和民众的大力支持。特别是其第一任总理本-古里安，不仅在执政期间积极倡导治理荒漠，而且离任后又举家迁入内盖夫地区，从事荒漠治理直至逝世。以色列有完善的荒漠治理的组织管理机构：农业部负责管理，政府各部门间成立了强有力的组织协调机构，根据法律的授权，研究并确定荒漠治理的重大问题。荒漠治理具体实施工作由专门的机构——犹太人国民基金会（JNF）负责。

1. 土地退化防治的法律法规

（1）水资源利用的法律法规

1959 年，以色列颁布、实施了《水法》，它是完整水法规体系的基础。以色列政府十分清楚水资源奇缺的严重性以及开发的必要性。《水法》规定：水资源归国家所有，由国家管理，必须满足人民的生活用水及国家发展的需求。水资源实行有偿使用，费用视水量和水质情况收取，生活用水、农业用水和工业用水实行不同的收费标准。为鼓励节水，以色列实行累进的水价制度。对于荒漠治理、农业开发以及出口农产品等的用水，以色列实行低价的优惠政策。以色列严格控制开采地下水，除了生活用水外，一般不允许开采地下水，即使农业用水短缺，也只能在雨季才允许使用地下水。

此外，以色列在水资源利用中还有其他法律法规，如《水井控制法》《水计量法》《溪流法》等，明确规定国家统一管理全国水资源，对水权、用水量、水费征收、水质控制等都做了详细规定，严格控制地下水开采；所有用水户都实行计量收费。经过 40 多年的努力，以色列已建成全国输水网络和现代化管理系统，为鼓励节水，对用水实行严格的配额制度，农业生产基本上普及了滴灌、喷灌，同时还大力推行雨水截蓄、污水利用、管渠防渗、海水淡化等开源节流技术，使水资源利用率高达 95%，名列世界前茅；已能自产 95% 的粮食，并有多种农畜产品出口；但其水资源开发量仅占总水量的 60%~65%。

（2）土地开发利用的法律规定

鉴于开发干旱和半干旱地有加速荒漠化的风险，为保护自然环境，实现可持续发展，以色列政府制定了一系列保护环境的法规和合理开发利用荒漠区资源的政策。1965 年通过的《规划与建筑法》规定土地的开发权属于国家，公共单位和私人没有得到国家的许可，不得随意进行建筑和土地开发活动，土地的保护、治理与开发都要经过严格、科学的论证，经公众认可和政府批准后才能实施。同时以色列根据《森林法》和《国家公园和自然资源保护法》，对林地严格依法管理。1995 年 11 月，第 22 个"国家总计划"指出了未来 25 年现存森林、植树造林及林地的功能、法律地位和管理办法，确定未来 25 年林地面积要达到 1 606 平方千米，相当于现有国土面积的 7% 和干旱、半干旱地区总面积的 15%。

（3）改善生态、保护生物多样性的法律法规

以色列《森林法》对林地严格依法管理，根据土壤退化的不同程度，确定不同的植树造林项目。在造林前，科技人员必须进行规划设计，根据设计计算出所需的集水汇流面积，然后施工。以色列以水分平衡和“适地适树”原则来确定植树的多少和树种的搭配，根据立地条件、林种和树种来评定、考核其可持续利用与综合效益。凡造林的地方禁牧，加上树冠遮阴，促进林地植被恢复，保持水土。以色列的许多植树造林项目是沿着山涧峡谷和河流进行的，以防止山谷和堤岸受到冲蚀。还有些造林项目是为了稳定沙地，减少风蚀和扬尘。特别是近几年，植树造林还增加了休闲旅游场所，美化了环境，促进了旅游业发展。

1963年，以色列颁布了《国家公园和自然资源法》，首次提出对自然栖息地、野生动植物资源提供法律保护。以色列专门成立了自然保护局和公园局，根据该法行使保护自然资源的职能，在干旱和半干旱地区建立了100多个自然保护区，占国土面积的15%。以色列还出台了《森林保护法》，也称《黑山羊法》，对放牧做出了具体规定。国家实行放牧许可证制度，放牧只能按照许可证规定的时间在指定的区域内进行，采取通过在特定季节的特定区域控制载畜数量和种畜的方法，减轻草场的退化，防止内盖夫北部草场荒漠化。

2. 土地退化防治的项目

（1）稀树草原化项目

稀树草原本是热带干旱地区的一种自然植被景观，介于热带季雨林与半荒漠之间，其特点是以草本植被为主，散生一些孤立木或树丛。以色列仿照这一热带自然景观，于1986年由犹太人国民基金会

（JNF）在内盖夫荒漠启动了稀树草原化项目，其目的在于增加荒漠地区的生物生产力和旱地利用的多样性。其确立的三大目标是：在退化土地上建立和经营人工稀树草原；在保护旱地生物多样性的同时，采取生态和水文措施培肥土壤以增加生物生产力；开展干旱地区径流集水技术的推广及降雨、径流、土壤湿度和动植物间正效互作的模式研究。所采用的方法包括小流域综合治理和系统生态方法。

（2）内盖夫行动计划

在前总理拉宾亲自倡导下，以色列政府将开发内盖夫列为国家优先发展项目，农业部、犹太国民基金会和犹太协会联合组织于1995年启动了国家荒漠治理项目"内盖夫行动计划"，也是内盖夫—阿拉瓦研究开发计划的后续项目。该行动计划的创立是为了迎接21世纪的挑战并满足内盖夫地区未来发展的需求；其目标是：最大限度地开发利用水源、能源、土壤和气候的区位优势，应用高新技术发展以农业、旅游和工业为主体的综合产业体系，创建新一轮稳定的经济格局，并最终达到增加就业机会、提高居民生存标准和生活质量之目的。计划建设的项目有：增加7 000万立方米的生活用水（修水库、海水淡化、废水循环利用）；筹建革新型温室公园和温室带（50座1公顷的温室）；新开柑橘类果园和油橄榄种植园1 700~2 000公顷；投资2 500万谢克尔新建薄膜大棚集约养渔塘；复垦土地1.2万公顷用于农业生产、居民区建设、改善和美化生存空间。

3. 水资源的开发利用

（1）节水灌溉

以色列应用节水灌溉技术，提高水源效用，已达到水肥配套以及定时、定量完全自动控制。大田滚动式喷灌系统可根据空气温湿度自动喷灌，自动调配水肥比例。花卉、瓜果和蔬菜的栽培多采用滴溉技术。滴灌的优点是定时、定量自动灌溉。在北部地区，特别是水资源较丰富的北部农业区，由于不合理的灌溉方式和土地利用方式造成了次生盐碱化问题，所以政府开展了防治次生盐碱化的科研与实践工作，将工作重点放在预防次生盐碱化上，主要是改进灌溉技术，废除漫灌和超量灌水等。

科学的节水灌溉和水肥一体化技术、生物技术加上机械化改变了传统的耕作方式，使以色列成为世界上农业生产效率最高的国家之一。以色列大约 5% 的农业人口不仅养活了 90% 以上的城市人口，而且还有大量的农产品出口国际市场。目前，以色列已占据 40% 的欧洲冬季瓜果、蔬菜市场，并成为仅次于荷兰的欧洲第二大花卉供应国。数十年来，以色列集中力量研究农业节水灌溉技术，经过多年研究和开发，已探索出世界上最先进的喷灌、滴灌、微喷灌、微滴灌技术，基本取代了传统的沟渠漫灌方法，特别是在干旱和沙漠地区取得了较大成功。目前，以色列农业已全部实行喷灌、滴灌化，其中滴灌面积已经占以色列灌溉面积的 85% 以上。

（2）"边缘水资源"开发利用

以色列对"边缘水资源"（废水回收、人工降雨、咸水淡化等）进行了有效的开发利用，并通过各种节水措施，使之在农林业方面取得了显著成效。一是地表径流集水，主要是在流域内分级设立一些集流坝、蓄水坝、坡面采流、沟道集流工程，将雨季降水形成的不固定水源收集起来用于农林业生产。二是深层地下苦咸水开发，特别是在南部地区，把苦咸水与淡水混合通过滴灌技术发展旱作农业和渔业，不仅解决了农业用水问题，而且有效地防治了土地盐碱化（利用苦咸水灌溉的作物品质良好）。三是加强对民用废水的收集处理并广泛用于农业生产。目前，以色列已有几个大型废水处理厂，最大一处可处理半径 30 千米范围的城市废水，年处理能力 30 万立方米。目前，以色列已将 80% 的城市污水进行处理循环使用，主要用于农业生产，占整个农业用水的 20%。在内盖夫沙漠地区 2.4 亿立方米用水中，从北部输送的淡水占 44%，经处理的城市循环水占 48%，地下微咸水占 8%。废水的回收利用增加了水源、减少了环境污染，民用废水的处理和利用有望成为以色列未来农业灌溉的主要水源。

（3）水资源保护

以色列也非常注重水源保护，防止水质退化，在加利利湖区，不仅有专门机构长年监测水质变化，研究各种生物、矿化物对湖水的影响，而且在湖区周围采取了生物—工程措施，防止水土流失以及农用废水对湖水的影响；注意调整农田耕作方式，减少因土地利用方式不当而对湖水造成的污染。以色列将水价作为农产品生产管理的宏观调控手段之一。为了用好水资源，使之最大限度地发挥作用，以色列对居民生活用水、农业用水、工业用水实行不同的收费标准，普遍限额用水，限额以内低价，超额加价。为加强对农业用水的管理，针对不同作物的需水情况，以色列制定了全国统一的灌水标准和最佳灌水期，对于超标用水同样实行高价收费；对荒漠改造、林业建设、农业开发用水则实行低价优惠。

4. 高效集约化农业

（1）集约化经营模式

以色列 95% 以上的土地为国家所有，私人土地约占 5%。农业生产经营主要采取较为独特的集体农场（基布兹）和农业合作社（莫沙夫）两种形式。集体农场（基布兹，Kibbuzim）所使用的土地都是国家所有，从国家租赁土地，所有生产、劳动力、收支、文教、卫生、治安等都由集体统一组织与管理。随着农业生产结构的变化，过去以农业为唯一来源的"基布兹"已发展成第二、第三产业占主体的经济统一体，独立从事商品生产。以色列全国共有270多个基布兹，平均每个基布兹约有100个农户，共400~500人，约占全国总人口的2.2%。农业合作社（莫沙夫，Moshavim）使用的土地也需向国家租赁，家庭是基本的生产经营单位。社员可雇工，也有权直接对外出售产品。社内有不可分割的公有财产，实行民主管理。以色列全国共有450多个莫沙夫，每个莫沙夫平均有约60个农户，人口约占全国人口的3.1%。

基布兹和莫沙夫这两种组织形式占据了以色列农业资源和农业劳力的95%以上，是以色列最主要的农业生产经营组织。由于这种组织形式，再加上基布兹和莫沙夫之间还存在多种形式的再联合、再合作，因而使得整个农业生产经营有了极高的组织化程度。

（2）完善、高效的灌溉系统

以色列是世界上土地资源最为贫瘠、水资源十分缺乏的国家之一，对水资源的开发和利用进行统一管理。以色列于1964年开始实施北水南调工程，将北部的水一直输送到南部的干旱沙漠地区，形成覆盖全国的供水网络，实现了全国范围内的输水管道化。全国的生产、生活用水靠四通八达的地下国家输水管道供给。农作物、果园、蔬菜的灌水，由最为节水的滴灌来解决，即利用一系列口径不同的塑料管道，将水和溶于水中的肥料通过压力管道直接输送到作物根部，水、肥均按需由电脑控制定时、定量供给。目前，以色列90%以上的农田、100%的果园、绿化区和蔬菜种植均采用滴灌技术进行灌溉，是世界上独一无二的节水滴灌王国。滴灌技术不但节水，而且为发展高效农业发挥了极为重要的作用。以色列在污水回收利用方面也取得了巨大成就。

（3）"温室大棚"式的保护农业

以色列还利用滴灌技术发展"保护农业"，其基础是温室大棚。以色列对干旱土地上温室大棚里的蒸发可以控制到最小，在夏季进行降温，而在某些干旱地区冬季的夜里进行加温。与"保护农业"相关的技术包括：合成纤维织物、降温和加热设备及其机械系统、滴灌和添加肥料的设备、作物生长基、昆虫传播花粉等。温室大棚在不同的季节和每天不同的时间里根据需要，或者全部打开，或者部分打开，做到既可以吸收二氧化碳，也可以最大限度地减少害虫进入，因此很少使用杀虫剂。温室大棚里的农业生产是集约化的，高效使用水、土壤和空间。利用温室大棚的干旱农业大大减轻了对土壤资源的需求压力，也是防治荒漠化的技术之一。"保护农业"主要生产蔬菜、花卉、水果等经济作物。除此以外，它还利用作物残余物覆盖地面，通过机械和化学方法养活水的径流量，改进渗透率，进行作物育种等。

（4）高科技农业生产

把高科技普遍应用于农业生产，发展技术密集型的高科技农业，是以色列农业的一大亮点，也是以色列农业具有强劲可持续发展能力的源泉。现代科技渗透到灌溉、施肥、种子、栽培、管理、节水灌溉设备等每一个生产环节之中。农业科学研究也紧紧围绕高效农业这一中心进行，有力地推动了现代农业的发展。以色列以高科技提升农业发展的质量主要表现在以下几方面：一是十分重视新品种的选育及高附加值农产品的生产。他们利用生物技术和其他手段，不断培育出品质优良、抗病抗虫、适应当地气候和地力条件的作物种子、种苗，以先进的栽培技术指导农民种植优良作物品种。二是努力提高农业机械化和化学化水平。以色列农业生产的自动化、机械化程度很高，从种植、管理到收获、包装、运输等几乎全部实现机械化操作，极大地提高了劳动效率，节约了劳动力。三是注重新技术在农业生产中的运用。多种高新技术在以色列的农业方面都得到了综合应用，例如，温室的自动化控制系统，气象自动监测和数据采集系统，制冷、通风和加热系统的应用，提高了生产效率，同时形成人工小气候，使作物处于最适宜生长的环境；生物技术、灌溉技术和农艺措施等的综合配套，使农业生产高投入高产出，而且产出投入比大，从而实现了农业的可持续良性发展。

5. 对我国的启示

（1）以科技为先导，走可持续发展之路

世界各国在近半个世纪，特别是近20年来，越来越重视开发资源高效利用和可持续发展的技术装备，以色列的节水灌溉技术所需的喷灌、微灌设备，低污染动力机械，节省能源、减少对土壤破坏的联合作业机械等，都体现了科技的重要性。我国应加大土地退化防治过程中的技术研究与示范推广，切实树立可持续发展的观念，并制定有效的土地退化防治中的技术支撑体系。

（2）科学管理和利用水资源

①对水资源实行统一管理：以色列制定了《水法》，规定水资源属国家所有，国家对地上、地下水资源实行统一管理，用水由政府统一分配。②采用节水技术：以色列十分重视节约用水，经过长期研究与开发，已研制出世界上最先进的喷灌、滴灌、微喷灌和微滴灌等节水灌溉技术，取代了传统的沟渠漫灌。③对水资源进行科学调蓄：以色列修建了大型的北水南调工程，通过此输水工程，使内盖夫地区水

资源短缺的状况有所缓解。④大力开发地下微咸水：以色列研究出了微咸水灌溉技术，培育出了适应微咸水的作物品种，促进了微咸水的开发利用。⑤实施生活废水回收再利用：以色列大中城市的生活废水回收系统很完善，废水回收处理再利用，既减少了污染，又缓解了淡水短缺问题。

（3）推行节约理念，发展高效农业

以色列农业之所以发达，主要原因之一就是具有先进的发展理念。我国地大物博，人口众多，如果全民都具有节约意识，可以大幅度节约资源，实现资源的持续利用，资源节约型社会就会很快实现。此外，我们应该借鉴以色列在南部沙漠地区大规模推广温室和网棚种植的长处，大力发展高效农业。这样做虽然一次性投入较大，但由于种植的是产出高的经济作物，而且与水分生产效率紧密结合，综合考虑仍具有显著的经济效益。这也是沙漠绿洲能够出现而且规模逐渐扩大的根本原因所在。鉴于此，我们应该在缺水严重、生态环境脆弱且不适宜过度开发的西部旱作区因地制宜合理实施这些措施，使其在西部开发中发挥作用。

澳大利亚

澳大利亚降雨量低，气温高，太阳辐射强，降雨没有规律，常常出现严重干旱。由于雨量太少或不稳定以致农业无法发展，土地也难以开垦为牧场，而天然植被又因为过度放牧而被破坏，形成所谓的荒原。荒原和荒漠化地区（包括占国土面积35%的沙漠）约占澳大利亚国土总面积的75%。澳大利亚干旱半干旱地区的土壤主要是沙壤，疏松，极易受到风蚀和因牛羊践踏而退化。澳大利亚干旱半干旱

地区地势平坦，局部地区排水不畅，易积水引起次生盐渍化。多年来澳大利亚实施各项土地退化防治战略，取得了较好的效果。

1. 土地退化防治的立法与政策体系

（1）依法保护土地

1936年，澳大利亚联邦议会制定了草原管理条例，其后又制定了土壤保护、土地管理法规，各州也分别制定了土壤保护和土地管理法。之后，这些条例、法规又经多次修改，其宗旨是确保对土地状况定期、有效监测和评估土地退化及其原因，使社会尽可能地参与保护和恢复退化的土地。1989年，南澳大利亚州颁发的新土壤保护和土地管理法共分5部分55条，对违法行为予以处罚，最高罚款6万澳元，最多判刑15年。澳大利亚《森林法》明确规定了森林保护和林地使用的准则。

（2）权威性的土地保护管理体系

1933年，澳大利亚成立了土地保护局，之后其职责不断扩大，包括土地改良、土地保护、防止土地退化等多方面的职能。除此之外，澳大利亚全国上下还设立了比土地保护管理局更权威的土地保护组织协调机构——土地保护理事会（委员会），其职责主要是向上级提出建议，负责监测、评估管辖区土地，建议提出优先进行的土地退化研究项目，制定有效的土地保护和恢复长远计划，审查下级土地保护3年规划，开展土地保护管理的社会宣传。各地也自愿组织了由农场主、畜牧场主积极分子组成的农村私人民间土地保护委员会，现全澳大利亚已有这样的组织900多个。全国上下形成了完善的土地保护管理咨询机构和执行机构。

（3）层层制定、实施土地保护规划

澳大利亚土地有公有、私有两种所有制形式，公有土地可租给私人利用，租用期为 99 年。澳大利亚有全国统一的土地保护规划，但土地保护主要是土地私有者或使用者的责任，因为土地质量好坏和生产力水平的高低直接影响土地私有者和使用者的经济利益。直接保护土地的只能是土地所有者，政府只是提供保护方法，在技术上给予指导，对土壤保护工程项目给予资金扶持。各州都制定了土地保护规划，有土地保护基金，在州财政部设有独立账户，以便在资金上扶持实施土地保护规划。

2. 土地退化防治的国家战略

（1）国家牧场管理战略

牧场占用了澳大利亚一半以上的土地，因此要防止土地退化和沙漠化，其中一个很重要的手段是要加强牧场的管理。国家牧场管理战略是通过由股东集团的重要代表（包括政府、企业、环保主义者、农场主和科学家）组成的工作组来实施的，城乡社区、农场主、企业和其他利益集团向其提供信息数据。

（2）国家植被保护战略

为了有效地保护植被，实施国家植被保护战略，澳大利亚首先需要对植被的情况进行调查分析，包括不同地区、不同季节、不同草种的生长条件和变化趋势等，并在此基础上建立数据库信息系统，为今后采取具有针对性的行动提供决策依据。

（3）国家生物多样性保护战略

澳大利亚是世界上生物多样性最丰富的 12 个国家之一，也是唯一的发达国家，具有很丰富的生物多样性，但是其生物多样性目前也

遭受到野生动物、杂草、过度放牧以及植被破坏、土壤恶化等的威胁，为此澳大利亚实施国家生物多样性保护战略，对生物多样性保护的目标和原则做出明确的规定。

（4）澳大利亚盐碱化和水质管理国家行动计划

该行动计划的目标是鼓励地方社区采取集中、协调的行动来阻止、稳定和扭转干旱地盐碱化的趋势，改善水质。

（5）国家抗干旱战略

1992年，澳大利亚联邦、州区政府间达成协定，形成国家抗干旱战略。战略的目标是鼓励主要生产者和乡村的其他成员通过自主管理来适应气候的易变性，保护澳大利亚农业和环境资源在气候极端时期的基础，确保农业和乡村工业尽快恢复，以符合长期可持续发展的目标。

（6）防治沙漠化的国际援助计划

澳大利亚援助计划支持发展中国家解决对贫困有长远影响的环境问题，其中沙漠化是一个很重要的问题，以帮助发展中国家减少贫困，实现可持续发展。

3. 对我国的启示

（1）建立完善的立法与政策体系

澳大利亚在防治土地退化方面建立了完善的法律、政策和管理体系，一是联邦和州出台土地保护的政策、法律，在制度上加以保障；二是联邦和州、区出台战略和计划，鼓励农场主、其他的土地管理者以及乡村社区更有效、更持续地管理和使用土地；三是研究和采取使澳大利亚土地、水、植被等自然资源可持续管理和使用的方法。

（2）加大资金投入

澳大利亚联邦政府每年通过多种渠道投入用于水、土和生物多样性保护的资金约 5 亿澳元，并且州级投资远大于联邦政府的投资，每年估计为 13 亿澳元。澳大利亚民间团体如协会、基金会有很多，它们在造林绿化和防治荒漠化方面的投资占比较大。其资金来自联邦政府、州政府、地方政府和与环境保护有关的部门、保险公司、私人团体。

澳大利亚鼓励土地使用人通过政府及现有的生产运作系统直接进入市场；积极参与例如由政府实施的各种保护澳大利亚文化和自然遗产的多种形式的服务工作。澳大利亚采用对所得税实行退税，实施资源税、资源定价及补贴等税收办法，引导土地使用人积极投资参加荒漠化防治工作。

（3）加强牧场管理，控制牲畜数量

为减轻超载放牧对土地的破坏，澳大利亚各级科研机构、社会团体和土地保护项目的工作者经常与农户接触，使限量放牧的农户得到一定的经济补助，提倡轮牧。为减少干旱对牧畜的影响，澳大利亚在牧区内设有饮水槽，部分地方采用饮水槽轮换的办法，让土地得到休养生息。澳大利亚建立示范区，引导农民应用有关知识和技术，突出强调示范区在知识和技术推广中的作用。另外，澳大利亚注重宣传教育和技术培训，提高农民环境意识和知识水平，对项目区的农民进行技术培训，帮助农民提高与项目有关的土地保护技术。对于放牧，澳大利亚政府将逐步采取与生态可持续经营目标相一致的措施，以控制公共乡土林中的放牧活动。

（4）政府与经营者的协调合作

澳大利亚在荒漠化防治方面特别强调土地所有者、经营者与政

府土地管理部门间的合作。政府及时向土地经营者提供有关信息及建议，根据这些信息及建议，经营者自行决定应采取的各项措施，此时政府只是一个咨询者而不是一个决策者。澳大利亚采用研究、开发、教育办法协助区域及土地使用人做好产业管理规划、结构调整，用以提高人员素质、生产力以及经济效益；政府要求所有使用林地以完成其目标的政府部门和机构与森林管理机构进行充分的协商，以确保它们的行为与该林区的整体经营计划相一致。

防沙治沙技术

传统的沙害防治技术可分为生物措施、工程措施和化学措施三类。

1. 生物治沙

生物治沙又常被称为植物治沙，是通过封育、营造植物等手段，达到防治沙漠、稳定绿洲、提高沙区环境质量和生产力的一种技术措施。依据沙漠化发展程度和治理目标，植物治沙的内容主要包括：建立人工植被或恢复天然植被以固定流动沙丘；保护、封育天然植被，防止固定半固定沙丘和沙质草原向荒漠化方向发展；营造大型防沙阻沙林带，防止绿洲、城镇、交通和其他经济设施的外侧受流沙的侵袭；营造防护林网，保护农田、绿洲和牧场的稳定，并防止土地退化。由于植物固沙不仅在防沙固沙，更在改善生态环境、提高资源产出效益上有巨大功能，因而成为最主要和最基本的防治途径。

2. 工程治沙

工程治沙是指采用各种机械工程手段来防止风沙危害的技术体系，通常又被称为机械固沙。由于沙漠的流沙运动及造成的危害主要是由风力作用所致，其形成、发展与风力的大小、方向有直接关系，因而，工程治沙便主要采取机械途径，通过对风沙的阻、输、导、固工程达到减轻风沙作用、防止风沙危害的目的。

中国 60 多年的治沙实践表明，利用风力本身的运动规律设置不同的治沙机械工程，将能取得明显的治沙效益。这些工程从阻止风沙、改变风沙运动规律、输导风沙着手，铺设沙障，建立立体栅栏，利用各种材料网膜的技术，以及引水拉沙、治沙造田技术。这些基本构成了工程治沙技术体系。

我国治理沙漠化以生物措施为主，工程措施为辅。但在环境恶劣、多流沙地区只有在一定的工程措施的保障下，生物措施才能取得成效。而我们最主要的工程措施是设置沙障。沙障是采用各种材料在沙面上设置机械或植物障碍物，以此控制风沙流动的方向、速度、结构，改变蚀积状况，达到防风阻沙、改变风的作用力及地貌状况等目的。设置沙障的材料多种多样，有黏土、砾石、麦草、土工布等。

3. 化学固沙

化学固沙是指在风沙环境下，利用化学材料与工艺，对易发生沙害的沙丘或沙质地表建造一层既能够防止风力吹扬又具有保持水分和改良沙地性质的固结层，以达到控制和改善沙害环境、提高沙地生产力的技术措施。它包括沙地固结技术和保水增肥两大内容，具体包括铺设黏土、高分子化学材料、沥青制品治沙固结技术和使用化学制品增肥保水造林技术。

此外，在长期治沙实践中，许多专家研究并提出了如下一些新的治沙技术。

1. 低覆盖度治沙技术

通过 10 多年的研究、近 1 万亩沙漠地的示范应用，中国治沙暨沙业学会副会长、中国林业科学研究院首席专家杨文斌博士带领团队最终提出了低覆盖度治沙理论——15%~25% 的低覆盖度行带式造林能有效固定沙地。

低覆盖度治沙理论提出，以防风固沙、修复退化土地为目标，从提高水分利用率、植被稳定性和加快修复速度出发，按照当地自然林地的覆盖度，选用乡土树种，营建固沙林（植树占地 15%~25%、空留 75%~85% 土地为自然修复带），在确保完全固定流沙的条件下，形成能够促进土壤与植被、微生物快速修复的乔灌草复层植被结构，构成防沙治沙体系。

各地的推广实践表明：植被覆盖度在 15%~25% 能够完全固定流沙；基本可以解决防沙治沙中中幼龄林衰败或死亡问题；人工造林治沙与自然修复有机结合，促进带间土壤、植被、微生物修复速度加快 2~5 倍；在确保固沙效果的基础上，可使造林固沙成本降低40%~60%。

目前，作为国家林草局重点推广的重大成果，低覆盖度治沙已在干旱半干旱区推广应用了 6 000 万亩，并直接促进了《造林技术规程》的修订。

2. 荒漠藻人工结皮治沙技术

中国科学院水生生物研究所的专家在前期土壤藻类研究的基础

上，经过 8 年的探索和实践，推出荒漠藻人工结皮技术，并与内蒙古自治区林业科学研究院、武汉高科农业集团公司和内蒙古高林生物发展有限公司合作，发展出荒漠藻人工结皮工程化应用技术，为防治荒漠化开辟了新路径。

我国荒漠地区具有丰富的藻类物种资源。研究人员从荒漠地区生物土壤结皮中分离、纯化得到特有的丝状蓝藻，并通过工程化措施大量培养，再喷施接种到流动沙丘（地）表面，形成人工的生物土壤结皮。这种结皮的形成，还能促进矿物质的矿化过程，通过产生的多糖养分，改变荒漠生态环境中的生物多样性，加速养分土壤改良，为其他微生物提供营养，促使其他生物生长，从而改善荒漠生态环境中的生物多样性。在这种原始的演递中，流沙被固定下来，沙子变成了土壤。通过该方法，他们在内蒙古、青海、新疆等地的不同类型沙地、沙漠试验，已经实施近 6 万亩，起到"固沙、抑尘、成土、培肥、生态修复"的作用。该成果在内蒙古自治区达拉特旗库布其沙漠推广应用后，疏林草原景观得以恢复。

3. 飞播造林防沙治沙技术

飞播即飞机播种。飞播造林是利用飞机把适宜树种播种在一定区域内的方法。因其播种速度快，节约劳力，所以是治理沙漠、绿化荒山荒坡的重要措施和有效手段。选择适宜的飞播造林树种是造林成活的基础条件。我们不仅要考虑适地适树，而且要充分考虑沙坡地沙丘流动性的问题，所以要选择耐沙埋、发芽生长快、抗风蚀、自然繁殖力强，且有较高经济价值的树种，尽可能选择灌木类。根据多年的经验总结，草原地带飞播造林最成功的有花棒、杨柴、沙蒿等，荒漠地带有花棒、蒙古沙拐枣、籽蒿等。

4. 植生模袋防沙治沙技术

由于植物固沙的困难很多，如沙子贫瘠、水分不足、风沙运动等，都对植物的生长不利，因此可以采用植物措施结合机械防护措施来进行沙漠化防治。另外，我们再结合水资源的合理利用，实行封沙育草等，保护天然植被，保护、重建荒漠生态系统，才能从根本上遏制沙漠化扩展的势头。条带状植生模袋及毯垫式植生模袋结构正是植物措施结合机械防护措施而新开发的防沙治沙技术。

条带状治沙植生模袋的特点在于该植生模袋包括植生袋囊（充填植生基质）和定沙毯（挡风布片襟带），植生袋囊是由天然纤维线及人工纤维丝交互针轧而成（天然纤维为棉纤维、麻纤维或椰纤维），外侧设有灌注口，可通过灌注口向植生袋囊内部灌注适合植物生长的植生基质。植生袋囊一侧设置数个定沙毯，结构为带状布片襟带。我们利用锚钉可将植生袋囊固定在边坡上。植生袋囊内的植生基质由适合植物生长的良质土、腐殖土、肥料和保水剂等混合而成，为植物生长提供了生长基质和营养基础。植生袋囊表面上均匀密布有植生孔，有利于植物的萌发生长。

毯垫式植生模袋，依据《北方地区裸露边坡植被恢复技术规范》而分类命名，是一种新型的生态护坡技术。该技术利用棉线等天然纤维及人工纤维丝交互编织成具有规则分布相互连通袋囊的模型垫，通过锚钉单独铺设或结合框格铺设在裸露边坡，将具有流动性的植生基质机械灌注并充满全部袋囊，达到进行边坡防护及植被恢复的技术目的，具有稳固边坡、防风化、防冲刷及植物根系固土的效果。与条带状植生模袋的最大区别在于，毯垫式植生模袋对治理区域进行全覆盖，不留空地。

我国防治荒漠化的实践

我国政府历来高度重视防沙治沙工作，政府主导、国家补助、社会参与一直是我国防沙治沙的一种重要组织形式，并且几十年的防沙治沙也证明这是一项行之有效的措施。作为《联合国防治荒漠化公约》缔约国之一，我国认真编制实施《中国防治荒漠化国家行动方案》，努力推动公约进程。从中央到地方，从管理、生产到科研教学等单位，采取了综合措施，使土地沙化整体得到初步遏制，各地生产、生活条件得到改善。

在防沙治沙工作中，顶层设计至关重要。经过不断探索，我国以政府为主导形成了一整套完整的规范体系，建立了跨领域、多部门分工的合作机制。国务院直接部署防沙治沙工作，不定期召开全国防沙治沙会议，并成立了由相关领域的院士、专家和学者组成的防治荒漠化高级专家顾问组，使重大决策和科学防治上升到最高层面。

一直以来，我国依托科技进行荒漠化防治，并致力于该领域的基础科学和应用技术研究，创造了一系列实用治沙技术。草方格沙障就是其中典型的代表，用麦草、稻草、芦苇等材料，在流动沙丘上扎设成方格状的挡风墙，增加沙地表面的粗糙度，削减风力，使之无力携走疏松的沙粒。这样的草方格沙障不仅可以防风固沙，还能够截留降水，是一项公认的世界奇迹。这种沙障在我国沙漠治理、交通线建设和荒漠化防治过程中发挥了重要作用，被世界赞誉为凝聚我国治沙智慧的"中国魔方"。此外，在工程治沙、化学固沙、生物治沙、综合治沙、机械化治沙等方面，我国也有许多科学发明和创造。由我国自主知识产权研发的多功能立体固沙车，是世界首台机械化治沙车，已投入使用。喷灌、滴灌、微喷灌和渗灌等高新节水灌溉技术，也得

到了广泛应用。低覆盖度治沙理论的推广，是我国治沙领域的又一项
技术创举。

　　长期以来，我国十分重视调动社会力量参与防沙治沙工作，国
家也出台了一系列政策。特别是 20 世纪 90 年代，国务院发布了《关
于防沙治沙若干政策意见》。原林业部和国家税务局联合下发了《关
于对治沙和合理开发利用沙漠资源给予税收优惠的通知》。进入 21 世
纪以来，国务院下发了《关于进一步加强防沙治沙工作的决定》，进
一步明确了社会企业参与防沙治沙的一些政策措施，这些政策措施的
实施对调动社会力量参与防沙治沙发挥了重要作用。在防沙治沙中涌
现了一大批参与防沙治沙的先进个人和治沙大户、企业，像牛玉琴、
石光银、白春兰、殷玉珍都是防沙治沙大户，另外还有像亿利集团、
伊利集团、蒙草集团等都是参与防沙治沙的一些大企业。全民治沙在
为沙漠增绿的同时，培育出林果业、养殖业、生态旅游业以及加工服
务业等诸多产业，增强防治的持续发展能力，更产生了良好的社会效
益，走出了一条具有中国特色的防沙治沙道路。

我国防沙治沙的主要模式

1. 封沙育林育草模式

　　我国土地沙化发展的主要原因是植被破坏，而植被破坏的主要
原因是对资源的不合理、掠夺式的利用。采取有效措施，对生态脆弱
区域中有植物生长基本条件的地段实行封育，给天然植物以恢复生长
和繁殖更新的机会，可以促进植物生长，缓解和扭转土地的沙化进
程。封育应选择有植物繁育条件、远离村庄、人畜活动较少、有植物
生长的立地条件（如有地下水、地表水的补给，年降水量＞180 毫米

等）的地段。封育时间根据植被的恢复程度而定，以植被达到可再利用状态为宜。不同退化程度的草场需要不同的封禁时间，有的需要一年，有的只需要几个月。

2. 新疆和田窄林带小网格农田防护林网建设模式

该地区严重干旱，风沙危害严重，应利用绿洲水分条件相对较好的特点，如利用该区的引洪灌溉条件，进行封育、保护和营造多层次的防风固沙体系，将阻沙与防风结合，层层设防，保护沙漠绿洲。在农田防护林营造的同时，该区选择适生的经济树种与果树营建生态经济型防护林带。

3. 机械沙障保护下的灌木造林治沙模式

机械沙障保护下的灌木造林治沙模式是指在流动沙丘区，先用机械沙障固沙，然后再进行灌木造林的流沙治理模式。该模式适合在我国干旱半干旱地区的流动沙区治理中应用，尤其适合在易受风蚀沙埋、幼苗难以存活、生长的重风蚀沙区应用。在进行草原区大面积流动沙丘治理时，丘顶可暂不设沙障，待风将丘顶削低、削平后再设障造林。

4. 内蒙古鄂尔多斯草库伦建设模式

鄂尔多斯是内蒙古自治区重要的畜牧业产地之一，该区沙漠化土地占全盟总面积的86%，由于沙化严重，生态环境恶化，风沙干旱自然灾害频繁。开展以"水、草、林、料、机"五配套草库伦（库伦是蒙古语，意为城围、院围、圈围）为重点的建设工作，不仅可以有效地防止草原退化、土地沙漠化，而且可以促进和保证经济快速发展。

主要技术措施包括：因地制宜地开展水利建设；建设防护林带
生产体系；种植（补播）优良牧草；大面积开展防除毒害草以及建设
农牧林综合开发基地等多项治理，建立防护带生产体系；实施耕翻松
土改良；培育复壮草地；乔灌草结合治理沙害；实行粮草轮作措施。
在建设中，鄂尔多斯只有坚持"因地制宜、分类建设、突出重点、讲
究实效"的原则，才能达到"水为重点、草为中心、效益为目标，实
行农林牧综合开发建设"的目的。

5. 陕西榆林农牧交错区沙地引水拉沙造田治理模式

榆林模式的技术体系由三个主要系列构成，即固沙造林、恢复
植被技术系列，沙地人工新绿洲开发建设技术系列和综合高效开发技
术系列。

神府矿区的建设与绿化情况如下：在污水、废渣的处理方面，
使用了高新技术，类似大柳塔饮马泉高标准治沙项目，神木县中鸡乡
的治荒种草、舍饲养畜，府谷县大岔乡利用秸秆碱化配合饲料圈养羊
的经验，佳县木头峪乡垒石造田栽枣致富的事例等；采用多种形式，
发展水窖、井灌、喷灌、渗灌、滴灌等节水农业；大面积推广玉米、
油葵、水稻、春小麦等优良品种，推广配方施肥、地膜覆盖、补膜水
稻等新的种植技术，大面积实行小流域综合治理，发明和推广了多管
井灌溉技术。农林水相结合，综合规划，配套实施，建立完善的井、
渠、田、林、路、电、排、技八配套的农田基础设施，充分利用土地
资源，是榆林风沙区改造中低产田、发展生态农业的有效途径。

6. 干旱绿洲防护林体系建设模式

首先在绿洲边缘沿干渠营造防沙林带，在绿洲边缘丘间低地及沙丘上营造固沙片林，而在绿洲内部建立农田防护林网，最后在上述防护林体系外，建立封沙育草带，建成以绿洲为中心、自边缘到外围的"阻、固、封"相结合的防沙体系。这样，在绿洲边缘形成了"条条分割，块块包围"的防护体系，同时治理了沙化土地，恢复了其生产力。

7. 新麻高速公路防沙模式

新麻高速公路北起乌海市的新地镇，南止于海南区的麻黄沟，是丹东—拉萨高速公路的重要组成部分。处于山前洪积扇上，潜水埋深至少在 50 米以上，干旱、风蚀、沙埋严重，地下水和肥力缺乏。

新麻高速公路防沙体系是以工程措施为主、生物措施为辅的复合型防沙体系。两侧的防护宽度各为 400 米，左右对称。路侧防沙体系由 4 个功能带组成：以公路为轴线，从公路边坡开始由内到外依次为边坡防冲刷带、固沙带、阻沙带、封沙育草带。衡量防沙体系效益的指标主要有：地表粗糙度、风沙流强度和沙丘运动速度、路面积沙程度。

8. 宁夏中卫沙坡头铁路固沙模式

为保障包兰铁路线中卫段不受沙丘前移掩埋的侵害，在铁路沿线设置防风阻沙带，以防风蚀沙埋。防护体系由固沙防火带、灌溉造林带、草障植物带、前沿阻沙带和封沙育草带组成，上风方向 > 300 米，下风方向 > 200 米，总宽度 > 500 米，概称"五带一体"，其中的无灌溉防护林带是必备的核心部分。这种方法保证了包兰铁路中卫段沙漠铁路的畅通无阻，同时改善了沙坡头地区的区域环境条件。

我国防沙治沙典型案例

1. 库布其治沙

2018 年 6 月 29 日举行的库布其 30 年治沙成果总结暨服务"一带一路"绿色经济推进会上，中国林业科学院、中国治沙暨沙业学会、内蒙古农业大学联合发布《亿利库布其 30 年治沙成果报告》，向全社会介绍了库布其治沙新模式。报告一经发布便得到广泛关注。一时间，库布其模式成为全国环境治理的新标杆。库布其模式的关键，就是政府政策性推动、企业产业化投资、社会和农牧民市场化参与、技术持续化创新。

曾被称为"死亡之海"的库布其沙漠是我国第七大沙漠。30 年前，这里风沙肆虐、寸草不生，几代亿利人凭着百折不挠、坚守创新的精神，成功治理沙漠 910 多万亩，同时带动库布其及周边群众 10 万人脱贫致富。人进沙退，风沙变风景，黄沙变黄金，这正是绿水青山就是金山银山的生动实践。我们不仅将库布其治沙模式推广到南疆塔克拉玛干沙漠、甘肃腾格里沙漠、西藏、青海等生态脆弱地区，也积极参与"一带一路"沿线饱受沙漠之苦的非洲、中东、中亚等国家的治沙合作中，为国际社会提供了中国荒漠化治理的经验。在 2017 年 12 月 5 日举行的联合国环境大会上，作为库布其治沙带头人，笔者获得联合国颁发的生态环保最高荣誉——"地球卫士终身成就奖"，同时也成为第一个获得该奖项的中国人。

亿利集团在库布其坚守治沙 30 年，投入产业资金 300 多亿元、公益资金 30 多亿元，探索、总结、创新了"治沙、生态、产业、扶贫"四轮驱动、平衡发展的库布其模式，创造出沙漠绿化＋生态修复、生态牧业、生态健康、生态旅游、生态光伏、生态工业（"1＋6"）的生态产业体系。

库布其当地的农牧民，是库布其治沙事业最广泛的参与者、最坚定的支持者和最大的受益者。亿利集团在库布其打造的"平台＋插头"的沙漠生态产业链，让当地农牧民拥有了"沙地业主、产业股东、旅游小老板、民工联队长、产业工人、生态工人、新式农牧民"7种新身份，每种新身份都能带来不菲的收入。如今，库布其沙漠周围组建了232支亿利民工联队，5 820人成为生态建设工人，人均年收入达到3.6万元。还有近1 500户农牧民发展起家庭旅馆、餐饮、民族手工业、沙漠越野等产业，户均年收入10万多元，人均超过3万元。

在长期的实践中，亿利人逐渐探索、创造了一系列世界领先的治沙专利技术，研发了100多种耐寒、耐旱、耐盐碱的"三耐"种质资源。亿利人正在研发无人机植树、机器人植树和大数据植树等先进技术。这些创新也是亿利库布其治沙为我国生态建设进程留下的宝贵财富。

2. 蚂蚁森林"互联网＋防治荒漠化"

2016年8月，蚂蚁金服在旗下支付宝平台上线个人碳账户——蚂蚁森林，这个个人碳账户被定义成为支付宝的资金、信用、碳、爱的四大账户之一。在支付宝的平台上，蚂蚁金服倡导用户们多用步行或者骑自行车替代开车，鼓励用户们在线缴纳水电煤以及网费来代替开车出行缴纳。上述种种，都可以被计算成为虚拟的"绿色能量"，用以种下并栽培一棵棵虚拟树。当这些树被虚拟地养大，支付宝就会和合作的公益伙伴真的去种下一棵树，或者去守护相对应面积的保护地，用切实的行动来鼓励用户多多实践低碳环保。截至 2018 年 5 月，其用户已经超过 3.5 亿人，守护保护地 3.9 万亩，累计碳减排 283 万吨，为地球种下 5 552 万棵树。蚂蚁森林的树种，从单一的梭梭树，扩展到梭梭、樟子松、花棒、沙柳、胡杨 5 个树种。

作为目前全球最大的个人碳账户平台，蚂蚁森林积极调动了公众的行动力，发挥互联网的平台优势，把虚拟和现实的行动紧紧连接在了一起，让用户们体验到了前所未有的成就感——用自己的小小力量为这个世界的美好做出改变。

蚂蚁森林的努力获得了国际上的关注。2017 年 2 月，联合国开发计划署在北京发布的《中国碳交易市场研究报告 2017》中着重介绍了蚂蚁森林这一款中国互联网产品，并且对于蚂蚁森林在全球碳交易市场中的贡献和实践意义进行了表彰。同年 9 月，在《联合国防治荒漠化公约》的第 13 次缔约方大会上，蚂蚁森林又一次响应由中国推动的《"一带一路"防治荒漠化合作机制》，并提出具体的措施：蚂蚁森林将会投入 2 亿元的资金，充分作用于提升项目在资金、技术和资源等方面的需求。

国家林草局为蚂蚁森林颁发了中国项目特殊贡献奖，极力地表彰了蚂蚁森林"互联网＋防治荒漠化"的这一创新方案。单单在 2017 年，蚂蚁森林就荣获了多项大奖：杭州互联网信息办公室颁发的"2017 年度杭州最具影响力网络公益项目"、凤凰网公益行动者联盟颁发的"2017 年度十大公益创意"、南方出版传媒股份有限公司颁发的"互联网公益创新奖"、阿拉善 SEE 基金颁发的"第七届 SEE 生态奖"、中国互联网发展基金会颁发的"2017 网络公益年度创新"。

蚂蚁森林的努力也获得了包括新华社、新浪网、财新、光明网、中国新闻网、人民网的关注。这体现了支付宝绿色金融的坚定理念：以一己之力调动了公众的关注和行动力，完成了虚拟到实际的转化。

我国荒漠化和沙化的严峻形势及防治对策

进入 21 世纪以来，尽管我国荒漠化和沙化土地面积持续减少，但根据我国国家林草局发布的第五次全国荒漠化、沙化土地监测（2014 年）结果，我国荒漠化和沙化状况依然严重，防治形势依然严峻。

1. 面积大，治理任务艰巨

我国荒漠化土地达 261.16 万平方千米，沙化土地达 172.12 万平方千米。2000 年以来，荒漠化土地仅缩减了 2.34%，沙化土地仅缩减了 1.43%，恢复速度缓慢；"十三五"期间需要完成 10 万平方千米的沙化土地治理任务，且立地条件更差，治理难度越来越大。

2. 沙区生态脆弱，保护与巩固任务繁重

我国沙区自然条件差，自我调节和恢复能力差，植被破坏容易、恢复难。现有具有明显沙化趋势的土地有 30.03 万平方千米，如果保护利用不当，极易成为新的沙化土地；在已有效治理的沙化土地中，初步治理的面积占 55%，沙区生态修复仍处于初级阶段，后续巩固与恢复任务繁重。

3. 导致荒漠化的人为因素依然存在

沙区开垦问题突出，2009~2014 年沙区耕地面积增加 114.42 万公

顷，增加了 3.60%；沙化耕地面积增加 39.05 万公顷，增加了 8.76%。
超载放牧现象也很突出，2014 年牧区县平均牲畜超载率达 20.6%，
同时，还发生了向沙漠排污的事件。

4. 农业用水和生态用水矛盾凸显

　　农业用水挤占生态用水问题突出，塔里木河农业用水占比高达
97%；区域地下水位下降明显，科尔沁沙地农区地下水 10 年间下降
了 2.07 米；内陆湖泊面积急剧萎缩，近 30 年内蒙古湖泊个数和面积
都减少了 30% 左右。缺水对沙区植被保护和建设形成巨大威胁。

　　土地荒漠化和沙化问题仍是当前我国最为严重的生态问题，是全
面建设小康社会的重要制约因素，是建设生态文明、实现美丽中国的
重点和难点。因此，我们必须进一步加快推进荒漠化和沙化防治工作。

　　（1）建立严格的保护制度

　　坚持保护优先、自然修复为主，严守沙区生态红线，全面落实
草原保护、水资源管理、沙化土地单位治理责任制，推进沙化土地封
禁保护区和国家沙漠公园建设。

　　（2）加强重点工程建设

　　继续抓好京津风沙源二期、三北防护林五期、退耕还林、退牧
还草等重点生态工程建设，着力谋划实施丝绸之路经济带、青藏铁路
公路沿线和东北老工业基地等重点区域的防沙治沙工程，加大投入力
度，加快治理步伐。

　　（3）强化依法治沙

　　深入贯彻落实《中华人民共和国防沙治沙法》，加大执法力度，
严厉查处各种违法违规行为；加强配套法律法规建设，建立健全防沙
治沙目标责任考核奖惩、沙化土地封禁保护、沙区植被保护红线、沙

区开发建设项目环境影响评价等法律制度。

（4）深化改革创新

在用足、用好现有政策的基础上，积极探索建立荒漠生态补偿政策和防沙治沙奖励补助政策，建立稳定的防沙治沙投入机制；完善税收减免政策和金融扶持等相关政策，引导各方面资金投入防沙治沙。

（5）加强科技支撑

加大防沙治沙科技创新投入，争取在干旱条件下植被恢复关键技术上取得新突破，加快新技术、新模式、新成果以及实用技术的推广应用，加强对技术人员和农牧民的培训，提高防沙治沙科技含量。

（6）健全监测体系

加强监测网络体系建设，加大信息、遥感等现代技术推广应用力度，全面提升荒漠化和沙化监测能力及技术水平，形成装备精良、技术先进、适应荒漠化和沙化防治工作需要的综合监测网络体系。

（7）严格考核制度

严格实行省级政府防沙治沙目标责任考核制度，强化荒漠生态环境损害责任追究和领导干部荒漠自然资源资产离任审计制，提高各级政府防沙治沙责任意识。

（8）加强宣传协作

各相关部门要按照各自职责，各司其职，各负其责，密切配合，通力合作，形成合力；要加大对防沙治沙重要性、紧迫性和严峻性以及防沙治沙先进典型、模范人物和治理好典型、好案例的宣传，增强全民的防沙治沙意识，提高生态文明水平，推进防治工作迈上新台阶。

2009 年，亿利捐资 1.2 亿元，为沙漠里的孩子建设了一所现在化的学校——亿利东方学校。一站式教育机制改变了之前因大漠阻隔且居住分散等导致的上学难问题。库布其沙区的孩子们可以就近上学，他们像城里的孩子一样接受国际化的先进教育，用知识改变命运。

美国国家地理杂志记者乔治·斯坦梅茨 摄于 2017 年 4 月

第二章

绿进沙退：库布其信念

土地荒漠化被称为"地球的癌症"。位于黄河"几"字弯之南的库布其沙漠，是我国第七大沙漠，曾经是"如烟黄沙遮蔽日，生机绿木断绝地"。几十年来，在党和政府的领导下，在当地群众和企业的共同努力下，实现了从"沙进人退"到"绿进沙退"的历史巨变，被联合国环境规划署确立为全球沙漠"生态经济示范区"。库布其治沙模式，成功走向我国西部生态脆弱地区，跟随"一带一路"建设的步伐，为更广袤的荒漠化地区带去绿色希望，向世界提供了防治荒漠化的中国经验。

库布其沙漠概况

库布其沙漠地处鄂尔多斯高原北部与河套平原的交接地带，是中国第七大沙漠，总面积 1.86 万平方千米，位于内蒙古鄂尔多斯高原北部、黄河"几"字弯南岸，西面有贺兰山和桌子山，北面有乌拉山和大青山，南面和东面为黄土丘陵及沟壑区。沙漠的地理坐标为 E107°~111° 30′，N39° 30′~39° 15′。在行政区划上，这一区域隶属于内蒙古自治区鄂尔多斯市杭锦旗、达拉特旗和准格尔旗的部分地区（见图 2–1 ）。它距北京正西侧直线距离 800 千米。

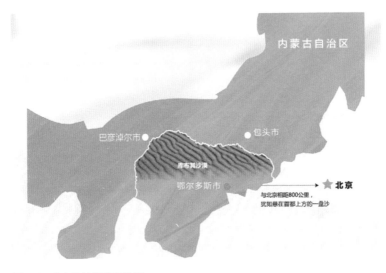

图 2-1　库布其沙漠地理位置

　　鄂尔多斯高原地貌独特，荒芜的沙地与周边区域形成鲜明对比，海拔 850~2 130 米。库布其沙漠东西长 400 千米，南北宽 50 千米，总面积 1.86 万平方千米，流动沙丘（以格状沙丘和沙丘链为主）占 61%。沙漠海拔 1 200~1 400 米，表面覆盖着散沙，其中 81% 以上为细沙（0.1~0.25 毫米）。库布其的海拔要比黄河平均高 80~100 米。因此库布其的积水和沙子有时泥沙俱下地通过十大孔兑流向了黄河。

　　内蒙古鄂尔多斯市杭锦旗气象局气象站（距离最近的气象站）发布的数据显示，库布其沙漠属于温带大陆性干旱季风气候，寒冬漫长，暖夏短促，春季多风，秋季凉爽。1 月是一年中最寒冷的月份，平均气温为零下 11.7℃，最低温达零下 32.1℃；7 月最为炎热，平均气温为 22.1℃，最高温达 38.7℃；年平均气温为 6.4℃。库布其的年平均降水量为 280 毫米，各季降水不均，6~8 月的降雨量占全年总量的 65%。年平均蒸发量达到 2 630 毫米，5~10 月的蒸发量占总量的 74%。从西北到东南，风速逐渐加大，春季暴风频发（年均 24.6 天）。每年平均有 13.2 天爆发沙尘暴。

库布其沙漠的危害

30 多年前，库布其沙漠风沙肆虐、寸草不生，没有植被、没有出路、没有医疗、没有通信、没有教育，牧民收入很少，沙漠降雨很少，沙尘暴泛滥。库布其沙漠缺乏自然与矿产资源，发展产业的基础薄弱，经济极度落后。像库布其这样生态严重恶化的地区，也是贫困人口最为集中的地区，生态恶化与贫困相伴相生。其中流动沙丘占 61%，生活在这里的 74 万沙区人民，世代饱受沙害之苦。农牧民过着靠天吃饭、绕着沙漠不断迁移的生活。20 世纪 80 年代，这里的植被覆盖率仅有 3%~5%，农牧民人均收入仅有 300 多元，库布其也成为中国"沙漠"和"贫困"的代名词。这里风沙肆虐，缺水，无电，无路，缺乏基础设施；农牧民在沙漠里靠着一点沙生植物，艰辛游牧，生活极端贫困。这里贫困人口是贫中之贫，这些地区的扶贫工作是难中之难。

据测定，近 40 年来，库布其沙漠化土地面积正以平均每年 100 平方千米的速度扩展，目前沙漠化强烈发展区面积占该区草场面积的 90% 以上。沙暴日数年平均可达 27 天，最多可达 57 天。在风力的作用下，库布其沙漠正以每年 10 米左右的速度向东南推移。风沙掩埋农田，摧毁牧场。每逢暴雨期，大量泥沙涌入黄河，形成水下沙坝阻断主槽，涌高水位，淹没黄河两岸生产基地设施，威胁人民生产生活安全。近年来，频繁发生的沙尘暴不仅给当地人民的生产生活带来严重危害，而且还涉及西北、华北大部分地区，甚至危及华南、华东地区。

20 世纪末，沙化尤为严重。就连库布其沙漠东南缘的达拉特旗境内都出现了大范围的流动沙丘。沙漠化过程导致耕地和草场退化，当地群众深受沙漠侵害，交通、医疗、通信、教育等最基本的生活条件都无法保障。另外，由于生态平衡遭到破坏，也对周边乃至整个华北地区的生态环境产生强烈的负面影响。

库布其沙漠治理优势

库布其沙漠位于干旱区和半干旱区的过渡地带，资源丰富，水热条件较我国西部其他沙漠优越。

追溯千年，这里曾是水草丰美、人烟稠密的宝地，后来由于不当的开荒和戍边，在"几"字一横下面的黄河沿岸最终形成了东西长数百千米，南北最宽处几十千米，总面积约 186 万公顷的库布其沙漠，这也是离北京最近的三大沙尘暴源头之一。

库布其东部水分条件较好，属半干旱区；西部相对较差，为干旱区。沙漠年降雨量为 150~400 毫米，年蒸发量为 2 100~2 700 毫米，干燥度为 1.5~4。另外，库布其沙漠东、北、西三面紧靠黄河，中部、东部有发源于高原脊线北侧的季节性沟川约 10 余条，纵流期间具有沟长、夏汛冬枯、含沙量大等特点。沙漠西端和北部的地下水受黄河影响，埋深较浅，为 1~3 米，水质较好。

库布其光热风能资源也十分丰富，年平均风速 3~4 米 / 秒，大风日数 25~35 天 / 年。该区年日照时数为 3 000~3 200 小时，年平均气温 6~7.5℃，气温高、温差大（≥10℃），积温 3 000~3 200℃，无霜期为 135~160 天。

根据科学研究，库布其沙漠几乎全部是覆盖在第四纪河流淤积物之上。因下伏地貌、淤积物厚度等不同，沙丘高度、形态和流动程度等也有差异。在河漫滩零星分布着一些低矮的新月形沙丘及沙丘链，高度多数在 3 米以上，移动速度较快；一级阶地沙丘高度为 5~10 米不等；一级与二级阶地之间沙丘高大，高度达到 10~20 米，最高达 25 米；二级阶地上的沙丘高一般在 10 米以下；二级与三级阶地的过渡区，沙丘特高，可达 50~60 米，形态为复合型沙丘；三级阶地上多为缓起伏固定沙丘，流沙较少，呈小片局部分布。库布其沙漠的流动沙丘占沙漠总面积的 61%，形态以沙丘链和格状沙丘为主，其次为复合型沙丘；半固定沙丘占 12.59%，有抛物线状沙丘和灌丛沙丘等；固定沙丘占 26.5%，形态为梁窝状沙丘和灌丛沙堆。固定和半固定沙丘多分布于沙漠边缘，并以南部为主。

此外，库布其沙漠地处鄂尔多斯高原，因特殊的地质结构和古生物的作用，矿产资源极其丰富，矿种多、分布广。主要矿产资源有煤炭、石英砂、高磷土、芒硝、砖瓦黏土、泥炭、矿泉水、白球粉、食盐、天然碱、大湖碱、石膏等。

库布其沙漠东部为淡栗钙土、松沙质原始栗钙土，西部为棕钙土，西北部又有部分灰漠土。在河漫滩上，主要分布着不同程度的盐花浅色草甸土。库布其沙漠土壤质地粗，结构松散，遇有大风、强度降水、过度利用等外部条件，都会引起风蚀沙化、草地退化等灾害。

由于土壤类型的差别导致库布其沙漠内植被区域性差异较大，东部为干草原植被类型，西部为荒漠草原植被类型，西北部为草原化荒漠植被。区内地带性植被明显，东部为干草原植被类型，西部为荒漠草原植被类型，西北部为草原化荒漠植被类型。其中干草原植被类型为：多年生禾本库布其沙漠科植物占优势，伴生有小半灌木百里香等，也有一定数量的达乌里胡枝子、阿尔泰紫菀等；西部与西北部半灌木成分增加，建群种为狭叶锦鸡儿、藏锦鸡儿、红沙以及沙生针茅、多根葱等。北部河漫滩地生长着大面积的盐生草甸和零星的白刺沙堆。流动沙丘植被情况为：流动沙丘上很少有植物生长，仅在沙丘下部和丘间地生长有籽蒿、杨柴、木蓼、沙米、沙竹等；流沙上有沙拐枣。半固定沙丘植被情况为：东部以油蒿、柠条、沙米、沙竹为主；西部以油蒿、柠条、霸王、沙冬青为主，伴生有刺蓬、虫实、沙米、沙竹等。固定沙丘植被情况为：东、西部都以油蒿为建群种；东部还有冷蒿、阿尔泰紫菀、白草等，也有一定数量的牛心朴子。

库布其沙漠治理背景及治沙新理念

库布其沙漠治理背景

1988 年是我职业抑或人生的转折点。我从一名国家公职人员，走进一家濒临倒闭的企业——杭锦旗盐厂（亿利前身）。从赴任的第一天，送我的黄色吉普车深陷厂部沙漠的那天开始，我就知道开弓没有回头箭，不能再用孩童时代躲避的方式来应对沙漠所带来的挑战，而必须直面沙漠所带来的困扰，找到和沙漠相处的方式。摆在我面前的第一项任务，就是不让流动的沙丘掩埋我们的工厂，我要为这家工厂的 100 多名工人负责，更不能辜负当地政府的信任。企业生存的压力，使我不得不直面库布其的治沙工作，库布其长达近 30 年的沙漠治理历程由此展开。

亿利治沙人把每年的 4 月 22 日"世界地球日"确定为沙漠植树节。沙区农牧民、治沙工人和社会公益人士在这一天举行植树活动，开启全年的生态治理工程。图片摄于 2016 年 4 月 22 日。

　　杭锦旗盐厂坐落于库布其沙漠南缘，盐湖面积大约为 18 平方千米，具有丰富的盐资源，还有其他矿产资源，包括芒硝和天然碱。虽然盐厂具有很好的资源条件，但是当时缺乏基本建设条件，没电，没水，没路，还遭受沙尘暴的威胁。为了改善生产环境，我不得不开始治沙。

　　我们以一个位于"死亡之海"腹地的小盐厂为成长起点，从植树造林、固定沙漠、保卫盐湖，到修建穿沙公路、修复沙漠生态系统、建设沙漠绿洲，在 11 000 平方千米的沙漠治理范围内，恢复植被 6 000 多平方千米，彻底改变了库布其沙漠地区的生态环境，构建了独特的沙漠经济发展模式，让生活在这个地区的 10 多万农牧民从中受益。同时，那家濒临倒闭的小企业，也在这个过程中发展和壮大，变成一家国际知名的生态环保企业，践行着"从沙漠到城市的生态文明建设，为人类创造绿水青山的美好家园"的崇高使命。

实践证明，治沙不仅救活了杭锦旗盐厂，还促进了企业转型，发展为现在的亿利集团有限公司——一家具有 1 000 亿元资产的综合型生态企业；也正是治沙，造就了亿利集团的支柱产业——生态环保及其关联产业体系。我们不仅成为一家具有雄厚实力的生态企业，更积累了巨大的绿色财富，成为沙漠经济的成功实践者。

库布其沙漠治理理念

不忘初心，不辱使命，不负重托，实现沙漠绿色中国梦；共享经验，改善民生，增加福祉，为构建人类命运共同体做贡献。

人们总把沙漠看成很可怕、很讨厌的东西，而亿利人从开始就把沙漠当作资源去认识，把问题当作机遇，把沙漠当作财富。这与亿利人与生俱来的沙漠基因息息相关。库布其的治沙实践告诉世界，沙漠也是一种资源，是可以利用的，沙漠与人类是可以和谐共生的。

习近平总书记强调，良好的生态环境是最公平的公共产品，是最普惠的民生福祉。生态的改善使得全社会普遍受益，生态的恶化则使得全社会普遍受害。因此，绿色发展本身就是一种共建共享的事业。但是，要使得这项事业成为持续共同参与的事业，还必须找到更为持久的动力，建立可持续的机制。亿利集团的核心价值观是"客户为本、奋斗为荣、厚道共赢"。30 年来，亿利集团走的就是共享、共赢之路。

库布其治沙理念的根本和关键更是习近平生态文明思想的引领，也是践行"绿水青山就是金山银山"伟大理念。党的十八大把生态文明建设纳入"五位一体"总体布局。党的十九大报告首次将"树立和践行绿水青山就是金山银山的理念"写入党代会报告。党的十九大通过的《中国共产党章程（修正案）》，强化和凸显了"增强绿水青山就是金山银山的意识"的表述。在库布其治沙面临爬坡过坎的紧要关头，是习近平总书记"绿水青山就是金山银山"伟大理念为我们带来了指路明灯。如果没有这一伟大理念的引领，没有中国生态文明战略思想的指引，库布其治沙就可能半途而废，中途夭折，就不可能坚持到今天，更不可能实现绿富同兴，不会取得被国际社会认可的成绩，也不会成为中国走向世界的一张"绿色名片"。

库布其沙漠治理历程

回顾我们的治沙历程，也不是一开始就能预见今天的成就。我们坚持 30 年治沙不动摇，依靠的是对沙漠的特殊情感和治理沙漠的夙愿，更是得益于对沙漠问题的认知及知识的积累。中国改革开放政策的推进，给我们发展产业化治沙和建立沙漠经济体系带来巨大机遇。沙漠经济的理念和沙漠经济体系的构建，不是从一开始就有清晰发展思路的，伴随着沙漠中企业的发展、演变和壮大过程，经历了从被动治沙、主动治沙、产业治沙到形成完整的沙漠经济体系的不同阶段。30 年的治沙实践，不断丰富了"沙漠经济学"的内涵，也促进了亿利集团发展和转型。

第一期被动治沙阶段（1988~1995 年）

30 年前，亿利集团就诞生在库布其沙漠腹地。当时沙漠资源匮乏，产业基础薄弱，经济极度落后；缺水，无电，无路，农牧民艰辛游牧，生活极端贫困；风沙肆虐，每年沙尘暴灾害天气高达百场。沙尘一起，一夜之间就可以刮到北京城，因此被称为"悬在首都头上的一壶沙"。

坐落在沙漠腹地的杭锦盐厂，只有简陋的生产条件，生活条件更是艰苦。简陋的生产和生活条件还受到流动沙丘的威胁，企业盐湖随时都有可能因被沙漠掩埋而停产，甚至发生安全事故。对于一家企业而言，保证安全生产是最基本的条件。我们治沙的初衷就源于这个朴素的意识。

当时企业的效益并不好，我们并不具备大规模治理沙漠的能力，但还是决定建立常规的沙漠治理团队，制定稳定的投入机制：成立了一个由 27 人组成的林业工作队；从每吨盐产品的利润中拿出 5 元钱（当时，每吨盐的利润为 10 多元钱），作为治沙基金。在解决了治沙团队和资金问题后，我们开始营建防护体系，建立厂区的防护林，以及对周边地区的流动沙丘进行固定。这个时期的治沙规模大概在每年2 000 亩，规模相对较小，但为企业的安全生产提供了保证。治沙经验的不断积累和治沙过程中教训的不断总结，对于我们治沙技术的提高意义重大。

第二期主动治沙阶段（1996~2001 年）

随着周边沙漠环境的改善，生产条件得到保障，企业的经营状况开始好转，产量不断提高，而落后的交通运输条件，开始成为当时企业发展的主要障碍。盐厂到最近火车站的直线距离大约为 65 千米，但是大漠阻挡，盐厂产品的运输不得不绕道 350 千米，且运输时速仅能达到 10 千米／小时。更有甚者，这些没有铺设的路面，也时常遭受风沙的危害，在流动沙丘的影响下，不断改道，运输卡车经常由于道路的影响而无法按期送货。运输成本高，严重影响了企业的效益。在这样的情况下，我们向地方政府提出修建一条穿沙公路（总体投资 9 410 万元），从盐厂穿越沙漠直达最近的乌拉山火车站。这一建议得到了政府的支持。当时，我们并没有修建沙漠公路的经验。首先遇到的困难就是要推平高达 10 多米的沙丘来打通路基，而这并不是一件容易的事情。更为复杂的是，由于沙尘暴的掩埋，即使打通的路基，也会在筑路工人第二天醒来时被流沙掩埋。为了杜绝沙尘暴对沙漠公路的危害，公路两侧的固沙治理就成为沙漠公路修建中的必要条件，势在必行。我们开始时采用了植物材料网格沙障固沙的方法，后来则采用公路防护林固沙，以保证沙漠公路的正常运行。

当进入较大规模的公路防护林建设时，由于没有成熟的、可借鉴的技术，即便采用耐旱树种，防护林开始时的成活率也极低。我们甚至尝试种植了从国外引进的 20 多个树种，但都没有成功。总结失败的教训，我们发现所选择的品种不仅要耐旱，还需要能够抗寒和耐盐碱，这是在沙漠成功造林的关键。我们开始进入沙漠腹地寻找合适的乡土物种，开始研究耐寒、耐旱、耐盐碱种质资源，发现了更多适合库布其沙漠的乡土物种，包括甘草、柠条和沙柳等；同时，探索和改进种植方法，如用废弃的玻璃酒瓶盛水后插入沙柳插条，埋入沙漠来提高存活率（这就是这个时期发明的种植办法）。在这个过程中，亿利人在树种选择和种植技术方面都积累了大量的经验。

经过 3 年的努力，在 65 千米的道路两边，形成了 4 千米宽的绿色保护带，道路得到了良好的防护。而道路的贯通，进一步提高了企业的效率。

前两期的治沙项目无论是厂区防护（以改善工厂的生产和生活条件）还是道路防护（修建穿沙公路以提高企业的运输效率），都是企业出于应对自身生存和发展所面临问题的现实需要，都有被迫而为之的意味，属于被动治沙的阶段。

第三期理想化治沙阶段（2002~2004 年）

通过厂房和道路防风固沙项目，我们尝到了防沙治沙的甜头，增强了治沙成功的信念，积累了治沙的经验。我们意识到治沙必须注重规模效益，注重构建规模化生态体系，只有在更大范围内改善生态环境，才能获得更大的收益。这意味着，企业必须要冲破当前、直接的利益窠臼，变被动为主动，在更大范围内改善生态环境。

亿利人将这一阶段的治沙项目确定为库布其沙漠北缘的"锁边林"建设，这个项目的总长度为 220 千米，既想锁住库布其沙漠北缘，又要阻止沙漠侵吞黄河。规模化沙漠植被的恢复，重建了生态系统，改善了生态环境。从将沙漠治理当作对企业财产被动保护的工具，到以规模化促进生态环境的保护，亿利的目标无疑已带有鲜明的公益性和主动性。

这一阶段，亿利人继续依靠技术创新提升治沙效率，尝试使用包括飞机飞播在内的各种治沙新技术。这个时期也面临诸多技术困境，包括树种单一，生长不佳，大面积的纯林带来病虫害防治和森林防火等问题。因此，虽然这个时期的造林工程量大，耗费人力、财力多，但效果并不理想。

第四期理性化、合理化治沙阶段（2005~2009年）

在这一时期，锁边林继续向沙漠腹地推进，深入沙漠20~30千米的范围开始纳入治沙区域。这也是我们产业化治沙的关键期。

随着国家不断在土地和林业方面推出一系列鼓励政策（土地流转、林子"谁种谁有"等）和治沙技术的不断进步，产业化治沙的趋势开始初露端倪。我们感觉到治沙不再是一个不敢考虑收益的"公益事业"，而成为可以运营的产业，并且，从长期发展的眼光来看，还是一个极具前景的产业。通过各种形式的土地流转和租赁经营，亿利集团与当地农牧民开始建立起长期的合作关系，而政府、以亿利集团为代表的民营企业与当地农牧民间也开始围绕治沙产业探索新型的扶贫模式。在这一阶段后期，引进了甘草等颇具经济价值的治沙型经济植物品种，更易形成商业化链条，从而成为亿利集团产业化治沙的初始产业。

亿利人在这个时期的治沙中更加注重经验总结，提出了"因地制宜、适地适树"的治沙原则，确立了"锁住四周、渗透腹部、以路划区、分块治理、科技支撑、产业拉动"的治沙方略，推行"路、电、水、讯、网、绿"六位一体的治沙规划方针（即沙治到哪里，路就修到哪里，水、电、讯就通到哪里），建立了"乔、灌、草（甘草）"相结合的立体生态治理模式。在技术方面，人工造林不再是传统的用锹种树造林方式，机械造林方式得到广泛应用。

第五期科学化、规模化治沙阶段（2010~2012年）

在这一时期，亿利人治沙的范围不断向库布其沙漠腹地推进，提出了"南封、北堵、中切割"的治沙方略；以"甘草治沙改土扶贫"为主攻方向的库布其治沙模式日臻成熟；通过加强与政府、当地农牧民和国际社会的合作，亿利集团的生态修复产业运作模式也日渐成型；生态修复产业和其他产业的融合度不断提升，形成了包括生态修复、生态健康、生态旅游、生态农牧业、清洁能源等为支柱的多元绿色产业体系。

这个时期也是亿利集团从传统运营模式走向平台经济运营模式的转型期。凭借已有的高水准工业园区，以及包括"亿利绿土地"等在内的成熟商业平台，亿利集团开始尝试打造生态修复产业的要素集聚平台，通过吸引更多有志于生态修复产业的企业参与并促成各类交易，打造"平台＋插头"的网络化经济体系和平台经济体系的构建，也催生了亿利集团的绿色金融业务，如"基金＋技术"的绿色金融整合、嫁接国内外先进技术。

通过总结库布其沙漠治理的实践经验，亿利人开始走出库布其，走向全国，在包括我国河北、新疆、甘肃、青海、西藏等广大地区大力推广库布其的沙漠治理经验，并取得了很好的效果。

第六期科技创新、"互联网＋治沙"阶段（2013 年至今）

党的十八大以来，党中央将生态文明建设纳入"五位一体"总体布局，将生态文明提升到国家战略高度。习近平主席提出的"绿水青山就是金山银山"的生态文明建设伟大战略思想，成为指导中国经济社会发展的重要理论。

亿利人的治沙进入一个全新的阶段。在生态文明战略的引领下，通过大力推动科技创新、产业创新和机制创新，创新运用生态大数据平台，创新无人机植树技术、精准灌溉技术和"微创"植树技术，建成了中国西部最大的"耐寒、耐旱、耐盐碱"种质资源库，大大提升了种质资源和引种驯化的输出效率。这一时期，亿利凭借新技术、新产业加快库布其模式的输出步伐，成功向科尔沁沙地、乌兰布和沙漠、腾格里沙漠、塔克拉玛干沙漠、河北张北等地区输出治沙生态技术和经验，取得了显著治沙、生态、产业和扶贫效益。

2015 年，库布其经过 27 年的治理，区域生态环境显著改善，"沙水林田湖路草"生态体系逐步形成，库布其整体生态系统的自我修复能力全面形成，这一阶段亿利集团主要采取生态辅育管护措施，最大限度地减少人为对生态的干扰破坏，让库布其生态系统充分休养、自我修复，生物多样性明显恢复。经过近 30 年的治理，库布其完成了从赤地千里的荒漠荒山到绿水青山的转变。在各级政府生态规划、生态红线、生态红利等多重政策的支持下，库布其夯实以生态为底色的发展基础，特别是在习近平生态文明思想"坚持人与自然和谐共生"科学自然观、"绿水青山就是金山银山"绿色发展观、"山水林田湖草是生命共同体"整体系统观的科学指引下，借助"平台＋插头"模式，把"生态＋"理念贯穿于各个方面，引进国内外众多企业，在库布其沙漠构建了三产融合互补、千亿级的沙漠生态循环经济体系，促进大生态与大健康、新能源与新农业融合发展，努力走出一条速度快、质量高、百姓富、生态美的绿色发展新路。

党的十九大提出习近平新时代中国特色社会主义思想，明确提出要实现高质量发展。亿利正在全面贯彻落实习近平新时代中国特色社会主义思想，从理念、产业、技术等多个维度提升库布其生态经济的发展质量。依托国家和地方政策优势与库布其丰富的光热、生物资源以及水、空气等资源优势以及区位和基础设施优势，亿利集团规划并正在实施牛羊养殖、沙漠绿土地、沙漠太阳能、沙漠生态旅游等

"一二三"产业融合发展规划，推动库布其生态产业实现高质量循环发展，让库布其沙漠变成绿水青山和金山银山。

库布其沙漠治理成就与问题

库布其沙漠治理成就

经过近30年的不懈努力，在中国各级政府、沙区群众和亿利集团及其他企业的共同努力下，历经被动治沙、主动治沙、产业治沙到形成完整的沙漠生态经济体系，库布其沙漠不仅生态资源逐步增加，区域生态明显改善，沙区经济不断发展，而且成功创建了政府政策性支持、企业产业化投资、农牧民市场化参与、技术持续化创新"四轮驱动"的库布其模式。

一是全面修复了库布其沙漠的生态系统，建设了规模化沙漠绿洲，彻底改变了库布其沙漠地区的生态环境。在库布其1.1万平方千米的沙漠治理范围内，已累计完成植被修复面积6 000多平方千米，而且库布其沙漠出现了上百万亩厘米级厚的土壤迹象，改良出大规模的沙漠土地，初步具备了农业耕作条件；生物多样性得到了明显恢复，出现了天鹅、野兔、胡杨等100多种绝迹多年的野生动植物，2013年沙漠来了70~80只灰鹤，2014年又出现了成群的红顶鹤；植物种类数量也明显增加。虽然仍以人工种植植物为主要优势植物，但人工种植植物的优势度已经开始随着修复年限的增加而呈现出明显下降的趋势，这表明人工种植植物的主导作用已经开始下降，更多自然伴生植物开始发挥作用，自然植被演替过程开始自发形成；同时，野生动物开始增加，据不完全统计，库布其沙漠的主要动物种类已经增加到近80种。

二是杭锦旗盐厂这家 30 年前濒临倒闭的小企业，能够成功发展成今天国内外生态环保领先企业，完全是由于其在国家土地政策、林业政策、环保政策等制度激励条件下，成功挖掘和准确把握了库布其沙漠治理过程中所蕴含的巨大经济利益和商业机遇。可以说，治沙救活了杭锦旗盐厂；治沙造就了亿利集团的支柱产业；治沙给予了亿利集团巨大的生态财富；治沙使亿利集团成功走在了沙漠生态经济的前列。在某种意义上，库布其沙漠的治理历程，就是亿利集团由死向生、由小渐大，不断演进、发展壮大的历程。

三是为当地提供了超过 100 万个就业机会，让生活在这个地区的 10 多万农牧民从中受益。30 年来，亿利本着"富起来与绿起来相结合、生态与产业相结合、企业发展与生态治理相结合"的发展模式，按照"政府政策性支持、企业产业化投资、贫困户市场化参与、生态持续化改善"的治沙生态产业扶贫机制，通过实施"生态修复、产业带动、帮扶移民、教育培训、修路筑桥、就业创业、科技创新"等全方位帮扶举措，发展起了一二三产业融合互补的沙漠生态循环经济产业，在治理库布其沙漠的同时带动了沙区及周边群众脱贫。

四是助力沙区教育事业。2009 年，亿利捐巨资专门为沙漠农牧民子弟建设了一所集幼儿园、小学、初中、高级技师学校和农牧民党校为一体的现代化学校，总占地面积 9 万平方米，建筑面积 2.9 万平方米。亿利在全国各地高薪聘请了 20 多位优秀教师执教，使沙区 1 500 多名孩子在家门口接受良好的教育，建校以来有 100 多名学生考入重点高中。亿利东方学校最大的特色还是一站式的教育机制：高水平的幼儿教育、科学规范化的管理和丰富多彩的亲子活动，让沙漠里的娃娃接受和城市娃娃一样的教育；独具创新意义的中小学教育，从小学到初中全部由全国优秀老师指导，为孩子的求学路打下坚实的基础；专业高级技师的培养，学校与上海华智学校联合创办的专门为沙漠生态建设、沙漠绿色经济和沙漠特色旅游培养高级技师的专业学校，不断为沙区有志青年提供创业、就业机会；寓党建与惠民为一身的农牧民技能培训，创办库布其沙漠农牧民培训学校（党校），在把党和国家对沙漠的优惠扶持政策送到农牧民兄弟手中的同时，进行爱党爱国教育，把实际、实惠、实用的生产技术送到劳动一线，并积极宣扬生态文明建设和美丽中国梦的思想。

五是成功创建了沙漠治理的库布其模式。虽然还有许多经验、教训需要进一步总结，该模式中的很多方面也需要更为深入的探讨，但库布其模式已得到国际社会的广泛认可——库布其模式作为一个成功案例被写入联合国决议，不断在联合国相关重要活动上发布和展示；联合国环境署设立了"库布其绿色沙漠经济示范区"；联合国授予亿利治沙带头人"全球治沙领导者"和"地球卫士终身成就奖"等荣誉……凡此种种，都证明了库布其模式对推动全球荒漠化治理具有巨大的现实贡献。进一步地，考虑到该模式具有的可复制性，以及该模式所揭示的在应对环境外部性问题时市场化制度安排的有效性，中国沙漠治理的库布其实践无疑还具有极为积极的理论意义。

六是库布其治沙成果和经验获科学认定（见图 2-2、图 2-3 ）。

30 年来，亿利人始终积极响应内蒙古自治区把荒漠化防治作为建设我国北方重要生态安全屏障、促进经济社会可持续发展的战略举措。特别是党的十八大以来，在习近平生态文明思想的指引下，亿利人牢固树立和践行"绿水青山就是金山银山"理念，综合施策推进荒漠化防治，取得了积极成效，积累了丰富经验。实践证明，亿利库布其治沙"现场经得住看、经济账经得住算"，成功实现了生态效益、社会效益、民生效益与经济效益的有机统一。

亿利集团库布其沙漠 30 年治沙成果评定会
专家意见

2018 年 7 月 23 日,由中国治沙暨沙业学会组织专家在鄂尔多斯市杭锦旗独贵塔拉镇召开了"亿利集团库布其沙漠 30 年治沙成果评定会"。专家组(名单附后)听取了由中国林业科学研究院完成的《亿利库布其沙漠治沙成效及模式》《中国西北种质资源库建设及其资源保存现状》和由内蒙古农业大学完成的《库布其沙漠沙产业发展及精准扶贫》的成果汇报,经质询和讨论,形成如下意见:

1. 生态治理区总面积 910 多万亩。通过 30 年的治理,治理区流动沙地从占总面积 73.3% 减少到 44.5%;固定半固定沙地从占总面积 26.7% 提高到 55.5%。植被覆盖度显著增加,区域沙尘天气明显减少,生物多样性明显提高。

2. 研发了系列治沙技术,包括微创气流法造林技术、甘草平移种植技术、削峰填谷治沙技术等技术,有效地支撑了库布其沙漠的治理。

3. 建成了中国西北植物种质资源库,其中设施保存库 350m²,搜集保存植物种子 238 种,共 1000 余份;保存圃 100hm²,保存沙旱生植物 100 余种;并建设了配套实验室 1150m²,组培室 633m²,智能温室 6720m²。

4. 建成了由种植、养殖、旅游及光伏发电等组成的沙产业发展和扶贫体系,累计扶贫 10.2 万人,探索出"治沙、生态、产业、扶贫"相结合的"库布其治沙模式"。

建议从生态文明的高度进一步梳理"库布其治沙模式"的内涵。

专家委员会主任:董治金

2018 年 7 月 23 日

图 2-2

亿利库布其沙漠30年治沙成果评定会 专家委员会

地点：

时间：2018年7月23日

序号	专家组	姓名	性别	工作单位	职务/职称	专业	签字
1	主任委员	董志宝	男	中科院寒区旱区环境与工程研究所	研究员、博士生导师	沙漠学	
2	委员	李振山	男	北京大学环境科学与工程学院	教授、博士生导师	环境工程	
3	委员	康向阳	男	北京林业大学生物科学与技术学院	教授、博士生导师	林木遗传育种	
4	委员	郭　中	男	内蒙古林业科学研究院	研究员、院长	沙漠治理	
5	委员	王林和	男	内蒙古农业大学	教授	荒漠化防治	

图 2–3

2017 年 9 月 11 日，联合国环境署于中国鄂尔多斯举办的《联合国防治荒漠化公约》第十三次缔约方大会上发布报告，深入介绍中国库布其沙漠生态恢复和财富创造模式。根据报告评估，库布其共修复绿化沙漠 6253 平方公里，固碳 1540 万吨，涵养水源 243.76 亿立方米，释放氧气 1830 万吨，生物多样性保护产生价值 3.49 亿元，创造生态财富 5000 多亿元人民币，带动当地民众脱贫 10.2 万人，提供了就业机会 100 多万人。这也是联合国官方发布的第一份生态财富报告。

中国林业科学院、中国治沙暨沙业学会、内蒙古农业大学等三家权威机构组成的研究团队，经过长期跟踪调查和研究，通过调取对比 1986 年、1995 年、2005 年、2015 年的卫星图片资料发现，30 年来，亿利治理的库布其沙漠沙地面积减少了 29%，整个库布其沙漠的沙丘高度较 30 年前整体下降了 50%，流动沙地面积减少，半固定、固定沙地面积显著增加，总体趋势向好。其中，流动沙地面积减少 26.05 平方千米，约占总面积的 29.34%；半固定沙地增加 5.87 平方千米，约占 6.61%；固定沙地增加 22.04 平方千米，约占 22.75%。

2018 年 6 月 29 日，为深入贯彻落实习近平总书记在全国生态环境保护大会上的重要讲话精神，我国林业治沙科研与学术机构和联合国环境署在北京召开亿利库布其 30 年治沙成果总结暨服务"一带一路"绿色经济推进会。防治荒漠化公约组织负责人和国家生态环境部、国家林业和草原局、内蒙古自治区等负责人，以及有关专家院士和绿色企业代表与会。

中国林业科学研究院、中国治沙暨沙业学会、内蒙古农业大学三家权威机构联合发布了《亿利库布其 30 年治沙成果报告》，这是中国学术界首次集中发布对亿利库布其 30 年治沙成果和经验的科学总结与认定。报告显示，亿利集团在库布其坚守治沙30年，投入产业治沙资金300多亿元、公益治沙资金30多亿元，规模化治理沙漠910多万亩，带动库布其及周边群众10.2万人脱贫致富。

防沙治沙实践让我深刻地体会到，库布其治沙之所以能取得如此成就，离不开中国各级政府的支持，离不开合作治沙企业和人民群众的积极参与，更离不开"绿水青山就是金山银山"伟大理念的指引。

库布其治沙成果还得益于国家和内蒙古自治区的支持。我国应对荒漠化工作走在世界前列，在世界上率先实现了由"沙进人退"到"人进沙退"的历史性转变。内蒙古自治区党委、政府牢记习近平总书记关于筑牢我国北方重要生态安全屏障的殷殷嘱托，像保护眼睛一样保护生态环境，把荒漠化治理作为保护生态环境的重要任务，实现了"整体遏制、局部好转"的重大转变，荒漠化防治走在全国前列。库布其沙漠所在地鄂尔多斯市杭锦旗，市旗两级政府高度重视治沙工作，把库布其变成了世界上第一个被整体治理的沙漠。

库布其治沙成果更得益于科技创新、模式创新、机制创新的支撑。依靠科技治沙是库布其模式的突出表现。一是提出了系统化治沙的理念，通过"锁住四周、渗透腹部、以路划区、分而治之"和"南围、北堵、中切"的策略，建设防沙锁边林，组织整体生态移民搬迁，建设大漠腹地保护区，林草药"三管齐下"，封育、飞播、人工造林"三措并举"，最终形成沙漠绿洲和生态小气候环境。二是培育和汇集了1 000多种耐寒、耐旱、耐盐碱及沙生植物的种子，建成了中国西部最大的种质资源库，创新了水气法植树、无人机植树、甘草平移、高海拔植树等100多项沙漠生态技术。三是在30年累积云量级沙漠生态数据的基础上，运用先进的互联网、区块链技术，创新生态大数据服务，全面支撑生态修复主业；把山水林田湖草作为底色，融合旅游、康养、大数据、人居等功能，创新打造人与动物和谐、人与自然和谐、人与生态和谐的生态公园。

库布其沙漠治理存在的问题

虽然库布其治沙成果显著，但在漫长的治沙岁月里，遇到过质疑，也存在不少问题，走了不少弯路。

一是政策问题。30 年来，治沙这条路走得很不容易，也很不踏实。不容易的是治沙周期太长，收益太慢；不踏实的是沙漠土地政策周期太短，阻碍可持续发展。防沙治沙具有公益性的特点，是脆弱环境里的脆弱经济，从事该项活动的盈利空间有限，任何一项新兴产业的形成和发展都离不开政府的引导与政策的扶持。目前投资机制、管理机制和运行机制还存在诸多问题。例如，沙地承包期是 30 年，林地使用权是 70 年，二者存在冲突，而且沙地承包到期后，会出现政策"打架"现象。现行的大部分扶持政策尚不能真正满足企业盈利的目的，并且一些好的政策也由于种种原因难以落实并坚持下来。我们从事库布其沙漠治理这么多年来，获得的国家补助资金相对较少，也很难获得与投入相匹配的税收优惠政策。国家应该像进行农村土地改革一样，进行沙漠土地政策改革，为中国的沙漠治理提供持续动力和机制保障。

二是交通的问题。大漠阻隔，人员和物资进出困难，交通成为制约库布其生态环境改善的最大瓶颈。落后的交通运输条件，开始成为企业发展的主要障碍。要致富，先修路，20 世纪 90 年代，从杭锦旗政府带动沙区群众和企业打通了库布其第一条穿沙公路开始，亿利集团就开始了大规模"逢沙开路、遇河架桥"的征程。这既是被迫之举，也是主动作为。库布其沙漠已经构建了内联外通的公路网，促进了沙区生产力的显著提高，农牧民生活条件明显改善，部分农牧民购买了家用小轿车，交通的改善还大大方便了儿童上学和农牧民看病。沙漠绿洲的出现和便捷的交通使沙漠旅游迅速发展起来。但企业多年来投入的公共道路基础设施，没有经济回报，给企业经营也带来了巨大压力。直到今天，库布其沙漠的整体交通条件还相对落后，沙漠腹地一些大沙地带还不得不用骆驼、吉普车、徒步等原始方式行进。

三是技术的问题。对于沙漠治理，水是限制因素，所以我们必须考虑水资源承载力，尊重自然规律，因地制宜，创新技术进行沙漠治理。库布其沙漠治理初期，由于经验不足，在技术上走了不少弯路，主要存在以下几方面问题：①工程问题，当年没有顺势而为治理沙漠，将沙漠推平，导致投资巨大，付出惨重代价。②引种问题，我认为我们有50%的引种是失败的，比如20世纪90年代从美国西雅图引进三角叶杨，花费几千万引进该品种，准备发展大规模造纸产业。再比如，2013年我们引种以色列的蓖麻，损失好几千万元。③种植技术问题，也就是挖坑植树，这不是绝对错误，但是现在来看是相对错误。这样做破坏了土壤生态。后来我们发明了水冲法，减少了当时打网格的大投入，成活率从20%多提高到了80%多。

四是机制问题。虽说植树造林是沙漠治理最主要的措施，但它不是防治措施的全部，仅仅是其中的一项措施。所以，沙漠治理不是单靠一个部门、一家企业就能完成的。沙漠治理是与区域经济、当地的资源管理水平、当地居民的生活方式和生产方式密切相关的跨水利、农业、林业、矿产业、建筑业及其他工业部门的社会化大工程。目前来看，社会参与治沙的机制不够完善，法律法规规定的防沙治沙政策、措施还有许多尚未兑现。

库布其治沙模式的形成与发展

库布其模式是指利用荒漠化地区独特的资源优势，通过大规模的荒漠化防治，培育和带动荒漠化地区的沙产业发展，反哺和促进荒漠化地区规模化防治，最终实现荒漠化地区人与环境全面协调可持续发展的一种模式。因这种荒漠化防治模式诞生于中国第七大沙漠——库布其沙漠，所以被称为库布其模式。

库布其治沙模式的形成

库布其模式的形成是一个不断尝试、不断重复、不断失败、不断创新的艰难过程，也是一个从实践到理论，不断总结、不断提炼、不断升华、不断实践的过程，至今已整整坚持了30年。30年来，在中国各级政府、当地群众和亿利集团等沙区企业的共同努力下，库布其成为世界上唯一被整体治理的沙漠，不仅生态资源逐步增加，区域生态明显改善，沙区经济不断发展，而且成功创建了被联合国官方认可、写入联合国决议的沙漠治理库布其模式。对于库布其治沙模式的形成，我们可以从以下三方面具体阐述：

一是市场化力量治沙。1988年，那时我29岁，被任命为杭锦旗盐厂的厂长，而该厂则位于库布其沙漠腹地。作为厂长，摆在我面前的第一项任务，就是不让流动的沙丘掩埋我们的工厂。企业生存的压力，使得我们不得不直面库布其的治沙工作。所以说，库布其模式最初的源起、库布其沙漠治理的直接驱动力是为了解决企业的生存问题。

作为一种防治荒漠化的模式，按照公共产品理论，其治理环境和改善基础设施的服务供给方应主要是政府。但是库布其模式从一开始就与市场化力量紧密相关，其最早诞生的雏形，就是从企业治沙开始的。

企业作为生产和经营主体，寻求营收、利润与效益是其目标，但由于特殊的自然和地理因素，使其决策者下定决心参与到治沙中来，市场化属性也成为库布其模式的初始印记与鲜明特征，并贯穿其发展的全过程。

二是以生态为先导。以生态文明建设为先导，通过"绿起来"带动"富起来"，既是库布其模式的起源，也是库布其治沙扶贫的先决条件。

46 岁的库布其农民张喜旺，是当地企业组织的治沙民工联队的队长。他介绍，微创气流种树法是亿利无偿传授给治沙民工的专利技术。采用这种方法，两个人一天能种 40 亩，相比传统植树技术，效率提高 10 倍。随着植树面积扩大的，还有张喜旺的收入。张喜旺说，原来种一天树，收入二三十元，现在企业出钱让他们种树，种一天树收入一百五六十元，一年算下来能收入十几万元。如今的张喜旺，不但住上了楼房，还开上了轿车，这在 20 年前，是想也不敢想的事情。亿利库布其治沙团队在当地政府的鼎力支持和当地群众的全面参与下，敢于向沙漠"亮剑"，累计投入治沙资金超过 30 亿元，建立了全球第一所企业创办的沙漠研究院，建成了中国西北最大的耐旱、耐寒种质资源库，研发了 200 多项生态种植与产业技术，培育了 1 000 多个耐寒、耐旱、耐盐碱的生态种子，成为全球拥有治沙专利技术最多、水平最先进的企业。新技术和组织方式的运用，大大提高了治沙效率，库布其沙漠 1/3 得到绿化，沙漠的森林覆盖率大幅度提高，沙尘天气明显减少，降水量逐年增多，沙丘平均高度降低了30%左右。多种野生动植物重现沙漠，生物多样性正在恢复。

生态修复带来的生态环境改善为沙区农牧民脱贫攻坚奠定了坚实基础，沙丘的固定彻底消除了沙漠边缘农田、草地和房屋被侵蚀的危险，降雨量的增加使农作物和牧草产量提高，环境条件大幅度改善。生态环境的显著改善带动了基础设施建设水平的提升，修了路，有了水，通了电，具备了发展沙漠产业与绿色经济的基础条件，为扶贫工作创造了重要的先决条件。

三是"产业强"带动"百姓富"。59岁的吴直花，是杭锦旗独贵塔拉镇杭锦淖尔村村民。2008年，黄河发生凌汛，吴直花的房子被河水冲毁，她无处居住，只得四处租房，成为国家级贫困户。为了帮助吴直花这样的国家级贫困户脱贫，在政府的指导下，当地企业给她分了30亩沙地种植甘草，企业包种苗，包培训，包收购。在沙生经济作物中，甘草固氮量大，改善土壤效果明显，一棵甘草就是一家固氮工厂。亿利自创了让甘草躺着生长的技术，并把这项技术无偿传授给吴直花这样的农民，可以让1棵甘草的治沙面积扩大10倍。通过种植甘草，吴直花一家摆脱了贫困，住进了新居。亿利通过甘草根固氮治沙改土，打造生态农庄和有机田，减少沙层，变废为宝，用甘草的"甜根根"拔掉黄沙里的"穷根根"。截至目前，库布其沙漠的甘草种植面积累计达130多万亩，每亩甘草可创收400~450元，带动了1 800多户、5 000多人受益。而且两三年后，沙漠土质得到了改良，可以种植西瓜、黄瓜、葡萄等有机果蔬。现在吴直花等农牧民搞起了电子商务，沙地里出产的有机果蔬无污染，价格高，在网络商店里供不应求。

36岁的村民赵瑞是内蒙古库布其独贵塔拉镇的村民，负责在生态光伏基地清洗光伏发电组件、养护光伏板下种植的农作物。他表示，之前种地每年收入 2 000~3 000 元，光伏生态示范区建成后，优先解决当地贫困户的就业问题，一年收入 2.4 万元，同时也不耽误种庄稼。更可喜的是，库布其光伏扶贫已经走向全国。在国家级贫困县河北张家口张北县，库布其团队依靠自有技术，按照"板上发电，板下育苗，企农合作，绿富共兴"模式，建设 50 兆瓦集中式电站、50 个村级电站。

生态环境的改善为农牧民发展第三产业提供了可能。很多农民在发展沙漠特色旅游上动起了脑筋。在库布其沙漠腹地，杭锦旗独贵塔拉镇道图嘎查村的牧民斯仁巴布，曾经在沙漠里以养羊和挖野甘草为生，每年收入才两三万元。随着沙漠绿了，路通了，游客多了，他在牧民新村开了一家"草原请你来"饭庄，单餐能接待 80 人的旅游团。巴布的邻居高娃家，凭借研发改进的内蒙古羊肉菜肴"高娃手把肉"，很多游客慕名而来，牧家乐饭庄红红火火。现在，沙漠地区农牧民饭庄和沙漠旅游生意越来越好，斯仁巴布又趁热打铁，购买了 20 多辆穿沙摩托车出租给游客，一年收入保守计算也有二三十万元。库布其曾经是一片飞鸟难越、寸草不生的死亡之地，几十年来，在各级党委、政府的领导和支持下，当地企业与沙区各族人民自强不息，创造了惊天地泣鬼神的人间奇迹，硬是把千年荒芜的大漠变成绿洲，使京津冀地区和我国北方沙尘天气大幅减少，局部气候发生良性变化，生物多样性得以恢复，数万沙区百姓脱贫致富。回望治沙历程，库布其治沙模式的形成不仅得益于"绿水青山就是金山银山"伟大理念的指引，还得益于国家和内蒙古自治区的支持，得益于科技创新、模式创新、机制创新的支撑，更是突破了以往单纯依靠政府投入的传统治沙方式，创新性地引入了市场运作和利益共享机制。

库布其治沙模式的发展

治沙不能自扫门前雪！

荒漠化防治，不仅是生态问题，也是经济问题，更是民生问题。我们要引导广大群众破除"等、靠、要"思想，改变简单给钱、给物、给牛羊的做法，多采用生产奖补、劳务补助等机制，加大防沙治沙技能培训，激励群众依靠辛勤劳动脱贫致富，用实际行动建设美好家园、创造美好生活。

我国荒漠化土地总面积约占国土总面积的1/4，推进荒漠化治理对于生态文明建设意义重大。

我国正在经历一场发展观上的深刻革命。党的十八大以来，以习近平同志为核心的党中央从中华民族永续发展的历史高度、构筑人类命运共同体的全球视野出发，形成了系统性的生态文明建设理论，正在推动实现中国生产方式与生活方式的双重改变、制度建设和价值共识的彼此推进、社会关系与自然关系的和谐共进。联合国已在库布其设立"'一带一路'沙漠绿色经济创新中心"，正在向全球荒漠化国家和地区推广库布其经验，以期为"一带一路"创造更多的绿水青山。生态兴则文明兴。我们要尊重自然规律，尊重市场规律和产业规律，依靠科技支撑，系统化、规模化、产业化治理沙漠，以科技带动企业发展、以产业带动规模治沙、以生态带来民生改善，让人们看到全新的沙漠。

党的十九大报告对生态环保事业给予了前所未有的高度重视，让奋战在防治荒漠化等生态建设一线的政府、企业和群众感到前所未有的信心，也更加坚定了我们一辈子就做好治沙绿化扶贫这一件事的信心，坚定了我们把"绿水青山就是金山银山"作为永远价值追求的理想信念。我们要一年接着一年干，誓将沙漠变"绿洲"。

我希望把党的十九大报告中有关生态文明建设的伟大战略思想变成可操作的政策去落实，变成可实施的法律去执行，变成可量化的时间表和路线图去贯彻。我希望能把库布其治沙实践经验作为党的十九大报告中提出的"政府为主导、企业为主体、社会组织和公众共同参与"的生态文明建设的典范案例，进一步总结完善，通过典型引路，示范带动，推动我国沙漠生态文明建设和沙区脱贫攻坚，助力"一带一路"绿色发展。在新疆、西藏、宁夏、甘肃、河北等沙漠危害严重的地区，可以大力推广库布其模式，采取企业出资出模式、地方政府投入、有关社会企业参与的方式，加快发展沙漠生态农牧业和药业、沙漠生态新能源产业、沙漠生态旅游产业，加快沙漠治理，改善区域经济，同时加快建设沙漠生态公园、沙漠生态文明小镇、沙漠碳汇林示范区，加快区域经济转型，加快建立沙漠生态产业服务基地，让沙区与全国同步进入小康社会。

一是把"绿水青山就是金山银山"作为永远的价值追求。这是库布其治沙的最大动力和永续发展的最大机遇。荒漠化治理只有进行时，没有完成时，永远在路上。坚持"为人类治沙"是亿利人的崇高使命，一代接着一代干，让沙漠越来越少，绿洲越来越多，人民越来越幸福。

二是把库布其经验推向全国各大沙区和"一带一路"沿线。今天的库布其是世界治沙的一面镜子，是全球荒漠化防治的典范。未来的库布其，既要让绿水青山更浓厚，让金山银山更丰富，也要与我国西部其他沙区，与全世界荒漠化地区分享成功经验和模式，为绿色"一带一路"建设，为全球可持续发展做贡献。

我们将带着"靓丽内蒙古"这张名片，带着库布其模式，走出库布其，走向浑善达克、乌兰布和、腾格里、巴丹吉林、塔克拉玛干，在新疆、西藏、青海、甘肃、云南、贵州、河北、吉林等地播种希望，建设新的绿洲，并将沿着"一带一路"，在中东、中亚、东南亚等地落地生根，把习近平总书记关于构建人类命运共同体的思想带给世界上更多的人。

三是以党建统领沙区发展和企业发展。亿利集团在30年的发展历程中，始终沐浴党的恩泽，牢记党的恩情，注重党的建设，锤炼了"客户为本，奋斗为荣，厚道共赢"的企业价值观和"我们的每一滴绿色努力，只为改善人们的生活质量"的企业使命。在库布其沙区，企业与沙漠乡镇村党委建立联合党组织，共同开展"一爱四惠"党建惠民工程，热爱党，惠技能、惠教育、惠创业、惠文化。在鄂尔多斯市，与东胜街道党工委共同成立亿利金威社区，创新推出"三融三共"党建工作模式，形成"共驻共建共治共享"的社区治理新格局，实现社区"无黄赌毒、无犯罪、无邪教组织、无聚众闹事、无信访案件"的"五无"治理目标。我们将坚持党建统领地位，进一步创新实施"两有一化"党建模式，凡有亿利产业的地方就有党的组织及健全的组织生活，凡有党员的地方就有党员及其示范作用的发挥，实现党建工作指标化，推动沙区发展和企业发展走向新高度，为家乡经济建设和社会发展做出应有的贡献。

亿利种质资源库是中国西北地区最大的耐旱耐寒种质资源库，致力于开发本土化耐寒旱、耐盐碱种质资源，目前已经培育了1000多种耐寒、耐旱、耐盐碱的绿色种子。

美国国家地理杂志记者乔治·斯坦梅茨 摄于2017年7月

第三章

生态文明：库布其沙漠治理的理论基础

习近平新时代中国特色社会主义经济思想

习近平新时代中国特色社会主义经济思想的历史基础

习近平新时代中国特色社会主义经济思想具有深厚的历史基础。中华人民共和国成立以来，中国共产党在建设中国特色社会主义全新事业的伟大历史实践过程中，根据形势和任务的变化，适时提出相应的发展战略，引领和指导发展的实践。从以经济建设为中心、发展是硬道理，到发展是党执政兴国的第一要务，到坚持科学发展、全面协调可持续发展，到坚持"五位一体"总体布局，在总结中华人民共和国成立以来 60 多年经济社会发展正反两方面丰富经验和深刻教训的基础上，中国共产党每一次发展理念、发展思路的创新和完善，都推动实现了发展的新跨越。中华人民共和国成立以来经济发展的历程表明，在起步阶段，首先要解决的是如何尽快发展起来的问题。发展才能自强，发展是解决我国一切问题的物质基础和关键。当前，我国社会经济发展水平达到了新的历史高度。发展的基本特征已经发生了深刻变化，社会主要矛盾已经转化为人民日益增长的美好生活需要和不平衡不充分的发展之间的矛盾。过去那种追求规模，不计资源、环境、社会成本和代价的数量型低质量发展已经不能适应新的形势。

习近平新时代中国特色社会主义经济思想对于荒漠化防治的指导作用

习近平经济思想从防沙治沙的理论基础、动力源泉、机制模式等方面，对荒漠化防治做出了重要指导。

1）坚持党的领导。坚持党的领导是我国防沙治沙取得成功最主要的一条经验，也是我国荒漠化防治长期领跑全球的重要动力源泉。反过来，通过不断改善沙区生态和民生，大大加强了荒漠化、石漠化地区党的建设和党的领导。我国是世界上荒漠化问题最严重的国家之一，中央始终高度重视荒漠化防治工作。2001年，我国颁布世界上第一部防沙治沙法。党的十八大以来，党中央把生态文明建设纳入"五位一体"总体布局和"四个全面"战略布局，防沙治沙发生了历史性、转折性、全局性变化。当前，我国正积极构筑重要生态屏障，中央和各级政府持续推进荒漠化治理，在发展沙产业、生态移民、禁牧休牧、生态基础设施建设等方面给予企业和群众直接支持，有效促进了资金、技术、劳动力等生产要素向生态领域集聚，防沙治沙持续取得新的重大突破。

2）以人民为中心的思想。习近平总书记立足发展新阶段和人民新期待，提出良好生态环境是最公平的公共产品，是最普惠的民生福祉，是高质量发展的保障。沙区生态环境的好坏是直接关系到党的使命宗旨的重大政治问题，也是关系民生的重大社会问题。恶劣的生态环境是制约沙区经济发展和农牧民脱贫致富的最直接原因，荒漠化防治坚持"良好生态环境是最普惠的民生福祉"。在以人民为中心发展思想的指引下，通过广大干部、群众的共同努力，带动沙区群众摆脱贫困，沙区农牧民因治沙改善生活奔小康，拥有美丽的家园。

3）市场在资源配置中起决定性作用，同时要更好地发挥政府的作用。荒漠化防治是一项公共事业，更好地发挥政府的作用是荒漠化防治的应有之义。荒漠化作为危及人类社会的灾害，绝不是任何个人或单个组织力量所能治理的，不管是从公共经济学的角度，还是从政府管理学的角度，都应该是政府所应承担的任务。在长期探索实践中，我国政府在荒漠化防治中主要发挥以下作用：政府直接投资荒漠化治理，建立相应的体制和机制，建立较为完备的法律政策体系，进行不同层次的监督检查。另外，荒漠化防治作为政府应当提供的公益服务，政府应当发挥主导作用，但这并不是说政府就应该包揽一切，相反，更应该注意发动社会力量的参与，形成除以政府为中心外，包括企业在内的社会组织、公民个人等不同主体参与的多中心防治荒漠的市场机制。我们应当在政府持续增加投入的同时，运用市场机制多渠道筹集资金，让防沙治沙者在经济上得到合理回报，在社会上得到应有的声誉，从多方面营造全社会关心和支持防沙治沙的良好氛围。

4）供给侧改革。改革开放 40 年来，我国经济发展迅速，综合国力不断增强，但资源枯竭、能源短缺、环境恶化等深层次问题相伴而来、相互叠加。由此引发的水土流失、草原退化、土地荒漠化等生态系统退化现象，严重影响了生态产品的供给。我国荒漠化沙化土地面积约占国土面积的 1/4，受风沙危害的人口达到 4 亿多人，所以在沙区大力实施供给侧改革十分必要。要给广大在沙区生存的人民群众提供优质的生态产品，就必须从供给侧发力，大力造林绿化增加生态空间，创新生态技术，提高生态产品供给能力，不断促进荒漠化防治现代化。

5）生态生产力理论。"保护生态环境就是保护生产力"这一重要思想，强化了绿色发展的刚性约束，大大减少了经济社会活动对荒漠生态系统的扰动和破坏。另外，"生态也是生产力"让人们认识到，荒漠生态必须坚持人工干预与自然恢复相结合，加大生态保护修复力度，因地制宜普及和推广生态保护先进、实用技术，才能不断提高荒漠生态的生态服务水平和功能，也就是提高沙漠的生产力。

6）产业生态化、生态产业化的生态经济体系。生态环境问题归根到底是经济发展方式问题。荒漠化防治必须坚持产业生态化和生态产业化，让企业在生态治理中形成可持续的商业模式和盈利模式，有效解决"钱从哪里来""利从哪里得""如何可持续"的问题。

生态学理论

生态学概念

生态学（ecology）一词由德国学者 E. H. Haeckel 于1869年提出。他认为生态学是研究生物有机体与其周围环境（包括生物环境和非生物环境）相互关系的科学。也有学者认为生态学是研究生态系统的结构与功能的科学。我国著名生态学家马世骏认为，生态学是研究生命系统和环境系统相互关系的科学。生态学将生物有机体及其环境作为一个整体，强调它们之间的相互作用。生态学基本理论，包括生态适应性原理、生态系统结构理论、群落演替理论、生物多样性理论以及生态平衡理论等，已经成为指导人与生物圈（即自然资源与环境）协调发展的基本理论。

现代生态学研究重点

1. 自然生态系统研究

　　自然生态系统研究内容包括：①探索生态系统和生物圈中各组分之间的相互作用，了解环境（无机及有机环境）对生物的作用（或影响）和生物对环境的反作用（或改造作用）及其相互关系和作用规律，这一直是生态学研究的重点；②从种群角度研究生物种群在不同环境中的形成与发展，种群数量在时间和空间上的变化规律，种内、种间关系及其调节过程，种群对特定环境的适应对策及其基本特征；③从群落角度研究生物群落的组成与特征、群落的结构、功能和动态，以及生物群落的分布；④在生态系统水平方面，研究生态系统的基本成分，生态系统中的物质循环、能量流动和信息传递，生态系统的发展和演化，以及生态系统的进化与人类的关系。

2. 人工生态系统或半自然生态系统研究

　　人工生态系统或半自然生态系统是指受人类干扰或破坏后的自然生态系统。针对该系统，我们研究不同区域该系统的组成、结构和功能；在污染生态系统中，生物与被污染环境间的相互关系；环境质量的生态学评价；生物多样性的保护和持续开发利用等。

3. 社会生态系统研究

　　该研究从研究社会生态系统的结构和功能入手，系统探索城市生态系统的结构和功能、能量和物质代谢、发展演化及科学管理；农业生态系统的形成和发展、能量与物流特点，以及高效农业的发展途径等；人口、资源、环境三者间的相互关系，人类面临的生态学问题等社会生态问题，以及以生态学理论为指导的可持续发展原则。

生态学对土地沙漠化防治的指导作用

根据生态学理论，人类活动改变了陆地表面，增加或减少了物种的数量，并改变了生物地球化学循环。人类通过资源获取、土地利用方式变化和管理等活动直接影响着生态系统，其他活动则可能通过大气化学、水文和气候间接地影响地球生态系统。人类活动把全新的化学物质带到了环境中，对大气和生态系统造成显著的影响。人类活动的规模和范围在不断扩大，表明所有生态系统均在直接或间接受到人类活动的影响，这样又直接影响生态系统为人类提供的生态服务。故此，土地沙漠化防治应从系统论的角度来审视，从整个生态系统着眼，从水、热、气、生物、土壤等角度，系统考虑，将宏观、微观相结合，从社会系统、环境系统和资源系统相互关联的生态学过程出发，构建高产、高效和可持续土地沙漠化防治生态模式，实现区域可持续发展。

从生态学观点出发，在对沙漠化治理措施进行分析的过程中，我们要在全面分析沙漠化成因基础上，从当地气候、土壤以及社会经济系统出发，采取适合当地气候及土壤以及社会经济条件的措施，进行沙漠化治理。例如，在治理沙漠化造林种草过程中，我们应立足治理地区自然条件，在生态学原理指导下进行，宜林则林，宜草则草，并从社会需要出发，构建持续稳定的防治沙漠化生态体系。

生态经济学理论

生态经济学概念

生态经济学是一门从经济学角度来研究由社会经济系统和自然生态系统复合而成的生态—经济—社会系统运动规律的科学，它研究自然生态和人类社会经济活动相互作用，从中探索生态—经济—社会复合系统的协调和可持续发展的规律性。生态经济学为可持续发展研究提供理论基础。

生态经济学主要研究内容

生态经济学认为，人和自然，即社会经济系统和自然生态系统之间的相互作用可以形成三种状态：一是自然生态和社会经济相互促进、协调和可持续发展状态；二是自然生态与社会经济相互矛盾，恶性循环状态；三是自然生态与社会经济长期对立、生态和经济平衡都被破坏的状态。实际上，第三种状态是第二种状态恶化后导致质变的结果，这两种状态都应称为不可持续发展状态，只有第一种才是目前被全世界公认的人类应选择的可持续发展之路，才是既满足当代人的需要，又不危害后代人满足其自身需要能力的发展状态，所以可持续发展是生态—经济—社会复合系统协调互动状态的功能体现，生态经济学是指导人们形成这种发展状态的理论基础之一。

生态经济学一是强调研究人类经济活动和自然生态之间的关系；二是强调研究生态经济系统的经济方面；三是强调研究生态变化的社会经济因素。生态经济学的主要研究内容包括以下方面：生态经济系统结构和功能的研究、生态经济循环和再生产理论的研究、生态经济价值和效益理论的研究、生态经济规律和平衡理论的研究、生态—经济—社会持续发展理论的研究。

生态经济学对土地沙漠化防治的指导作用

生态经济学可以对指导土地沙漠化防治的深入和其策略的实现提供理论基础，具体体现在以下几个方面：

（1）关于人类对生存资料、享受资料、发展资料这三种不同层次的需要都包括相应的经济需要和生态需要的理论，能从本质上说明人类经济社会发展应走既满足当代人的需要又不危害后代人满足其自身需要能力的道路的必要性。

（2）关于生态—经济—社会复合系统循环发展的连续性等特点的论述，能启发和促使每一代人在发展经济与治理生态环境时，都既要考虑当代人的眼前利益，又要着眼于子孙后代的长远利益，建立当代人和后代人之间合理的生态、经济利益关系，尽量为后代人留下良好的生态、经济、社会综合条件，实现可持续发展。

（3）关于要实现经济系统、社会系统和生态系统之间协调发展的论述，可指导人们研究并建立可持续发展的经济体系、社会体系和生态（资源与环境）体系。

（4）关于要科学合理地组织经济再生产、人口再生产和生态环境再生产的理论，可指导人们合理地调节经济增长速度、严格控制人口增长和提高人口素质、加大对生态环境再生产的投入等，从而实现人口、资源、环境与经济的协调和可持续发展。

（5）关于要同步提高经济效益、社会效益和生态（环境）效益的论述，能指导人们以"三效益"指标为基础逐步建立可持续发展的指标体系，进而引导人们以最少的劳动（活劳动和物化劳动）消耗取得最大的经济效益和最优的生态效益、社会效益。

（6）关于经济社会发展要与环境承载力相协调、实现生态经济平衡的理论，能指导人们合理调节生态—经济—社会复合系统的各项发展目标，使系统中各环节的物质流、能量流、信息流、人流和价值流有较平衡的输入、输出能力，从而建立符合人类经济、社会发展目标的人工生态平衡。

（7）关于建立生态、经济、社会综合效益都高的生产结构、流通结构、分配结构和消费结构的理论，能指导人们研究并建立资源节约和综合利用型的产业结构与消费结构，尽快实现经济增长方式由粗放型向集约型的转变，实现人类社会的可持续发展。

（8）关于要实现生态、经济、社会总资源的优化配置理论，能指导一切资源配置者利用市场机制和政府宏观调控相结合的手段，科学地建立起资源配置过程中经济、社会和生态三个方面的目标，做到耗用尽量少的社会总资源，使生产的商品和提供的劳务增多，尽量满足社会不断增长的经济需要和生态需要，促进生态、经济、社会复合系统形成可持续发展的功能状态。

可持续发展理论

可持续发展的概念

自 20 世纪 50 年代以来，人类所面临的人口猛增、粮食短缺、能源紧张、资源破坏和环境污染等问题日益恶化，导致生态危机逐步加剧，经济增长速度下降，局部地区社会动荡，这就迫使人类重新审视自己在生态系统中的位置，并努力寻求长期生存和发展的道路。因此，"可持续发展"这一最有影响和最有代表性的概念被提出，彻底地改变了人们的传统发展观和思维方式。联合国人类环境会议（1972年）、联合国环境与发展会议（1992年）和可持续发展世界首脑会议（2002年）这三次联合国会议被认为是国际可持续发展进程中具有里程碑性质的重要会议，并达成了一系列有关行动计划。1987年，世界环境与发展委员会（WCED）在《我们共同的未来》报告中系统地提出了可持续发展战略，并将其定义为"既满足当代人的需求，又不对后代人满足其需求的能力构成危害的发展"。报告还指出此定义涉及两个重要的概念：一个是"需求"的概念，可持续发展应当特别优先考虑世界上穷人的需求，另一个是"限制"的概念，指技术状况和社会组织水平对人们满足眼前与将来需求的环境能力的限制。1994年，中国政府发布《中国21世纪人口环境与发展白皮书》，首次把可持续发展战略纳入国民经济和社会发展的长远规划。可持续发展的内涵主要包括公平性、持续性和共同性。

可持续发展理论核心及内涵

可持续发展战略的核心思想可归结为：①全球资源尤其是不可再生资源是有限的，一旦出现全球性资源短缺的局面，则各国经济发展将会停滞。②环境容量极限及技术在强化和支撑经济发展中的能力极限。环境容纳人类活动造成的能力限度，构成了经济增长的最终极限。因此，我们应尽量采用有益于环境的"适用技术"，以满足人们对经济发展和良好环境的双向需求。③可持续发展的社会应保证再分配的公平性。这不仅包括机会与权利在同代人之间的横向公平，还包括当代人与未来诸代人之间的纵向公平，即人们在考虑自身需求满足的同时，也要对未来各代人的需求负担起历史责任。④重视生物的遗传资源保护。生物遗传资源是保证人类赖以生存的生态系统传宗接代的物质基础，生物物种灭绝带来了人类难以预计的环境问题，这几乎已成为无法弥补的损失。因此，保护物种的实质就是反对人类对环境的冒险行为。

可持续发展理论的内涵包括以下几个方面：

1）可持续发展是发展与可持续的统一，二者相辅相成，互为因果，放弃发展，则无可持续可言，只顾发展而不考虑可持续，长远发展将丧失根基。可持续发展战略追求的是近期目标与长远目标、近期利益与长远利益的最佳兼顾，经济、社会、人口、资源、环境的全面协调发展。

2）可持续发展涉及人类社会的方方面面，走可持续发展之路，意味着社会的整体变革，包括社会、经济、人口、资源、环境等领域在内，亦要如此。

3）发展的内涵主要是经济的发展、社会的进步。资源的高效与永续利用同经济发展与社会进步密切相关。资源的合理利用与环境良性循环下的经济发展，要紧紧依靠科技进步和人的素质的不断提高。

4）自然资源尤其是生物资源的高效与永续利用是保障社会经济可持续发展的基础；可再生资源特别是生物资源寓存于地球生态经济系统内，在经济开发与发展中，必须保护生物的多样性及自然生态环境，将可再生资源的开发利用速度限制在其再生速度之内。

5）自然生态环境是人类生存与发展的基础，如果像水、空气或土地这类最根本的自然生态环境要素遭污染而恶化，人类将无法生存，更谈不上发展。可持续发展战略就是谋求社会、经济、人口、资源、环境的协调发展，并在发展中寻求新的平衡。当然，这种平衡不仅局限在生态与环境上，还包括经济、社会、人口、资源等领域的内部及相互间的平衡。

6）控制人口过快增长，提高人口质量，改善人口结构，并在保护生态环境的前提下发展经济。

7）消除贫困。贫困是可持续发展战略要根除的首要目标，发展的首要目标是解决这些贫困人口所遇到的困境。

8）坚持可持续整体发展的全局观念，反对只注重单纯的、片面的或局部的发展，以至于把这类发展误认为可持续的整体发展。因此，我们要从大的方面（即指全人类的发展）考虑，并赋予现代观念。

9）可持续发展既包括区际协调（此地区发展不应以损害彼地区为代价），也包括全面满足当代人与后代人基本需求这种代际之间的协调。

可持续发展的目的，一方面要解决好资源在代与代之间的合理配置问题，既要保证当代人的合理需求，又要为后代人留下较好的生存与发展条件；另一方面应重视资源在各地区、各部门和每个人之间的合理分配，避免资源闲置与浪费。此外，我们还应采用能耗少和物耗小的新技术，推行资源与废弃物的循环利用；对可再生资源在开发利用的同时，采用人工措施促其增值；尽量采用替代资源，以减少稀缺资源的消耗，以确保当代间、代际间的人与自然处于协调状态，生态处于持续平衡状态。

可持续发展理论对土地沙漠化防治的指导作用

在土地沙漠化防治过程中，我们要利用可持续发展理论，在防治土地沙漠化的同时，从生态、经济、社会等方面出发，实现人口、资源、环境、社会经济的可持续发展。从人口角度，我们要在全面控制人口的基础上，注意提高人口素质；从资源角度，我们应注意资源的节约，建立循环经济和节约型社会；从环境角度，我们应注意区域环境的可持续发展，尤其是干旱绿洲地区以及内陆河流域，要从宏观角度出发，统筹考虑上下游关系。另外，我们在国家层面，要解决好区域协调发展问题；在社会方面，要在治理沙漠化的同时，解决群众基本生活问题，包括贫困地区群众脱贫致富的问题。

制度经济学理论

制度经济学内涵

制度经济学，就是用主流经济学的方法分析制度的经济学。制度经济学是经济学的一个重要学派。近年来，新制度经济学在世界范围内受到广泛关注。随着经济发展和体制改革的进一步深入，制度经济学在我国越来越受到重视，一方面是我国经济体制改革理论研究的需要，另一方面也是由于新制度经济学在西方经济学界的影响日益扩大，尤其是新制度经济学的两个代表人物科斯和诺斯分别于1991年和1993年获得诺贝尔经济学奖之后，该学派的影响更是与日俱增，成为新制度经济学主流。

制度经济学基本理论

1. 交易费用理论

　　交易费用是新制度经济学最基本的概念。交易费用思想是科斯1937 年在《企业的性质》一文中提出的。科斯认为，交易费用应包括度量、界定和保障产权的费用，发现交易对象和交易价格的费用，讨价还价、订立合同的费用，督促契约条款严格履行的费用等。

　　交易费用的提出对于新制度经济学具有重要意义，由于经济学是研究稀缺资源配置的，交易费用理论表明交易活动是稀缺的，市场的不确定性导致交易具有风险性，因而交易也有代价，从而也就有如何配置的问题。资源配置问题就是经济效率问题。所以，一定的制度必须提高经济效率，否则旧的制度将会被新的制度所取代。这样，制度分析才被认为真正纳入了经济学分析之中。

2. 产权理论

　　新制度经济学家认为，产权是一种权利，是一种社会关系，是规定人们相互行为关系的一种规则，并且是社会的基础性规则。阿尔钦认为："产权是一个社会所强制实施的选择一种经济物品的使用的权利。"只有在相互交往的人类社会中，人们才必须相互尊重产权。

　　产权是一个权利束，是一个复数概念，包括所有权、使用权、受益权、处置权等。当一种交易在市场中发生时，就发生了两束权利的交换。交易中的产权束所包含的内容影响物品的交换价值。这是新制度经济学的基本观点之一。

　　产权实质上是一套激励与约束机制。影响和激励行为是产权的一个基本功能。新制度经济学认为，产权安排直接影响资源配置效率，一个社会的经济绩效如何，最终取决于产权安排对个人行为所提供的激励。

3. 制度变迁理论

制度变迁理论是新制度经济学的一个重要内容。其代表人物是诺斯，他强调，技术的革新固然为经济增长注入了活力，但人们如果没有制度创新和制度变迁的冲动并且没有通过一系列制度（包括产权制度、法律制度等）构建把技术创新的成果巩固下来，那么人类社会要实现长期的经济增长和社会发展是不可设想的。总之，诺斯认为，在决定一个国家经济增长和社会发展方面，制度具有决定性的作用。

制度变迁的原因之一就是相对节约交易费用，即降低制度成本，提高制度效益。所以，制度变迁可以理解为一种收益较高的制度对另一种收益较低的制度的替代过程。产权理论、国家理论和意识形态理论构成制度变迁理论的三块基石。制度变迁理论涉及制度变迁的原因或制度的起源问题、制度变迁的动力、制度变迁的过程、制度变迁的形式、制度移植、路径依赖等。

新制度经济学使经济学从零交易费用的新古典世界走向正交易费用的现实世界，从而获得了对现实世界较强的理解力。经过威廉姆逊等人的发挥和传播，交易费用理论已经成为新制度经济学中极富扩张力的理论框架。引入交易费用进行各种经济学的分析是新制度经济学对经济学理论的一个重要贡献，目前，正交易费用及其相关假定已经构成了可能替代新古典环境的新制度环境，正在影响许多经济学家的思维和信念。

制度经济学的核心部分由两部分构成，即"产权"和"交易费用"。广义地讲，产权就是受制度保护的利益。交易费用则是一个信息量更大的概念。产权制度是基础性的经济制度。制度的核心在于一系列的规则。社会制度中的规律性存在与否取决于制度中所包含的激励因素是否符合人性的冲动，而制度中的激励因素则是活动于其中的个人所能感受到的结果上的积极和消极变化。

制度经济学理论对土地沙漠化防治的指导作用

土地沙漠化防治包括预防和治理两部分（可以统称为生态环境服务），是实现干旱半干旱土地沙漠化地区可持续发展的基础。生态环境服务问题的核心是生态环境服务的有效供给问题。而一件物品能否实现持续有效供给与人们对它的理论认识有直接关系。有什么样的理论指导，现实中就有什么样的供给制度安排。传统上，我们把土地沙漠化防治服务作为公益物品来看待，相应的供给制度安排就是长期以来政府包揽土地沙漠化防治服务的供给和生产。因此，公益性是土地沙漠化防治服务的逻辑起点。由于土地沙漠化防治服务具有消费上的非排他性、受益上的非排他性和较大的私人交易成本等特性，因此，虽然长期以来国家投入大量的资金来治理沙漠化土地，但是"沙进人退"的现象依然存在。

从管理角度看，为了遏制管理方面低效或无效，实现土地沙漠化防治服务的有效供给，应当进行制度创新。按照亚当·斯密的市场秩序理论，土地沙漠化防治的有关政策制定应鼓励发展市场；按霍布斯的国家主权秩序理论，应运用中央集权来实现更多的潜在福利。可以看出，这两种制度理论对于土地沙漠化防治政策的制定都存在缺陷。由于土地沙漠化防治提供的生态效应具有典型的外部经济性特征，而外部经济性的存在会导致资源不能被有效地配置，导致"市场失灵"，这就决定了土地沙漠化防治必须是一个政府干预的经济过程。土地沙漠化防治是一个很复杂的系统工程，而任何一种制度对于解决复杂的公共事物问题，都可做出一定的贡献。但是，我们应当认识到这种效用都是很有限的。没有一种是唯一最佳的制度安排。所以说，土地沙漠化防治不一定要由政府全部垄断经营，政府也可以利用市场的力量，引进市场竞争机制，运用多中心的制度安排等综合方式，实现土地沙漠化防治服务的有效供给。

灾害经济学理论

灾害经济学概念

灾害经济学是一门研究灾害预测、灾害防治和灾害善后过程中所发生的一系列社会与经济关系的新学科。它是介于环境经济、生态经济、国土经济和生产力经济之间的一门边缘经济学科。灾难经济研究是"守业"经济研究，它不研究经济价值形成和价值增值，而是研究已有资源和已创价值的保护，这是灾害经济研究区别于其他经济研究的一个显著特点。所谓"守业"是指保护已有的自然资源和物化劳动免遭损失。它虽然明显地不同于价值形成和价值增值，但它仍然讲求经济效益；灾害经济研究注重如何减缓环境、生态逆向演替过程中的一系列经济问题；灾害经济研究的任务是阐述灾害经济问题的基本规律，研讨灾害与经济的基本关系，探求实际灾害损失最小化目标的正确路径，提供有关具体的灾害经济技术方法等经济问题。灾害是无法避免的，但我们要对灾害及灾害经济进行研究、思考，即提出一些探讨性的意见与建议，经济、有效地控制目前已为我们所知且将来可能出现的灾害，把灾害给人类带来的损失减少到尽可能小的程度。

灾害经济学的研究始于 20 世纪 50 年代西方国家，而中国灾害经济学研究始于 20 世纪 80 年代。1985 年 9 月，于光远先生在北京主持召开灾害经济学座谈会，提出建立灾害经济学。90 年代后，理论学术界在灾害经济方面取得了一些研究成果，比如杜一主编的《灾害与灾害经济》、申曙光的《灾害生态经济学》、郑功成的《灾害经济学》《中国灾情论》、谢永刚的《水灾害经济学》、高岚的《森林灾害经济与对策研究》、中科院环境与发展中心编的《中国环境破坏的经济损失计量：实例与理论研究》等。当前以郑功成先生所著的《灾害经济学》为代表较为系统地论述了灾害经济学的理论基础和基本方法。同时，各位专家、学者发表了一批灾害经济方面的学术论文，如部分学者对地质灾害经济问题、防灾经济学问题、灾害统计问题等进行了一些探讨；在一些个别领域取得了较为出色的成果，如对灾害损失的评估方面，马宗晋、李闵稀等提出灾度、灾级的概念等。

灾害经济学研究的主要问题

灾害经济研究的目的在于遏制、控制和防治灾害。灾害经济研究主要包括：灾害预报预测中的经济问题，灾害经济评估和灾害的治理、管理与法治经济。

西方灾害经济学通常将灾害经济学研究的问题分为两大领域：一是研究灾害对经济系统物质方面的影响；二是研究灾害对经济系统制度方面的影响。物质方面的分析主要研究灾害对生产活动要素投入的影响以及间接后果的分析，这些要素包括土地、劳动力、资本、能源及其他物质因素。制度方面的分析主要研究灾害对生产性经济活动的制度环境的影响，包括政治、社会、经济各方面的制度，其中经济制度主要包括货币制度、财政制度、经济组织等。

灾害对经济系统物质方面影响的分析主要关心的问题可以归纳为四个方面：①灾害发生后经济系统恢复的必要条件研究。如 Winter Sidney G.（1963）对于经济系统在核袭击后的恢复给出了一个概念性的条件，即经济恢复是在重要物资消耗速度和生产能力恢复速度之间的竞赛，如果生产速度赶不上物质消耗速度，则经济系统不能正常恢复。②灾后经济运行状况的估计，即对灾后经济运行的某些方面做出数量上的分析，通常包括对灾后国民生产总值的估计、灾后生产瓶颈或制约产业的确定以及剩余灾后资源能维持的最大人口数量估计等。③对各类不同的灾后政策效果的分析，即研究政府和私人投资者的政策选择及其对经济恢复的影响。这些政策中最重要的是为消除经济恢复中的瓶颈而采取的对某些特殊行业的投资倾斜政策。④对各类不同的灾前预防措施效果的研究。这些措施包括军事上对特殊设施的防护以及非军事的、对特定经济资源的保护等。

灾害对经济系统制度方面影响的研究也可以分为四部分：①经济组织及其稳定性，包括对政府在灾后经济恢复中作用的建议和评价以及对政府在灾后加速经济发展的政策研究。②货币制度的研究，包括两个主要问题，一是对灾后应急处理阶段发行新型货币代替原有货币的可行性研究，二是灾后多种货币并存的管理和规划。③财政制度研究，主要是研究灾后税收政策的调整方案。④灾害损失补偿问题研究，包括战争损失补偿和一般自然灾害补偿。

灾害经济学理论对土地沙漠化防治的指导作用

1. 灾害经济学的基本规律

（1）不可避免规律

灾害经济的不可避免规律包含灾害与灾害损失不可绝对（或完全）避免和可以相对减轻两个方面的内容。一方面，尽管人们通过事先防范，能够使灾害与灾害损失在一定程度上得以减轻，但灾害与灾害损失仍然是不可避免的。这一规律决定任何时代、任何国家或地区的灾害经济关系，不能只有单纯的灾前防范即防灾投入与防灾效益关系，而要必然包含灾时的抢险与灾后的救援、补偿问题。另一方面，尽管通过人类自身的努力，可以使灾害与灾害损失在一定程度上得以减轻，但是人类也不能只是被动地等待着灾害与灾害损失的降临，或者只是消极地采取灾后的补救措施，而应当以主动的、积极的姿态来防范各种灾害。

（2）不断发展规律

灾害的发展受多种因素的影响，有些因素是人类无法控制的，而有些因素确实是可以控制的，由于人类社会是不断发展的，所以灾害与灾害损失也是不断发展的。灾害经济的不断发展规律是客观的，它告诉人们不能绝对地阻止灾害的发展，也不能消极地对待灾害的不断发展，或者不负责任、不计后果地为了局部的、短期的利益来加速灾害的发展，应尽可能地争取延缓其发展步伐。

（3）人灾互制规律

人灾互制规律是指灾害制约着人类社会经济的发展，而人类则可以在一定程度上控制灾害或减轻灾害，也可能在一定程度上助长灾害与灾害损失，包括人类对灾害的制约和灾害对人类发展的制约两个方面的内容。人灾互制规律启示我们在灾害发展的同时必须实现社会、经济更加合理而又快速的发展，在促进发展时，趋利避害，扬利抑害。

（4）区域组合规律

灾害经济由于灾害的地理分布不同而表现出地理上的差异，并在不同的地理区域与经济区域内表现出不同的组合规律。灾害的区域组合规律不仅影响着区域经济的发展，而且属于区域经济与社会发展的有机组成部分。尊重灾害的区域组成规律，利用合理的经济布局和产业布局来积极影响灾害的区域组合规律是人类社会的应取之策。

2. 灾害经济学基本原理

（1）周期发展原理

该原理是指灾害发生、发展过程及其对社会经济的影响所表现出来的重复现象，它以灾变的大小为客观标志。它是一个从一般灾变到特大灾变、再由特大灾变到一般灾变的循环过程，这种循环或重复现象是一种存在，其发展轨迹为大灾变—大损失—大治理（大投入）—减灾能力提高—灾害减少—损失减少—少投入—防灾能力下降—大灾变。掌握周期发展原理，人们可有的放矢地做好防灾、减灾准备。

（2）害利互变原则

该原理是指灾害以"害"为主体，但其中又包含了部分"利"的因素，"害"与"利"均不是绝对的，"害"和"利"的关系是可以转化的，而且人类自身的行为是害利互变原理的主导因素。例如，土地沙漠化灾害破坏生产力和人类的生存环境，危害社会经济的正常发展。但灾害也会表现出一定的利，如沙尘暴有利于缓解北方酸雨、海洋赤潮。运用好此原理旨在趋利避害。

（3）连锁反应原理

该原理是指由灾害或灾害链的原因导致经济链的连锁反应。灾害经济链具有客观性和现实性，是灾害与经济的结合体，在实践中存在递缩或递扩的现象。掌握此原理，我们可以举一反三，采取措施有效控制灾害经济的连锁反应，通过建立社会化的风险机制，使风险分散化，及时修补被灾害中断的经济发展链。

（4）负负得正法则

该法则是指通过人力、资金和技术的投入减少可能产生的灾害经济损失，经济损失的减少意味着收益的增加。此原理的经济学意义在于，对于灾害应因害设防，合理投入。

（5）标本兼治原理

该原理中的治标措施具有投入少、见效快的优点，但效果持续性差；治本措施见效持续性长，但投入大、见效慢，二者是短期对策与长期对策最优的结合关系，不存在相互排斥。从大量实践来看，治标过程会潜在地产生治本的作用，治本过程也会显示治标的功能，我们应该根据救灾见效的时间限制、可用于救灾的经济力量和灾害的地域分布等来确定所需采取的防治灾害措施。这是解决各种灾害的最佳选择，通过治标来防止灾害的扩大化，通过治本来避免或控制某种灾害损失的发生。

建立和发展灾害经济学必须注意：一是要把防灾抗灾制度体系的建立纳入灾害经济学的研究范畴；二是要把宏观调控纳入经济学的研究范畴，特别是在灾情发生后的非常时期，必须依靠政府的力量；三是大力提升科技防灾救灾的能力和水平，用现代科技知识丰富和发展灾害经济学的分析应用手段；四是建立和健全灾害经济学关于防灾减灾的投入、管理运行机制，真正形成市场经济体制下防治灾害的科学投资体系和管理运营机制。

在土地沙漠化防治过程中，我们要利用灾害经济学原理，通过对土地沙漠化灾害经济进行系统、综合的研究，科学筹划，科学决策，积极主动防治土地沙漠化，保障经济社会战略的顺利实施。

综合生态系统管理理论

土地沙漠化是当前全球最大的生态环境问题，是一项综合生态系统管理。其成因的错综复杂性、土地沙漠化治理措施的综合性，决定了对其研究应当系统、全面、深刻、科学，应充分运用生态系统管理的最新理念。综合生态系统管理理论最早在 1995 年《生物多样性公约》第八届成员国大会上提出，于 2000 年在肯尼亚首都内罗毕第五届《生物多样性公约》成员国大会上通过，是一项最新的生态管理理论。它将生态学、经济学、社会学和管理学原理巧妙地应用到对生态系统的管理中，以产生、修复和长期保持生态系统整体功能与期望状态。它是一种方法论，其核心在于以下几个方面。

1. 生态、经济、社会全面综合考虑

我们应注重运用现代科学的基本理论，综合考虑生态、社会、经济、法律和政策多方面因素，从生态系统整体上考虑其功能和生产力，系统地分析生态系统内部和外部因素及其相互关系，寻求一种综合效益最佳的发展模式，推进生态系统的健康发展。

2. 跨部门、跨区域、多主体参与的系统管理

我们不能局限于单一的土地类型、保护区域、政治或行政单位，要涵盖所有的利益相关者，将经济和社会因素有效整合到管理目标中。

3. 照顾到长期的可持续发展

我们应避免"竭泽而渔、毁林而猎"的短期行为，遵循长短结合的方针，从更大的空间和更长的时间尺度上，综合地权衡各种生态系统的功能、优势资源和生产能力，有效地、可持续地利用其多种多样的产品。

4. 尊重自然发展的客观规律

我们应注意保持其生产潜力，在生态系统功能的极限内实施管理措施，力求科学和谨慎。一些物种陷入受威胁状态，要通过保护来恢复，但种群增长过量也必须采取适当的调节措施，否则对整个生态系统也会带来不利的影响。

5. 把人类需求放在适当位置

我们应在不过分损坏自然的基本原则下，最大限度地发挥其生产能力。同时，一旦发现已超过生态系统允许的限度，我们就应立即改变自己的计划，将自身需求控制在合理的范围。

6. 管理计划因时因地制宜

我们应充分考虑不同地区自然、经济、社会条件的特点，以及生态系统的区域差异性、复杂性，做到因地制宜。同时，我们应考虑

生态系统的动态性和不确定性，管理计划应具有一定的灵活性和适应性，以便管理策略能对出现的新情况进行相应调整，对发现的问题做出适当的修改和纠正。

综合生态系统管理理论是近年来刚刚形成的理论，尽管这个理论目前尚不够成熟，但作为一种管理理念，在世界范围内被广泛重视和应用，尤其是联合国全球环境基金（GEF）将综合生态系统管理列为其主要工作任务之一。因此，从系统生态学、管理理论及其他方面综合考虑，在研究土地沙漠化及其防治问题时，我们应充分运用综合生态系统管理理论核心内容，提高土地沙漠化防治效果。

生态文明建设理论

生态文明是人类面对资源约束趋紧、环境污染严重、生态系统退化的严峻形势而树立的一种尊重自然、顺应自然、保护自然、走可持续发展道路的理念。生态文明建设顺应生态文明和可持续发展的理念并将其提升到绿色发展的高度。党的十八大报告指出建设生态文明，是关系人民福祉、关乎民族未来的长远大计。

自 20 世纪 80 年代初以来，针对荒漠化防治，我国已经推出了一系列引人注目的举措，包括但不限于，三北防护林发展计划（1979~2050 年）、荒漠化防治国家方案（1991~2000 年）以及在北京和天津附近地区的沙尘暴治理计划（2001~2010 年）。2014 年，我国已投资超过 750 亿元人民币用于荒漠化防治，以及 2 170 亿元人民币用于国家资源保护项目、森林农田或草原项目、野生动植物保护与自然保护区建设项目以及湿地保护与恢复项目等项目。众所周知，沙漠治理包括两方面的内容：一方面是指治理对现有人类生产、生存和生活带来困扰与不便的沙漠化地带，合理治理沙漠；另一方面是指在不急功近利的情况下合理适度开发和利用沙漠资源。沙漠治理不仅是我国生态文明建设的一项重要举措，也是促进"一带一路"沿线国家和地区生态、民生、经济及社会和谐稳定的一个独具特色的国际合作思路，对提高我国的影响力、国际声誉大有裨益。

生态文明建设的首要任务就是优化国土空间开发格局。按照人口、资源、环境相均衡，经济、社会、生态效益相统一的原则，我们应控制开发强度，调整空间结构，促进生产空间集约高效、生活空间宜居适度、生态空间山清水秀，给自然留下更多修复空间，给农业留下更多良田，给子孙后代留下天蓝、地绿、水净的美好家园。库布其的沙漠治理模式告诉我们，只有合理规划、利用沙漠土地空间，以生态合理为理念，尊重自然规律，将沙漠、经济、植被和人居统筹合一，才是长期可持续发展的法宝。

生态文明建设的第二项任务就是全面促进资源节约。我们应集中利用资源，推动资源利用方式根本转变，加强全过程节约管理，大幅降低能源、水、土地消耗强度，提高利用效率和效益；推动能源生产和消费革命，支持节能低碳产业和新能源、可再生能源发展，确保国家能源安全；加强水源地保护和用水总量管理，建设节水型社会；严守耕地保护红线，严格土地用途管制；发展循环经济，促进生产、流通、消费过程的减量化、再利用、资源化。库布其沙漠资源的开发利用以生态文明建设的目标为己任，合理开发利用沙漠资源，积极利用丰富的光照太阳能资源，节约水资源，发展高效农牧业，开发沙漠美景，走可持续发展道路。

生态文明建设的第三项任务是加大自然生态系统和环境保护力

度。我们要实施重大生态修复工程，增强生态产品生产能力，推进荒漠化、石漠化、水土流失综合治理；坚持预防为主、综合治理，以解决损害群众健康的突出环境问题为重点，强化水、大气、土壤等污染防治；坚持共同但有区别的责任原则、公平原则、各自能力原则，同国际社会一道积极应对全球气候变化。库布其沙漠的治理模式正是本着预防为主、综合治理的原则，发展穿沙公路沙障建设，合理利用光伏板下土地空间资源，在防沙治沙工作中保留原始沙漠的状态，将治理与保护的理念贯穿其中。

习近平总书记在2018年5月召开的全国生态环境保护大会上强调，生态文明建设是关系中华民族永续发展的根本大计。习近平指出，我国生态文明建设正处于压力叠加、负重前行的关键期；已进入提供更多优质生态产品，以满足人民日益增长的优美生态环境需要的攻坚期；也到了有条件、有能力解决生态环境突出问题的窗口期。随着物质产品的极大丰富、人们生活水平的不断改善，老百姓对生态产品的要求也越来越高，以前是盼温饱，现在是盼环保，以前是求生存，现在是求生态，这种需求结构正在发生深刻变化。内蒙古自治区大力构筑祖国北疆绿色生态安全屏障，坚持以社会化方式推进沙漠治理，加强政策引导，实施奖补机制，优化资源配置，充分调动企业、群众等各方面力量参与荒漠化治理，实现防沙治沙主体由国家和集体为主向全社会参与、多元化投资转变。在库布其沙漠"山水林田湖草沙"综合体构建过程中，亿利集团通过30年的防沙治沙工作，带领当地农牧民脱贫致富，正以自己的模式描绘着一幅"山水林田湖草沙"的壮美画卷。

库布其沙漠的治理理念、治理工作以及开发利用的沙漠资源都是本着尊重自然、顺应自然、保护自然、走可持续发展道路的原则。因此，在我国大力推进生态文明建设的浪潮中，库布其沙漠治理模式正扮演着极其重要的角色之一，以自己巨大的潜能诠释沙漠治理在我国生态文明建设中的历史意义。

在亿利库布其生态光伏项目所在地，蓝色的光伏板一望无际，充足的阳光照射使光伏板熠熠生辉。其创新实施的"发电＋种树＋种草＋养殖＋扶贫"模式，实现了修复沙漠土地、生产绿色能源、创造绿色岗位等多重效益。

第四章

创新驱动：库布其模式

党的十八大以来，以习近平同志为核心的党中央把生态文明建设作为统筹推进"五位一体"总体布局和协调推进"四个全面"战略布局的重要内容，谋划开展了一系列根本性、长远性、开创性的工作，推动生态文明建设和生态环境保护从实践到认识发生了历史性、转折性、全局性变化。在习近平生态文明思想指引下，全党全国贯彻绿色发展理念的自觉性和主动性显著增强，美丽中国建设迈出重要步伐。正是在这样的时代背景下，经过长期努力特别是近5年来的创新发展，亿利逐渐探索出"治沙、生态、产业、扶贫"四轮平衡驱动可持续发展的商业模式，达到治沙—吃沙—治沙的良性循环，形成以生态修复、生态牧业、生态旅游、生态健康、生态能源、生态工业为支柱的"六位一体"的产业网络，实现生态、经济、民生的协同发展，即库布其商业模式的核心。

库布其沙漠治理坚持人与自然和谐共生，实现了沙区群众生存、生产、生活的根本性转变；坚持绿水青山就是金山银山，构建起以生态为底色、一二三产业融合发展的沙漠绿色经济循环体系；坚持良好生态环境是最普惠的民生福祉，带动群众脱贫致富奔小康；坚持山水林田湖草是生命共同体，实现立体化、系统化治沙；坚持用最严格的制度、最严密的法治保护生态环境，保护来之不易的沙漠生态治理成果；坚持建设美丽中国全民行动，实现多元化共同治理沙漠；坚持共谋全球生态文明建设，与世界共同分享沙漠治理的经验。

几十年来，在各级党委政府与沙区企业、人民群众的共同努力下，库布其沙漠成为世界上唯一被整体治理的沙漠，实现了从"沙进人退"到"绿进沙退"的历史巨变，被联合国环境署确立为全球沙漠"生态经济示范区"。库布其沙漠治理所取得的巨大成就，是"在习近平生态文明思想的引领下，党委政府政策性推动、企业规模化产业化治沙、社会和农牧民市场化参与、技术和机制持续化创新、发展成果全社会共享"等众力齐发的结果。特别是党的十八大以来，在习近平生态文明思想的引领下，库布其治沙模式坚定践行"绿水青山就是金山银山"理念，取得了推动绿色发展的显著成绩，展示了人与自然如何在科学理念指导下和谐共生并实现经济、社会良性发展的样板。

库布其模式的成功是多因素共同作用的结果

库布其沙漠治理卓有成效的深层次背景在于，以习近平同志为核心的党中央深刻认识到，生态兴则文明兴，生态环境是关系党的使命、宗旨的重大政治问题，也是关系民生的重大社会问题。广大人民群众热切期盼加快提高生态环境质量，站在积极回应人民群众所想、所盼、所急的立场，我们应大力推进生态文明建设，提供更多优质生态产品。当前人民群众的优美生态环境需要已经成为我国社会主要矛盾的重要方面，不断满足人民需要、解决突出矛盾和问题，是党的宗旨和使命所在。

党的领导是绿色发展的政治保证

习近平总书记强调，各地区各部门要增强"四个意识"，坚决维护党中央权威和集中统一领导，坚决担负起生态文明建设的政治责任。多年来，内蒙古自治区各级党委政府坚决贯彻中央的决策部署，高度重视防沙治沙工作，组织和领导广大企业、人民群众同风沙进行不懈斗争，一届接着一届干，这为库布其治沙模式的形成提供了坚强保证。特别是党的十八大以来，在以习近平同志为核心的党中央坚强领导下，在习近平生态文明思想的指引下，全区荒漠化防治成效显著。治沙龙头企业——亿利集团这几年的治沙面积，相当于前20年治沙面积的总和。实践证明，只要加强党的领导，充分发挥各方面的积极性，生态文明建设就能不断迈上新台阶。

认知革命是绿色发展的逻辑前提

建设生态文明，坚持绿色发展，是一场涉及生产方式、生活方式、思维方式和价值观念的深刻变革，涉及用什么样的思想方法对待自然，用什么样的方式保护、修复生态。习近平总书记指出，人因自然而生，人与自然是一种共生关系，对自然的伤害最终会伤及人类自身。只有尊重自然规律，我们才能有效防止在开发利用自然上走弯路。库布其沙漠治理的实践证明，必须进行一场认知革命，以生态文明思维对待自然，保护、修复生态，才能使沙漠治理变被动为主动，持续进行。

自主创新是绿色发展的坚实基础

实现绿色发展关键要有平台、技术、手段。发展绿色经济，绿色技术是支撑。我们不仅要研究生态恢复治理防护的措施，而且要依靠科技破解绿色发展难题，形成人与自然和谐发展新格局。生态文明发展面临日益严峻的环境污染问题，需要依靠更多科技创新，建设天蓝、地绿、水清的美丽中国。科技要满足生态文明建设的需要，必须积极促进科技成果转化，大力发展低碳技术、减排技术、污染处理技术、生态修复技术等关键技术，最终实现生态化生产。例如，在库布其沙漠治理中，亿利集团持续推进微创植树技术、甘草种植技术等，掌握了多项自主创新技术，为绿色产业、生态产业发展奠定了坚实基础。

生态经济是绿色发展的关键支撑

生态经济是把经济发展和生态环境保护有机结合起来，使经济发展与生态保护相协调。生态经济系统是由人、自然资源、环境等要素构成的生产、生活、生态复合系统。生态经济要求人与自然和谐共生、经济与生态协调发展、自然资源永续利用，强调符合经济规律和自然规律的可持续发展。建设生态文明，应走一条符合各地实际、经济发展快、资源消耗少、群众得到实惠多的发展之路。在库布其沙漠治理中，"农户＋基地＋龙头企业"的林沙产业发展模式，实现了生态生计兼顾、治沙致富共赢。

合力共治是绿色发展的根本动力

生态文明建设同每个人息息相关，每个人都应当是践行者、推动者。良好的生态环境是最公平的公共产品，是最普惠的民生福祉。生态的改善使全社会普遍受益，生态的恶化则使全社会普遍受害。因此，优美的生态环境需要全社会的共建共享。库布其治沙模式拥有的生机活力，来自党委政府政策性主导、企业产业化投资、农牧民市场化参与等所形成的治沙合力。市场化治沙是库布其治沙成功的关键。如今，在亿利集团等龙头企业带动下，已有80多家企业投身于治沙和沙产业开发之中，推动沙漠产业蓬勃发展。合力治沙也孕育出了守望相助、百折不挠、科学创新等可贵精神。

库布其模式

生态文明思想引领

亿利库布其治沙成功的根本和关键是习近平生态文明思想的引领，亿利库布其治沙践行了"绿水青山就是金山银山"伟大理念。可以说，在库布其治沙面临爬坡过坎的紧要关头，是习近平生态文明思想、"绿水青山就是金山银山"伟大理念带来了指路明灯。如果没有习近平生态文明思想的指引，没有"绿水青山就是金山银山"伟大理念的引领，库布其治沙就可能半途而废、中途夭折，就不可能坚持到今天，更不可能实现绿富同兴，也不会成为中国走向世界的一张"绿色名片"。

2017年7月29日，习近平总书记向第六届库布其国际沙漠论坛致贺信。他指出，中国历来高度重视荒漠化防治工作，取得了显著成就，为推进美丽中国建设做出了积极贡献，为国际社会治理生态环境提供了中国经验。库布其治沙就是其中的成功实践。

党委政府政策性推动

各级党委政府对治沙工作高度关注，党的十九大报告中提出开展国土绿化行动，推进荒漠化综合治理。习近平总书记、李克强总理分别向库布其国际沙漠论坛致贺电，为库布其治沙带来巨大的精神鼓舞。栗战书、汪洋、王岐山、韩正、俞正声、刘延东、马凯等党和国家领导人先后考察指导或批示推动库布其治沙。

中央统战部、国家发改委、科技部、生态环境部、自然资源部、林草局等有关部门高度重视库布其治沙，与内蒙古自治区党委政府、鄂尔多斯市委市政府，以及联合国环境署、防治荒漠化公约组织，十几年来坚持举办库布其国际沙漠论坛，并通过政策创新，共同支持亿利治理库布其沙漠，共同提升库布其治理水平，共同打造国际防治荒漠化典范，共同推动库布其模式在全球范围推广。

内蒙古自治区将库布其当作中国北方绿色屏障的重要关口保护，鄂尔多斯将库布其当作后花园爱护，杭锦旗将库布其当作绿宝石呵护。内蒙古自治区出台政策，实施奖补机制，充分调动企业、群众等各方面力量参与荒漠化治理。鄂尔多斯 20 年前就出台了沙漠的禁牧政策，推动亿利进行生态修复和自然修复二元方式治沙。20 世纪 90 年代，杭锦旗举全旗之力，修建了第一条穿沙公路，打通了库布其走向外面世界的命脉和命门。

亿利集团党委高度重视沙区党建工作，在 232 个民工联队都建立了党支部，开展"一个党员就是一面旗帜"的活动。30年来，我一直坚持亲自抓治沙扶贫，1年中抽出130多天时间在沙漠基层走访调研，指挥治沙科研。亿利探索"一爱四惠八增"的党建路子，在库布其沙区创办党校，在对党员和入党积极分子的培训中把党性、党建和生态修复治理与环境保护的理念、经验和技术有机结合。

企业规模化、产业化治沙

习近平总书记在全国生态环境保护大会上提出，要加快建立健全"以产业生态化和生态产业化为主体的生态经济体系"。亿利集团通过规模化和产业化治沙，走出了一条产业生态化和生态产业化的路子，坚持先绿再富，实现绿富同兴。

1. 规模化治沙

30年前，亿利集团就率先在库布其提出了系统化、规模化治沙的理念，科学制定了库布其"一带三区"规划，即沙漠绿化带和生态保护区、过渡区、开发区，30年来一张蓝图画到底，一直到现在也没有改变。亿利在库布其治沙实践中探索出一条重要经验：在沙漠里绿化不能小打小闹、零零星星，必须形成规模。在治沙的过程中，亿利在各级政府支持下，逐渐探索、完善了系统化的治沙技术，通过"锁住四周、渗透腹部、以路划区、分而治之"和"南围、北堵、中切"的策略，建设了200多千米防沙锁边林，进行整体生态移民搬迁，建设大漠腹地保护区，建设规模化、机械化的甘草基地，林草药"三管齐下"，封育、飞播、人工造林"三措并举"，把6 000平方千米治理区分成6期，每1 000平方千米形成一个生态单元，集中攻坚绿化。规模化治沙解决了区域生物多样性问题，提高了生态环境系统能力，最终形成沙漠绿洲和生态小气候环境，实现了生态投资递减、生态系统效益递增的"二元效应"。

2. 产业化治沙

产业化治沙解决了"钱从哪里来""利从哪里得""如何可持续"的问题，在生态改善的基础上，形成了"1+6"立体循环生态产业体系，实现了绿化一座沙漠，培育了生态修复、生态农牧业、生态健康、生态旅游、生态光伏、生态工业六大产业。亿利集团创新"平台+插头"的模式，引入中广核、天津食品集团、万达、泛海、均瑶、正泰等央企和民企与亿利结成投资伙伴，共同致力于产业化治沙和生态家园建设。

3. 建立生态经济体系

亿利围绕沙生植物加工饲料、肥料发展了生态工业，形成"一绿 + 七柱"产业治沙模式。亿利首创板上发电、板下种草、板间养羊的生态光伏；依托植被恢复，发展新型生态养殖业，打造生态牧业链；种植沙生的甘草、肉苁蓉等中药材，延伸健康产业链，发展生态健康产业；打造国家级沙漠公园，吸引世界各地的人们前来体验和认知沙漠，发展生态旅游产业，切实实现"产业生态化和生态产业化"。

社会和农牧民市场化参与

亿利积极推动农牧民市场化参与治沙事业，通过创新利益链接机制，让当地百姓拥有了"沙地业主、产业股东、旅游小老板、民工联队长、产业工人、生态工人、新式农牧民"等 7 种新身份，每一种新身份都能带来不菲收入。农牧民成为库布其治沙事业最广泛的参与者、最坚定的支持者和最大的受益者。

亿利集团科学制定沙区产业发展规划，强化利益联结机制，让沙区百姓以土地入股，通过分红的方式分享沙漠土地资产升值的收益；鼓励农牧民参与农牧业发展，参与甘草、苁蓉、有机果蔬等种植加工业；依托沙柳、柠条、甘草、紫花苜蓿等高蛋白沙生植物资源发展饲草加工，激励群众自发种植养殖积极性；推动农牧民通过生态工业实现就业，建设库布其生态工业园区、库布其国家沙漠公园、沙漠生态健康产业园，参与生态修复产业、能源产业和沙漠旅游业开发；资助当地建档立卡贫困家庭子女接受职业教育，促进当地贫困学生学习生态环保绿色产业的专业技能，激励他们积极投身生态环保事业。

亿利鼓励全社会参与治沙，与蚂蚁金服合作，吸引全国支付宝用户群体参与库布其治沙行动；与中国绿化基金会合作，研发亿森林手机移动端 APP，通过"互联网＋公益"的模式动员全社会参与库布其植树治沙事业。

技术和机制持续化创新

创新是经济发展的动力，沙漠经济的发展也是通过持续的创新来实现的。和传统经济形式相比，沙漠经济的发展更加依赖创新的支持。一是由于沙漠生态系统的修复一直是世界性的难题，技术创新带来了修复成本的降低和成功率的提升，这是沙漠生态修复可以以产业（而非财政）形式存在的前提，并进而构成了沙漠经济体系的产业基础。二是技术创新往往源于最迫切的产业痛点，贴近产业的当前需求，是一个渐进的过程。沙漠治理成本、产业所要求的最低投资规模降低，吸引新参与者的加入并产生内生性的制度创新需求。产业体系与相应的制度体系相结合，使得沙漠经济形成一个完整的体系。

治沙一天不止，创新一日不停。30 年来，亿利库布其治沙的创新成果主要有四个方面：理念创新、技术创新、机制创新、模式创新。

1. 理念创新

人们总把沙漠看成很可怕、很讨厌的东西，但亿利人从一开始就把沙漠当作资源去认识，把问题当机遇，把沙漠当财富。这与我和其他亿利人与生俱来的沙漠基因息息相关。

亿利集团诞生在库布其沙漠，是这片土地上的工业资源给予了企业最初的生命。这座沙漠恶劣的自然环境甚至一度让企业面临倒闭，但也正是这些困难给予了企业进入沙漠生态修复"生意"的机遇。从开始的被动治沙，到形成完整的沙漠经济产业体系，支撑起一家千亿级的大型企业，是沙漠给了亿利集团一个一般企业所不具备的发展机遇。所以，亿利集团始终把服务于这片土地以及生活在这片土地上的人民作为企业生存和发展的核心理念。这主要体现在三个方面：

一是按照"生态"和"生意"和谐统一的发展理念，以确保经济活动始终处于环境的承受限度之内。要做到这一点，我们就必须真正爱护养育我们的库布其沙漠。当地的一名牧民曾这样告诉考察库布其模式的一位专家："开始，我们认为王文彪在沙漠上植树肯定只是为了套用国家的资金而已，不可能成功，因为我们祖祖辈辈在这里种不了活树。"后来，当专家问及他现在的看法时，他说："王文彪是我们尊敬的企业家。因为很多人来这里是破坏地质的，而他一直跟我们一起在修复地球！"这番话表明，只要企业能尊重当地人们的核心关切（如库布其人民最关注的就是沙漠治理），就能获得生活在这里的人们的真心支持。这也是企业与他们开展后续更为广阔和深入的合作，直至建立真正的伙伴合作关系的前提，因为信任是减小一切交易成本并使制度安排具有比较优势最为关键的因素。

二是确立了"客户为本、厚道共赢"的企业核心价值理念。亿利集团在长期的发展过程中，始终把生活在这片土地上的人作为企业最重要的客户。在探索基于沙漠生态修复的经济发展模式过程中，亿利一直在坚持市场经济原则，努力带动更多的库布其乡亲也参与其中，使他们能够分享沙漠经济发展的红利，实现共建、共治、共享。

三是树立了长期坚持的理念。治理沙漠是一件苦差事，投资大、周期长、见效慢。唯有愚公移山的坚持精神才能见成效、见大效。亿利集团今天取得的成就是对近30年生态修复工作执着坚守最好的印证，也是近30年信念坚守对企业最好的回报。总结近30年的发展历程，亿利集团更加理解了"坚守"的意义。

2. 技术创新

库布其沙漠30年治理史，也是一部创新史。《道德经》中提出的"道"就是遵循规律。遵循沙漠自然规律，是亿利一切科技创新的根本所在。符合自然规律的科技是伟大的科技，是千年不衰的科技。30年来，亿利集团在库布其治沙平台上，利用风、土、云、雨、树等大自然的力量，以自然改造自然，以林造林，以云造雨，以风降沙，以沙改土、土洋结合，持续创新种质资源、生物肥料、生态种植、生态产业开发利用等技术体系，持续推动沙漠生态修复和沙漠产业发展。

　　30 年前，亿利刚开始治沙时，虽然也取得了一定的成效，但没有从根本上解决问题，主要原因还是没有系统化。后来，亿利集团集合当地治沙土专家、群众治沙能手和企业治沙工人的智慧，率先提出了系统化治沙的理念。亿利经过逐步探索完善了系统化的治沙技术，通过"锁住四周、渗透腹部、以路划区、分而治之"和"南围、北堵、中切"的策略，建设了 240 多千米防沙锁边林，进行整体生态移民搬迁，建设大漠腹地保护区，建设规模化、机械化的甘草基地，林草药"三管齐下"，封育、飞播、人工造林"三措并举"，最终形成沙漠绿洲和生态小气候环境。

　　所谓"锁住四周、渗透腹部"是治沙方略中最基本的策略。由于沙漠面积大，大部分沙漠治理工程必须分期实施，这就要通过建立一定区域内的防护林体系，形成先外后内、先易后难"包围圈"，然后逐步向区域腹部渗透，从而完成整个区域的沙漠生态系统修复。

　　所谓"以路划区，分而治之"是指以道路建设作为沙漠治理施工的重要基础，通过合理规划道路，把几千平方千米的沙漠化整为零，实施分区治理的计划。一般来讲，一个完整的沙漠治理区划应该至少包括以下几个基本功能区：首先是生态保护区。我们应将生态环境脆弱的地区或具有重要生态保护价值的区域划分为保护区。在保护区内，按照生态环境保护的要求，只能开展适量的生态修复工作，不允许任何产业活动进入保护区。其次是生态过渡区。过渡区为保护区的缓冲区域，在这个区域可以开展较为全面的生态系统修复工作以恢复自然生态系统。该区域的首要功能是为保护区提供必要的防护，特别是对特定生态功能的发挥提供规模化支持。原则上，在过渡区也不允许开展规模化的产业活动，但是，在不影响过渡区功能的前提下，可以开展适量的经济作物经营等经济活动。最后就是产业开发区。这是为沙漠经济各个产业提供发展空间的区域。在生态系统修复的前提下，我们可以在该区域合理布局相关产业，保证沙漠经济的可持续发展。

亿利所采取的"技术支撑，产业拉动"原则是指无论是沙漠治理的区划，还是区内治理策略，都离不开技术的支撑。只有进行详细的技术分析，确定治沙的具体实施方案，我们才能将沙漠治理真正落到实处。同时，沙漠治理规划中的另外一个重要内容，就是要充分考虑沙漠治理工作与产业的结合，实现"生态"与"生意"有机的融合，才能保证沙漠经济的可持续发展。但需要特别强调的是，在相关产业的设置与布局中，我们必须绝对保证生态保护目标不受干扰和破坏。

亿利集团在库布其沙漠治理实践中，还创造性地提出了"路电水讯网绿"六位一体的治沙设计思路。这一思路和治沙方略一道，形成了完整的沙漠治理规划体系。

30年来，亿利平均每年都有上百个科技攻关项目，2018年更多，达360多个，这意味着每天必须突破一项。亿利发明创造了世界领先、简单实用的"微创气流法""甘草平移法""风向数据法"等十多项核心植树技术，大大提高了治沙效率、植物成活率，大大减少了治沙投资，所以我们说治沙技术成为人类治沙的重器。在30年积累的云量级沙漠生态数据的基础上，亿利创新了生态大数据服务，研发了无人机植树、机器人植树等现代技术。

（1）微创气流植树法造林技术

这里的"微创"是借鉴医学上外科微创手术的概念，植树面微创、栽树、浇水一次性完成，对土壤扰动小，并有效保护了沙土中的水分，植物成活率大幅提高，达到65%~90%。就像人做手术一样，开刀做手术往往刀口很长，现在改用微创，只开一个小口，有的甚至连肉皮都不打开就可以做手术。

传统植树必须要经过挖坑、植苗、填土、浇水，种一棵树需要十几分钟，而且在沙丘流沙大的地方挖坑难度大，现在采用微创气流法，将四道工序一次性完成，种一棵树只要十几秒钟，树木成活率由20%提高到了80%以上。该技术的优势在于：减少了土壤扰动；保护了土壤的墒情和原有结构；瞬间冲洞原理形成保水防渗层，每棵树只需要3千克水；采用这项技术可以在沙丘的任何位置种活树，彻底颠覆了打网格种树。这项技术的发明为全球沙漠绿化、沙漠植树带来了一场巨大的变革。

我们来算一笔经济账：亿利这项专利节约了投资，节约了用水量，节约了人工，大大提高了种树效率，采用这项技术每亩节省1 200元以上，其中每亩节约打网格费用800~1 000元。亿利从2009年发明这项专利技术以来，共种植了154万亩树，节约费用15亿元以上，大大加快了绿化进程和速度。

亿利集团在库布其沙漠主要采取以下三种微创造林技术（见图4-1）：

一是微创气流法。以常水压为动力，我们用冲击水枪向流动沙丘迎风坡面射水以形成栽植孔，栽植孔深度约为100厘米，直径约为4~6厘米，栽植孔与地平面垂直；将浸泡后的所述灌木插条插入所述栽植孔中，使苗条与沙土层紧密结合，用冲击水枪将周边的沙土填充至所述栽植孔中。此方法可将挖坑、栽树、浇水三个步骤一次性完成，由于该低成本绿化沙漠技术的成熟，提高了绿化效率，减轻了生产工人的劳动强度。微创造林技术速度快，效果好，省时省力，降低成本。原来人工完成1穴挖坑、插条、填土、踩实种植沙柳需要4~5

图 4-1 微创造林技术

分钟的时间，现在利用本技术缩减到 12.63~20.47 秒（60 厘米插穗用时为 12.63 秒，110 厘米插穗用时 20.47 秒），提高功效 12~24 倍。

二是水冲法。微创气流种植法还包括：通过水泵抽出流动沙丘下的地下水或用拉水车配置水泵提供动力水，使带有动力的水流依次经过软管和空心钢管后射向沙地表面，以形成栽植孔。水冲种植法可以选择地下水井作为给水水源，以柴油机作为动力，通过 3 寸[①] 离心水泵将地下水井中的水抽出；离心水泵的出水口可以安装分流装置，将水流分成 3 股，每股水流可以通过塑料软管输送至空心钢管，在离心水泵的压力下，进行栽植孔打造。

三是螺旋钻孔种植法。我们用电钻在沙地表面钻出栽植孔，将浸泡后的所述灌木插条插入所述栽植孔中，向所述栽植孔中依次填入湿沙和干沙。螺旋钻孔法可以用微动力带动螺旋钻打孔，插入苗条后夯实沙土，对周围土壤扰动小，土壤墒情好，并且显著提高了植树的速度，10 秒钟就可以种下一棵树。在种植灌木插条时，在地下水位较浅的区域，我们可以优先选择水冲种植法，所种植的沙柳、柠条等灌木林的成活率可以达 90% 以上，保存率可以达 80% 以上；在地下水位较深的区域，可以优先选择螺旋钻孔法，以减小对土壤的扰动，所种植的沙柳、柠条等灌木的成活率也可以从过去锹挖种树的 10% 提高到 65%。

在沙漠、沙地缺水地区，我们可以采用水车拉水，接上水管进行气流法造林，也可以使用螺旋钻、植树枪等造林。同时，微创造林技术还可以把水肥一体化设备纳入，实现沙漠经济植物水肥一体化造林与养护。该技术广泛应用于沙柳、红柳、乌柳、旱柳、杨树、梭

---

① 1 寸 =3.33 厘米。

梭、沙枣等大多数沙旱生植物的造林。

微创气流植树法可以解决以下 4 个问题：一是减少土壤扰动，对生态破坏性小，可保证植树墒情；二是提高劳动效率，过去人工挖坑植树 2 分钟种一株，微创植树只需 10 秒钟，效率提高 12 倍；三是提高苗木成活率，由过去的 15% 左右提高到 90% 以上；四是彻底取代先做沙障后造林的方式，每亩可节约沙障制作成本 1 000 元以上。今后，沙漠植树不再用锹挖坑了，也不再用柴草打网格了。

目前微创造林技术广泛应用于库布其沙漠，同时推广到科尔沁沙地、毛乌素沙地、乌兰布和沙漠、腾格里沙漠、塔克拉玛干沙漠、青海沙漠、西藏沙漠地区。该技术随着亿利生态修复公司在云南、贵州、西藏、河北等地实施生态修复工程，也被应用到有关项目工地。

（2）风向数据法造林技术

2009 年，亿利充分运用大数据原理，对"前挡后拉"植树办法进行融合再创新；通过大数据精准判断沙漠风沙运动规律，精准测量沙丘迎风坡植树的位置，与微创气流法结合，破解沙漠斜坡流沙大、挖坑难的问题；利用"风、树、沙"互动的原理，实现"风吹、树挡、沙降"，精准利用"大自然改造大自然"。

过去亿利在沙漠种树，需要用推土机把大沙丘推平，每亩需要 1 500~2 000 元，投入大，而且违背了自然和生态规律。微创气流植树法与风向数据法不断融合，互为作用，相得益彰，在库布其沙漠大范围运用，使得整个沙漠的高度降低了 1/3 以上。这是大自然的力量，是技术创新的力量，这项技术可以在全国沙漠地区、全世界沙漠地区推广应用。

风向数据法造林技术主要包含三种形式："前挡后拉""后拉前不挡""先前挡，再后拉"。我们对较小的流动沙丘进行固定时，以迎

风坡栽植灌木为主，利用风力削平未造林的沙丘上部，使流动沙丘得

到固定、高度下降，以达到削峰填谷的目的（见图 4–2）。目前，库

布其沙漠治理区高度平均下降了 1/3 左右。这样，无须全面种树，极

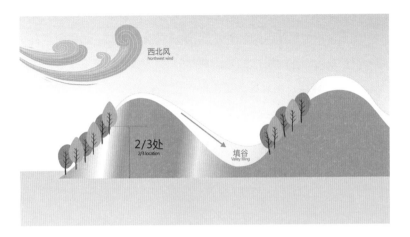

图 4–2　削峰填谷造林治沙技术

大地节约了成本，每亩节约沙障制作费 1 000 多元，还具有成活率高的特点，可以迅速提升沙漠植被覆盖率。

（3）甘草平移治沙技术

甘草是免耕无灌溉、容易在沙漠中生长的豆科类植物，根瘤菌十分丰富，是治沙绿化改土和生态产业化的先锋植物。亿利多年来专注甘草种植方法的研究，发明了甘草平移半野生化的种植技术，特点是让甘草横着种、横着长，长得好、长得快（见图 4-3）。传统的甘草种植方法，竖着种、竖着长，每棵仅能治理 0.1 平方米沙漠，不具备规模化、机械化种植和采挖的条件，而且采挖破坏生态非常严重，而甘草平移技术首先实现了浅层生长、不破坏生态，并实现了"一举多得"：一是一株甘草平移较传统法种植可以扩大 10 倍以上绿化面积；二是让更丰富的根瘤菌接近地表，大量吸纳空气中的氮元素，加速沙漠绿化，加快治沙改土；三是实现了规模化、机械化、产业化，大幅度增加了产量，形成了甘草健康产业链（主要产品为复方甘草片、甘草良咽、甘草酸片），每年为亿利集团创收十几亿元，实现利润一亿多元；四是带动扶贫，通过"公司＋农户"种植甘草，带动 5 000 多农牧民脱贫致富。种甘草是亿利治沙的利器，是亿利发展产业的重要方式。在库布其模式推广过程中，甘草"打了头阵"，在西部沙漠成功落地。

库布其沙漠治理实践中采用的甘草品种是梁外甘草，该种甘草是典型的乌拉尔甘，具有极高的药用价值。库布其沙漠是梁外甘草的天然分布区，具有丰富的野生甘草资源，但历史上由于不合理的采挖、超载放牧等无序经营行为，梁外甘草资源一度遭到严重破坏。亿利集团选择甘草作为沙漠治理先锋植物的同时，也抢救了宝贵的甘草药材资源。为此，亿利集团对甘草开展了系统的科学研究，建立了甘草种植技术体系，形成了"甘草平移改土"方法的技术规范。上述措施有效地扩大了甘草的种植面积，带动了企业医药产业的发展。

　　上述方法均是以人工方式进行沙漠治理活动，在运用上述方法进行沙漠治理的过程中应本着因地制宜、因害设防、适地适树的原

图 4-3 半野生化甘草平移种植技术

则。因地制宜是指应按照流动沙丘、平缓沙地、滩地、盐碱地等不同条件安排造林种类，宜林则林、宜草则草、宜荒则荒；因害设防是指在不同区域应设置不同的固沙措施；适地适树是指在不同区域应选择不同的物种。

亿利通过甘草根固氮治沙改土，打造生态农庄和有机田，减少沙层，变废为宝，用甘草的"甜根根"拔掉黄沙里的"穷根根"。亿利自创的让甘草躺着长的技术，可以让 1 棵甘草的治沙面积由 0.1 平方米扩大到 1 平方米。而且两三年后，沙漠土质能够得到改良，适于种植西瓜、黄瓜、葡萄等有机果蔬。这项技术实现了一举四得：绿化了沙漠，修复了土地，建起了甘草产业链，带动了群众脱贫致富。

（4）沙旱生植物综合开发利用技术

沙旱生植物利用是治沙可持续的抓手，是沙漠经济性的保障。经过 30 年不断实践创新，库布其沙旱生植物开发利用效率最高、价值最高的当属甘草、肉苁蓉等药食同源植物。仅库布其甘草肉苁蓉系列产品已开发上市十几种，年销售收入达到十几亿元，且发展空间巨大。另外，具有代表性的技术是灌木平茬复壮与饲料加工技术。

在沙漠修复过程中，亿利建了大面积的灌木林，主要灌木树种包括柠条、沙柳、杨柴、花棒等。在灌木林的管理中，亿利利用平茬技术使其复壮更新，而灌木平茬复壮所获得的大量植物材料又为发展饲草饲料产业提供了丰富的原材料。这就是灌木平茬复壮与饲料加工的综合利用技术。具体来看，该综合利用技术包括：一是平茬复壮技术。沙生灌木具有平茬复壮的特性，经过多年的技术研发，亿利成功掌握了库布其地区灌木的平茬时间、留茬高度、收割复壮等关键技术环节，结合实际生产经验，形成了一整套科学、合理的平茬复壮技术。二是平茬收获机械改良。为应对沙漠地区复杂多变的地形，亿利集团引进并改良了多种平茬收割机械，以满足不同地形的平茬收割需求。三是饲料技术。为了提高饲料品质，亿利研发出了一种新型微生物发酵菌剂及相应的发酵技术，并将该发酵菌剂添加到处理后的沙生灌木枝条中进行发酵，通过微生物降解纤维素，生产菌体蛋白，降低了饲料的粗纤维含量，同时提高了蛋白质含量。此外，针对不同牲畜的营养需求，亿利研制出了多种饲料配方，在生产颗粒饲料时，通过原料配比、粒径、长度的调节，生产出适宜不同家畜需求的微生物发酵颗粒饲料，满足了不同生产需求。四是为了适应沙漠地区分散作业的特点，亿利研发出了一种移动式饲料联合作业机，可以和灌木平茬联合就地作业，提高了饲料生产的机动性。

　　亿利灌木平茬及相关机械、平茬材料的综合利用等技术是与内蒙古农业大学等高校科研机构合作完成的，已形成了系列化的技术谱系，并构建了完整的相关产业体系。该产业体系以资源的循环利用为导向，以生物工程技术和动物营养理论为基础，实现了沙漠地区饲草饲料加工的产业化，创造了良好的经济效益。

　　在亿利集团早期的沙漠治理实践中，没有现成的技术和经验可以借鉴，技术创新是唯一可能的成功途径。在治沙材料选择、生态修复植物品种试验的不断失败中，亿利人砥砺前行，终于取得了成功。而随着沙漠治理规模的扩大和相关产业的发展，亿利人更加感受到科技就是企业的第一生产力。亿利集团开始将自身定位于科技创新的主体，主动立足系统的科学研究和开发，整合中国乃至世界的沙漠治理科研力量，建立起广泛的国内外合作关系，终于形成了科学、系统的技术路径和相应的技术配套，综合治沙技术达到了全球领先水平。亿利30年的沙漠治理历程，就是不断进行科技创新的过程，也是一个科技带动企业发展、产业带动沙漠治理规模化、生态修复带动民生改善的过程。

（5）生态光伏治沙技术

库布其全年光照时间 3 180 小时，而且荒漠土地成本低，整体规模大。依托这些有利条件，亿利在库布其摸索出生态光伏治沙技术，创新了"板上发电，板下种草，板间养殖"的模式，形成立体循环产业（见图 4-4）。

这项技术既能发电、治沙，又能扶贫，实现了社会效益、生态效益、民生效益与经济效益的有机统一。

在社会效益方面，该技术能够实现节能减排，降尘消霾，改善能源结构。每年可节约标准煤约 44 万吨，减排二氧化碳约 116 万吨、二氧化硫约 4 万吨、氮氧化物（NOX）约 2 万吨、粉尘约 35 万吨，提高蒙西电网可再生能源比例 2%。

在生态效益方面，

1）光伏板遮光挡风，每年可减少蒸发量 800 毫米，降低风速 1.5 米/秒。

2）板间、板下种植优良甘草、牧草及地被植物，采用微喷、膜下滴灌、渗灌等节水技术，节约用水 90% 以上，提高植物成活率 30% 以上。

3）土壤肥力逐年增加，发电的同时荒沙变良田，实现土地增值。

在民生效益方面，亿利用三个阶段、三种方式为贫困户、农牧民谋福祉，帮扶贫困户精准脱贫。

1）项目租地一份钱。项目完全租用农牧民未利用的荒沙地进行建设，既解决了项目用地又实现了农牧民增收，农牧民根据承包到户的荒沙地面积可以拿到不等的收入。

2）安装打工一份钱（1 000MWp）。项目建设周期内可帮扶贫困户 800 余户，创造就业机会 1 000 余个，增加农牧民收入 1 900 余万元。

图 4-4　生态光伏治沙技术

　　3）运营打工一份钱。项目区种植养护和组件清洗模式包括"公司＋农户""农户总承包"等扶贫产业化合作机制，实现了"因地制宜、精准扶贫"的目的。

在经济效益方面，亿利在光、热、电、草、畜、禽方面进行一体化发展，每年可发电 14.7 亿度，同时带动种植、养殖和精准扶贫产业。

库布其沙漠生态光伏的主要特点是板上发电、板下种草、板间养殖，既可以生产太阳能清洁能源，又可以治理沙漠、改良土壤，同时带动周边农牧民脱贫致富。

2016 年项目投运以来，亿利全面启动"光伏组件清洗 + 板下种植养护"精准扶贫工程。2017 年，亿利投入近 200 万元，对杭锦旗独贵塔拉镇 57 个建档立卡的贫困户开展精准扶贫工作，平均每户可增收 3.5 万元。参与"光伏组件清洗 + 板下种植养护"扶贫工程的贫困户在 2017 年全部实现脱贫致富，后期亿利将根据未来产业发展和扶贫目标，逐步扩大扶贫范围。

亿利在稳定运营 310 MWp 生态治沙光伏的基础上，预计在库布其沙漠规划建设 1 000 MWp "库布其沙漠光伏治沙前沿技术先行示范基地"项目。目前，项目开始逐级申报，同时已经应用了斜单轴跟踪发电系统 5 MWp、双轴跟踪发电系统 15 MWp、高倍聚光 20 KWp、斜单轴双面双玻单晶组件跟踪发电系统 336 KWp 等太阳能先进发电技术，力争将库布其沙漠建设成为集众多前沿光伏技术的光能应用、转化、展示基地。

亿利创新集成光伏发电、光热发电和储能技术，打造生态光能产业基地；利用沙漠充足的阳光和空间优势发展沙漠太阳能；在荒漠化地区创新实施"发电 + 种树 + 种草 + 养殖 + 扶贫"特色生态光能产业，实现修复沙漠土地、生产绿色能源、创造绿色岗位的多重效益。同时，在技术层面，亿利积极引进国外最有发展潜力的第三代光伏技术——高倍聚光技术，大大提高了发电效率。

库布其沙漠年日照时数在 3 800 小时以上，沙漠发电量充足。亿利引进国内先进的"双面发电"技术，可提高发电量 20% 以上，同时利用光伏板遮光挡风的特点，减少沙漠蒸发量，在板下种植优良耐旱牧草，带动农牧民集约化养殖绵羊、家禽等。

（6）种质资源技术

沙漠是一种特殊的环境，既缺少水，又缺少肥，而且含盐量很高，普通植物难以生存。根据适者生存的理论，这里生长的植物是长期环境胁迫选择的结果，而这些植物又是沙漠治理之本，保护和利用这些植物就显得尤为重要。30 年前能在库布其生长的植物寥寥无几。为了在库布其沙漠建绿，亿利集团不仅利用了当地的原生态植物，还引进了同纬度其他地区的"三耐"植物，丰富了库布其沙漠的植物多样性。一直以来，亿利把研究种质创新工程放到治沙研究的首位。在国家林业和草原局的支持下，亿利投资建设了中国西部最大的沙生灌木及珍稀濒危植物种质资源库。目前，亿利已经采集了 1 000 多种耐寒、耐旱、耐盐碱等类型的植物种子，包括沙生草本、沙生灌木、珍稀濒危、生态修复、药用植物，已保存并利用了 238 种，并对优质的种质资源进行了应用开发和推广输出。这些是治沙之本、治沙利器。库布其引种到南疆 18 种植物，成功了 11 种；那曲高原科研项目越冬成活率 70% 以上的物种中有一半是从库布其引种的。

库布其种质资源库通过建设种质资源离体保存库（种子库），用最少的种质样本份数实现最大限度保存种内遗传多样性，实行离体保存，防止在原地、异地保存有一定困难或有特殊价值的沙生灌木及珍稀濒危植物种质资源丢失和濒危树种灭绝；调查、收集、保存、研究和开发西北主要沙生灌木资源及珍稀濒危植物种质资源的繁殖材料，建立不同沙生灌木资源优树收集圃和种质资源收集保存圃；采用各种先进育种手段对现有沙漠植物资源，以"三耐植物"筛选、引种、驯化、扩繁为核心，进一步加工研发，提高沙生植物新品种繁殖技术，加强无性繁殖技术研究；利用组织培养的方式，在无菌操作的条件下，用需要保存的植物的花、叶、枝条等材料培养出幼苗，保存于人工控制生长条件的环境中，达到长期安全保存植物物种的目的，为种质资源采籽基地、种质资源交易平台建设提供科学的技术支撑。

（7）沙漠大数据技术

依托30年积淀的沙漠生态核心技术，亿利与科研院所合作建设了"中国沙漠生态大数据服务"平台，通过物联网系统实时监测气象及土壤数据，整合历史数据，辅以人工采集等方法，为沙漠治理、生态修复业务提供数据支撑。目前，采集数据已经覆盖我国八大沙漠、四大沙地以及青藏高原地区，并正在向"一带一路"沿线延伸。这为种质选育、新技术突破和生态生态系统能力的适时监测提供了先决条件。

（8）苦咸水治理与综合利用技术

随着生态修复业务拓展到全国各地，库布其生态治理技术已经从防沙治沙升级到集石漠化治理、水环境治理、土壤修复等于一体的多元化技术集群。

亿利在治沙实践中创新了"以光取电、以电治水、以水改土"的技术与模式，用工业化手段从根本上解决沙漠苦咸水淡化、净化问题，将苦咸水淡化灌溉用水成本降低至0.58~0.71元/吨，解决了用水问题；不仅没有侵占当地淡水资源，还解决了排渠废水的利用问题，遏制了因排渠水大量汇入附近河流而引起下游土地次生盐渍化问题；既满足了自身用水需求，又利用废水制盐实现了经济效益。

（9）飞播无人机治沙技术

为了在短时期内取得较大的治理效果，亿利和林业部门的专业设计人员，经过实地踏查论证，针对沙漠地区不同的立地条件，合理

配比草种、树种，因地制宜地采取分播、复播、重播的飞播方式进行

飞播造林工程（见图4-5）。

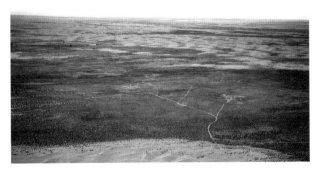

图4-5　飞播治沙造林技术

这一技术重点解决了在广袤的沙漠和沼泽地人难进、树难种、种树贵的难题。

30年来，在半固定沙地，特别是一些丘间低地，飞播效果显著，不同程度地种植了杨柴、花棒、籽蒿、柠条、沙打旺、沙米等植物，有效地阻滞了风沙的蔓延，牵制了流动沙丘的位移。

随着技术的发展，在飞播的基础上，我们研发出无人机植树技术，利用卫星定位导航辅助的无人机，携带专利凝水剂包裹的植物种子，采用高频度、精准计算行株距的空中喷射播种方式，将包衣的种子射入土中，并利用高倍数凝水剂携带的水分满足种子初期生长发育用水需求。无人机植树技术比人工植树效率提升百倍以上，重点解决了在广袤沙漠和沼泽地人难进、树难种、种树贵等世界难题。借助30年积淀的云量级生态大数据，并依靠绿化行动拓展的12个植树基地，2018年，亿利集团利用大数据、可视化和区块链技术，真正实现了"线上领养、线下种树、线上看树"的大数据植树新模式，开创了"互联网＋国土绿化"的新局面。

（10）原位土壤修复技术

亿利通过收购荷兰弗家园公司，加快推进世界领先的原位土壤修复技术在中国的业务开展和产业化进程。

原位土壤修复技术是指不移动受污染的土壤，直接在发生污染的场地对其进行原地修复或处理的技术。这项技术能够达到异位修复技术不能实现的修复区域；解决植物修复周期长、修复深度有限的难题；修复效果好，且对周围环境影响小。现阶段，国内还没有相应的土壤修复技术，该领域属于行业制高点。

（11）高原极端逆境树木栽植管护技术

亿利承担西藏那曲4 600米海拔植树科技攻关项目，这被喻为

"生态科学禁区"。在平均海拔 4 600 米以上的青藏高原那曲地区，为了对抗极端低温、多风、缺氧、强辐射等恶劣的自然环境，亿利集团联合国内知名研究机构和高校，以"生长限制因子探究—优质种质资源筛选—适生植物扩繁—低温菌群开发利用—极端逆境栽植管护技术—技术集成绿化示范"为整体研究思路，研发了集"防风、防寒、防紫外线"和"保肥、保水、保温、保土"为一体的"三防""四保"高原极端逆境植树技术体系，有效提高了引种植物成活率和越冬保存率。该项目已实施了两年，取得了阶段性成果。

3. 机制创新

每一座沙漠都有其独特的自然环境和社会经济条件。沙漠经济如何走出一条可持续发展的路径，除了理念创新和技术创新之外，更需要机制创新。

亿利集团机制创新的核心是构建关键利益攸关者的合作机制，明确各利益主体的责权利，特别是以市场化的商业契约形式形成企业与具体实施主体（农牧民）间的长期伙伴合作关系。在长期实践中，我们可以将这一运作机制总结为"政府主导、企业主体、社会组织和公众参与"。

在"治沙、生态、经济、民生"平衡驱动可持续发展模式中，治沙是根本和基础。只有坚持持续的沙漠治理，改善沙漠生态系统功能，提高生态系统的自然生产力，才能获得持续的沙漠生产力供应。在库布其的沙漠治理实践中，亿利集团始终把沙漠生态系统的修复作为一项核心任务，无论是资源配置还是技术投入，都是企业工作的重点。因为亿利人坚信，只有不断发展和巩固沙漠治理的成果，才具备推动沙漠经济体系发展的条件。

生态是沙漠经济的核心。这里所说的生态包含整个沙漠产业结构，生态产业居于核心的地位，也包含整个沙漠经济发展过程坚持的生态学原则。在库布其模式中，沙漠经济的发展是以沙漠土地的生态修复为基础实现的沙漠生态系统功能的提升，而在整个生态修复的过程中，亿利始终坚持"生态优先"的原则。虽然早期曾有过以物理和化学手段固定流动沙丘，保证植被修复的情况（如曾采用沙柳等灌木的树枝结成网络，即"沙障"固沙的方法），但在 30 年的库布其沙漠治理实践中，植被恢复仍然是最主要的手段。特别地，通过不断的技术创新，亿利集团掌握了科学的自然植被恢复手段，并不断降低非生态措施的比例，从而形成了完善的沙漠生态修复技术体系。同时，在沙漠产业布局和发展过程中，亿利也坚持遵循生态经济学的理论，实现产业体系的"生态化"。生态概念不断发展和延伸，已成为亿利集团企业发展战略的不竭动力。

沙漠经济中"经济"的概念包含两个层面的含义，即企业的规模经济以及合理的产业结构。生态系统功能的发挥是以一定的规模为条件的，所以，沙漠治理必须坚持规模化的导向。只有企业的经济体量达到一定的规模，才能保证规模化治沙。大规模的沙漠治理要求较大的投入，只有一定经济规模的企业才能支撑这一目标。而合理的产业结构更有利于实现不同产业间的协同效应，带来成本的降低和效率的提升，有助于企业经济目标的实现。

民生是沙漠经济的必要组成部分。沙漠地区通常是贫困人口集中的地区，只有通过有效的经济发展手段，帮助当地人民脱贫致富，才能保证沙漠经济的可持续发展。以库布其为例，20 世纪 80 年代以前，沙区人民相当贫困，缺乏基本的生计手段。在库布其沙漠治理的过程中，亿利将当地农牧民的生计改善作为重要的目标，通过直接的技术和经济支持、基础设施的改善以及公共服务系统的投入，使当地农牧民积极参与到整个沙漠经济发展的过程中，共享沙漠经济发展的成果。这一方面体现了企业的社会责任，另一方面也为企业发展提供了包括劳动力、土地等必需的生产要素，实现了互利共赢。

4. 模式创新

模式创新是一个复杂的系统工程，不是就某一环节进行改良和变革。系统性思维是推进商业模式创新的核心，所以我们只有建立基于系统的观点，才能对商业模式的关键节点和环节进行优化，同时对模式进行整体审视，才能在系统效率最大化的基础上做出进一步的调整，才能实现成功的模式创新。

在库布其的沙漠治理实践中，亿利集团推行了"富起来与绿起来相结合、生态与产业相结合、企业发展与生态治理相结合"的"治沙、生态、产业、扶贫"四轮平衡驱动的可持续发展模式。这一模式成功实现了"治理—发展—再治理—再发展"的良性循环，形成了"防沙治沙、产业发展、生态改善、社会稳定、民族团结和人民富裕"的互动多赢格局。该模式在本质上是政府和社会资本合作模式（PPP）的一种具体制度安排形式。与一般的 PPP 制度安排相比，该模式的一个最大特点是存在三个合作主体，即政府、企业（亿利集团为代表）和当地农牧民。

库布其发展成果全社会共享

习近平总书记指出，良好的生态环境是最普惠的民生福祉。共享是习近平总书记新发展理念中的重要一环。库布其治沙模式和经验已经推广到南疆塔克拉玛干沙漠、甘肃腾格里沙漠、内蒙古乌兰布和沙漠等我国各大沙漠，并在西藏、青海等生态脆弱地区成功落地。通过连续十年举办的六届库布其国际沙漠论坛，亿利将库布其的成果、理念、技术、机制和模式与世界共享。

1. 成果共享

库布其沙漠治理把千年荒芜的沙漠变成了绿水青山，变成了金山银山，变成了生态系统稳定的绿色家园，变成了山水林田湖草相统一的生命共同体，改善了沙区及周边几十万人的生存环境，从根本上遏制了北京沙尘暴，是贡献给全人类的宝贵财富。

2. 理念共享

亿利库布其的治沙实践告诉世界，沙漠也是资源，是可以科学利用的。沙漠可以变成美丽家园，可以变成绿水青山和金山银山，也可以与人类和谐共生。

3. 技术共享

亿利在实践中发明的十大种植技术都是免费公开推广的。200多个民工联队，人走到哪里，就将技术带到哪里。

4. 机制和模式共享

我们依托库布其国际沙漠论坛向国际推广库布其模式。先后有2 000多位国内外政要、专家学者和公益环保代表出席库布其国际沙漠论坛，交流、探讨全球荒漠化防治大计，学习中国防沙治沙经验，向全球展示中国治沙成就和库布其治沙经验成果。库布其国际沙漠论坛被作为全球防治荒漠化的重要平台写入了联合国决议。

库布其治沙模式具有重要的理论和实践意义

立足于人类文明变迁的历史反思和对当今世界的现实观照，基于建设美丽中国，可以说，库布其治沙模式在理论和实践等方面具有重要意义。

库布其治沙模式验证了绿色发展理念的当代意义

马克思高度重视人与自然的关系，他认为，"人靠自然界生活"，自然不仅给人类提供了生活资料来源，而且给人类提供了生产资料来源。自然物构成人类生存的自然条件，人类在同自然的互动中生产、生活、发展，人类善待自然，自然也会馈赠人类，但"如果说人靠科学和创造性天才征服了自然力，那么自然力也对人进行报复"。习近平总书记指出，"人与自然是生命共同体，人类必须尊重自然、顺应自然、保护自然""绿色发展，就其要义来讲，是要解决好人与自然和谐共生问题"。社会主义现代化是人与自然和谐共生的现代化，既要创造更多物质财富和精神财富以满足人民日益增长的美好生活需要，也要提供更多优质生态产品以满足人民日益增长的优美生态环境需要。库布其治沙模式遵循人与自然的辩证法，对如何解决好人与自然和谐共生问题进行了积极探索，并取得了显著成效。

库布其治沙模式走出了一条正确处理经济发展和生态环境保护关系的路子

生态环境保护的成败，归根结底取决于经济结构和经济发展方式。经济发展不应是对生态环境和资源的竭泽而渔，生态环境也不应是舍弃经济发展的缘木求鱼，而是要坚持在发展中保护、在保护中发展，实现经济社会发展与人口、资源、环境相协调，不断提高资源利用水平，加快构建绿色生产体系。环境治理是一种系统工程，要把生态文明建设融入经济建设、政治建设、文化建设、社会建设各方面和全过程。库布其治沙模式为在实践上正确处理经济发展和生态环境保护的关系提供了一条可资借鉴的新路。它用实践告诉人们，保护生态环境实质上就是保护生产力，改善生态环境实质上就是发展生产力，保护和改善生态环境必将推动经济发展。

库布其治沙模式有利于助推美丽中国建设

走向生态文明新时代，建设美丽中国，是实现中华民族伟大复兴中国梦的重要内容。建设生态文明，关系人民福祉，关乎民族未来。当前在美丽中国建设中存在的突出问题，大都与认知不到位、缺乏技术创新、体制不完善、机制不健全、法治不完备等有关。建设美丽中国，必须坚持绿色发展，必须由被动走向主动，必须发挥技术创新的基础作用，必须发挥好政府和市场"两只手"的作用，必须满足人民日益增长的优美生态环境需要，必须推进制度创新、体制机制创新。库布其治沙模式在上述方面都做出了积极探索和重要贡献。

库布其治沙模式有利于破解治理生态环境的难题

中国是世界上最大的发展中国家，经济发展需要相应的环境容量和能源消耗，但又不能走传统老路。一方面，中国一定要走出一条绿色发展之路；另一方面，中国应当为全球生态安全做出贡献，积极引导应对气候变化国际合作，成为全球生态文明建设的重要参与者、贡献者、引领者，彰显负责任大国形象，推动构建人类命运共同体。库布其治沙模式为全球荒漠化防治和应对气候变化提供了中国智慧与中国方案。

库布其沙漠治理的贡献

一是破解治理生态环境信心不足的难题。沙漠治理信心不足，首先是由于我们认知不到位、技术创新缺失，见不到沙漠治理成效。库布其治沙模式通过认知革命和技术自主创新，打破了"沙漠不可治理"的坚冰，为维护生态安全、推动生态文明建设做出了重要贡献。

二是破解治理生态环境动力不足的难题。生态环境保护动力不足，主要源于处理不好经济发展和环境保护之间的关系。库布其治沙模式找到了正确处理经济发展和环境保护之间关系的好路子，赢得了各方的支持。其最突出的特征，就是充分发挥了政府、企业和社会三个主体的作用，形成了绿色发展的合力。这种"共治共享"的合力机制，对于破解中国乃至世界的环境保护和绿色发展难题，具有重要的启示意义。

三是破解治理生态环境能力不足的难题。治理生态环境能力不足，与认知不足、技术创新不够、社会支持不力有关。库布其治沙模式实现了认知革命、技术自主创新和共治共享，具备了较强的生态环境治理能力，因而较好地解决了这一难题。

生态安全是总体国家安全观的重要内容。绿色发展是全球产业发展的必然趋势，绿色经济既是全球化时代新的经济增长点，也是国际竞争的新焦点。我们要以习近平生态文明思想为指导，把库布其治沙模式发扬光大，让良好生态环境成为人民生活质量的增长点，成为经济、社会持续健康发展的支撑点，并借此讲好中国绿色发展、建设生态文明的故事，传播中国环保"好声音"。

在习近平生态文明思想的指导下，新时代生态文明建设的中国实践，不仅将不断满足人民日益增长的优美生态环境需要，而且将以美丽中国的生动画卷，为中华民族永续发展奠定基础；还将以生态文明建设的中国经验，为推进人类可持续发展做出贡献。

亿利库布其生态工业园区，利用生物、生态、农作物和工业废渣等，生产土壤改良剂、复混肥、有机肥料等，推动工业治沙。产业化治沙解决了"钱从哪里来""利从哪里得""如何可持续"的问题。

美国国家地理杂志记者乔治·斯坦梅茨 摄于 2016 年 9 月

第五章

维持生态平衡：沙漠治理与产业发展

干旱区的生态系统十分脆弱，一旦遭受破坏，就难以恢复。现今，全球气候变暖在这里产生的影响明显、人类活动强度也在加大，引起了一系列生态退化的恶性循环。因此，在资源的开发利用过程中，我们必须要重视环境保护。当前，由于自然资源利用不合理，已经造成森林面积缩小，草场退化，风沙危害加重，土地沙漠化扩张，盐渍化面积扩大，河流、湖泊日趋干涸，地下水位下降等环境退化问题。这些问题已影响到国民经济的可持续发展，威胁人类的生存环境。

党的十八大提出大力推进生态文明建设，强调树立尊重自然、顺应自然、保护自然的生态文明理念，把生态文明建设放在突出地位，融入经济建设、政治建设、文化建设、社会建设全过程。我们必须践习总书记"绿水青山就是金山银山"的指示，各项建设必须优先考虑生态的效益，遵循自然规律，发展科学技术，与自然和谐共处，使生态和环境逐步走向良性循环，使自然资源实现永续利用。为建设美丽中国，实现中华民族永续发展，我们要从源头上扭转生态环境恶化趋势，为人民创造良好的生产、生活环境，为全球生态安全做出贡献。

30年来，我们在库布其沙漠治理的过程中，逐步形成了由单纯的沙漠治理、防止沙害的消极治理，发展为利用沙漠资源，促进沙漠产业发展，进一步在产业成长的基础上进行生态修复，形成生态修复与沙漠产业相互促进的良性循环。在库布其沙漠治理过程中，形成多种产业，同时也形成多种利益主体进行合作的模式，有效促进了库布其沙漠治理，同时也为其他地区的沙漠治理提供了经验。

库布其沙漠生态修复

生态修复的重要性

一是改善生态环境。沙漠治理，能够直接改善生态和生物多样性，是环境治理最直接、最见效的方式。例如，经过 30 年治理，我们成功修复和改善了内蒙古库布其沙漠的生态环境：降雨量显著增加；沙尘天气次数大幅减少；生物种类明显增多。联合国研究表明，如果修复全球 5 亿公顷退化的耕地，就能吸收全球由于化石能源燃烧产生的碳排放总量的 1/3。

二是缓解我国耕地压力。据报道，由于重金属污染、土地利用不合理等原因，我国 18 亿亩耕地红线岌岌可危。另据专家预测，未来 10 年，土地缺口将高达 10 亿亩。如何补充 10 亿亩土地缺口已成为一个巨大的挑战。经过努力，库布其沙漠已改良出 150 万亩初具耕作条件的土壤。国家有关部门研究结果称，我国 26 亿亩沙漠中可治理利用的达 6 亿多亩，如能推广库布其沙漠治理技术和模式，至少可以改造出 3 亿~4 亿亩耕地，相当于 18 亿亩耕地红线的 1/6 多。所以，将有条件的沙漠改造成耕地，是一条经过实践证明完全可行的思路。

三是实现生态与经济、民生的平衡发展。我国西部沙漠空间辽阔，蕴藏着丰富的光、热及生物资源。基于这些资源，钱学森先生早在 1984 年就提出了"多采光、少用水、高技术、高效益"的"沙产业"理论，即在沙漠治理过程中，大规模实施生态光伏、节水农业、光伏农业、生态旅游、大健康产业等绿色生态经济，变沙害为沙利，变劣势为优势。库布其沙漠在生态修复过程中，按照产业化、市场化、公益化的模式，带动沙区 10 多万人脱贫致富，创造了 5 000 亿元的生态财富，成功探索出一条兴沙之利、避沙之害的可持续发展之路。据估计，如果将库布其治沙模式推广应用到我国可治理的沙漠，将创造 2 万亿元 GDP 和上百万个工作岗位，使 2 亿多沙区群众脱贫致富，从而实现生态修复、产业发展、民生改善和社会进步的良性循环。

四是打造丝绸之路经济带国际合作新亮点。我国荒漠化治理的经验和成果已得到联合国有关机构与国际社会的普遍关注和高度认可。我国可以考虑和丝绸之路经济带沿线国家建立"丝绸之路经济带生态修复合作机制"，通过该机制为沿线地区的沙漠治理提供技术援助。可以说，沙漠治理不仅是我国生态文明建设的一项重要举措，也是关乎丝绸之路经济带沿途地区生态、民生、经济及社会和谐稳定的一个独具特色的国际合作思路，对提高我国的影响力、国际声誉大有裨益。

库布其生态修复实践

库布其模式中生态修复的重点包括：研发、培育耐寒、耐旱、耐盐碱的种子、种苗；创新生态和生物修复技术与措施；培育生态建设民工联队，积淀了修复、治理荒漠化、盐碱化、工矿废弃土地和城市河道综合治理的核心能力；开展从沙漠到城市的生态环境修复，不断输出技术和项目。在治沙生态建设中，蒙古岩黄芪、北沙柳、旱柳、锦鸡儿属等植物的存活率达到 80% 以上，美洲黑杨的存活率达到 74%，这不但调节了区域微气候，成功提高了甘草产量，还带来了可观的生态效益和经济效益。

在环境效益方面，以亿利集团为代表的企业通过生态修复，建设了三北防护林等，为京津冀地区的沙尘暴治理带来了巨大的环境效益，同时退耕还林还草工程、治沙工程等，为库布其的生物多样性及生态资源保护做出了巨大贡献。

自 1988 年以来，绿色植被覆盖了库布其超过 6 000 平方千米的面积。目前，第二个 "1 万平方千米" 的植被覆盖 "绿洲" 已经启动了。亿利库布其模式从内蒙古延伸到新疆南疆塔克拉玛干沙漠、河北省张家口坝上、内蒙古科尔沁、上海庙、甘肃腾格里、西藏山南、那曲、云南昭通、昆明等。在这个范围内，沙漠治理实践在内蒙古的 "死亡之海" ——库布其起到了最显著的作用，那里的沙尘天气已经明显减少。上述地区的生物种类已经增长了 10 倍以上，长期不见的杨树、天鹅、鹤和狐狸也重返沙漠。

由于树木和森林在减缓全球变暖方面所起的明显作用，植树造林项目被认为是帮助抵消不可避免的碳排放的有效途径。树木从大气中吸收二氧化碳并将其（与土壤和空气中的其他元素一起）储存在森林中。一年内，树木所吸收的碳量相当于一年中树木生物量的增加，乘以树木的生物量，即碳的比例。木材的化学成分随树种的不同而有所差异，但大多数木材的标准假设是：50% 的碳、44% 的氧、6% 的氢和痕量的金属离子。考虑到碳的原子质量是 12，氧是 16，氢是 2，大约 42% 的树木的生物量是碳。根据美国能源部（DOE）的说法，

1 加仑① 汽油可以排放 8.9 千克二氧化碳，大约相当于 2.4 千克碳。这对应于碳隔离转换时 1.8×10^{-5} 公顷的土地变成成熟的森林。换句话说，通过种植 1 公顷森林 100 年，预期可以抵消大约 54 000 加仑汽油造成的碳排放量。因此，一个 6 000 平方千米的沙漠绿洲项目最多能够抵消燃烧大约 540 亿加仑汽油所产生的碳排放量，大约相当于 5 亿吨二氧化碳，实际减排效果还取决于绿洲项目的树木类型和密度。2017 年全国碳排放权交易市场即将启动，同时，作为碳市场的一种重要的补充机制，中国温室气体自愿减排交易也将迎来一个更加迅猛的发展。核证自愿减排量（CCER）作为碳市场的抵消机制将会受到众多履约企业的青睐。作为兼具社会效应、生态文明效应和经济效应的林业碳汇项目则有望成为众多自愿减排项目类型中最受关注的一类项目。以北京碳市场为例，截至 2016 年 8 月 19 日，林业碳汇类项目已累计实现成交 27 笔，成交量达到 7.2 万吨，交易金额 266 万元，成交均价达到 36.57 元 / 吨，成交价远远高于一般类型的 CCER 项目。按照该平均成交价，通过实施该 6 000 平方千米绿洲项目 100 年最高可创收约 194 亿人民币。

从社会投资及扶贫来看，30 年来，亿利在大规模治理沙漠中，始终将商业化和公益性治沙紧密结合起来，在沙漠公益性投资方面已累计超过 30 多亿元，开展飞播、护河护路、护厂护湖等生态基础建设占整个企业治沙的 40% 以上。此外，亿利建立了公益基金会，积极与联合国和其他国际组织开展合作，参与提高环境保护意识，引领社区文化发展。亿利通过资助建立牧民子弟学校，支持系列扶贫减贫项目，组织农牧民技术和技能培训，加强当地居民就业的能力建设等，用具体行动带动当地农牧民脱贫致富。项目区约 10 万农牧民通

---

① 1 加仑 =41.64 升。

过项目脱贫。对库布其地区的民众而言，沙漠治理帮助他们走出了世世代代受荒漠肆虐的噩梦，重新唤起了他们的绿色希望，使他们对生存与发展充满信心。当地居民说，沙漠都能绿起来，变成金山银山，再也没有实现不了的中国梦。他们还参与治沙行动，不仅学到了治沙种树的技术，还提高了对生态环境重要性的认识。居民和当地政府经济水平的提高，有利于社会的稳定和人民幸福感的提升。

库布其沙漠资源利用

由于自然条件极度恶劣，除了某些特定地域因为拥有自然资源（如油田）而被开发外，沙漠一般不会成为人类经济活动的场所。尽管沙漠地区也有着极为丰富的自然资源（如特殊的动植物资源，具有特殊使用价值的药材资源、营养资源，以及丰富的光热、风能和土地资源等），但与海洋、森林等其他生态系统相比，沙漠生态系统在一般意义上会对人类社会造成负外部性。使沙漠生态系统承载人类大规模经济活动的前提，就是要有效消除沙漠负外部性的影响，将沙漠生态系统恢复到人类可以生活、生产的一般状态。因此，我们首先要对沙漠进行治理以消除沙漠自然状态的负外部性。我们只有以沙漠生态系统的修复、负外部性的消除为基础，以沙漠生态的保护为前提条件，才能开展沙漠资源的开发利用，进而形成产业、促进持续的经济活动。在这个过程中，沙漠治理是第一位的，而这已经是牵涉技术、组织等极为复杂的系统性工程。随着沙漠治理的逐渐深入，开展经济活动的条件逐步具备并完善，相应的产业机会就会出现。我们要抓住出现的产业机会，更要协调好生产和沙漠生态之间的关系，这样不仅能够获得沙漠治理产生的经济价值，而且能够形成生态和产业的相互促进、和谐发展，成为可持续、符合人类一般经济规律的沙漠经济体系。

亿利集团的发展历程，可以用来具体阐述库布其沙漠资源利用的方式方法。亿利集团的起点——杭锦旗盐厂就是由于库布其沙漠腹地拥有丰富的盐资源（18 平方千米），以及包括芒硝和天然碱等在内的其他矿产资源才存在的，即源于资源的自然垄断形成的沙漠环境内的特定经济活动。库布其沙漠治理实践的发端在于沙漠对盐厂生存的影响，使其不得不通过内部化（企业负担治沙成本）以消除这一沙漠负外部性。由于深刻认识到沙漠治理作为公共产品的特殊性（即这一产品的价值在于提高区域内的环境质量，而环境质量的改善无法进行排他，无法以使用者付费为原则实现定价并获得生产成本的补偿和合理收益），企业进行沙漠治理的利益必须来源于沙漠环境改善引致的其他收益。在实践中，我们通过技术创新不断减小外部性内部化的成本（"治沙技术"），并不断探索沙漠治理正外部性的价值实现途径（"治沙生意"），最终形成人类经济活动与沙漠生态环境的和谐共处、良性促进，形成了库布其沙漠治理与产业发展的模式。

沙漠资源应用应遵循的科学规律——规模化与系统化

利用沙漠资源开展的经济活动属于生态经济的范畴。所谓生态经济，是指人们按照自然规律，效法自然从而获得主观能动性，并通过特定的生产要素管理，在经济生产的同时，实现自然生态系统的良性循环，以实现经济活动可持续发展的一种经济行为。

生态经济系统是由生态系统、经济系统和技术系统构成的复合系统。生态系统是生物群落与其生态环境相互作用的有机整体，反映生态经济系统的自然再生产过程；经济系统是由人们生产、交换、分配和消费等环节所构成的相互制约的统一体，反映生态经济系统的经济再生产过程；技术系统是反映各种技术要素相互作用的有机整体，反映生态经济系统中自然再生产与经济再生产之间的联系方式。生态经济系统三个子系统间的关系不是简单割裂、互不关联，而是相辅相成、互相影响。在生态经济系统中，生态系统决定着自然生产力（潜在生产力），是经济生产力（现实生产力）的基础；经济系统决定着经济生产力，支配着潜在生产力转化成现实生产力；技术系统则决定着自然生产力转化成经济生产力的方式，决定着潜在生产力转化成现实生产力的效率。

　　沙漠经济是生态经济的一种特殊形式。和普通的生态经济体系相比，沙漠的生态系统更为脆弱，潜在的自然生产力极为低下。在这样的背景下构建经济系统，需要通过生态系统修复以提高并维持其自然生产力。这个目标对技术系统提出了更高的要求，即如何利用有效的技术手段，恢复沙漠生态系统的自然生产力，实现经济生产力的可持续释放。

　　要实现沙漠生态系统自然生产力的提升和经济生产力的可持续，就必须遵循沙漠资源利用的科学规律，在生态系统的修复过程中，坚持系统性的原则，即生态系统、经济系统和技术系统的和谐统一、相互促进，才能设计出以适度干扰水平争取修复效果最优的生态系统修复技术方案。

　　此外，沙漠生态系统自然生产力的提升，主要源于沙漠生态系统生物产量和服务功能的提高。这需要维持一定的生物规模，具有一定的规模经济性。特别地，包括生物多样性保护、固碳、释放氧气、涵养水源、防风固沙等主要内容的生态系统服务功能的实现，更需要以成规模的植物体系为支撑。

沙漠资源利用应遵循的经济规律——经济性与可持续性

以系统性原则和规模化操作为前提的沙漠生态修复工作具有典型的环境保护项目特征。一是规模要求大。沙漠生态修复一般都需要在较大范围内开展，小范围的沙漠生态修复一般难以起到重建自然生态系统、恢复自然生产力的作用，并且现实中具有实质意义的沙漠生态修复项目的规模一般都要求在上百平方千米以上。因此，沙漠生态修复项目需要的投资额通常较大。二是时间长。沙漠生态修复是一个人工促进生态系统功能恢复的过程。沙漠地区一般自然条件比较恶劣，和一般的生态系统修复工作相比，它需要更长的时间跨度。这意味着从投资的角度考察，沙漠生态修复产业投资的资金回收期较长。三是利益关系复杂。沙漠生态修复的成果为改善的生态环境，并不能直接形成经济性的产出回报。这也就是本书已多次论证过的沙漠治理公共产品具有非排他性的特征，以及由此必然导致经营困境（以一般性的商业模式衡量，投资者难以直接获得其所提供产品的收益）。虽然投资者可以获得很多政策鼓励（如政府以补贴方式提供的生态补偿等），但正外部性的存在使投资的成本和收益绝对不对称。这意味着，在沙漠生态修复基础上开展的沙漠经济活动，需要建立一种特殊的商业模式，以期平衡投资的近期收益与远期收益，保证企业的可持续发展。

沙漠资源利用应遵循的产业规律——比较优势与结构优化

除了具有生态经济的特点外，沙漠经济活动还具有循环经济的特点。利用价值链网络，构建相关主体间的相互协作关系，可以获得最大化的协同效应。但沙漠生态系统又很脆弱，一般的循环经济理论难以指导沙漠经济的实践（或者说沙漠经济是生态经济和循环经济的极端案例），其产业选择和运营模式的构建，需要紧紧围绕生态系统的修复，深入挖掘由此形成的特殊价值链关系，以期在更大范围内实现价值共享。

沙漠生态修复是一个投资大、见效慢的系统工程，仅靠一两个产业很难持续、有效地予以支撑，必须建立多产业的支持体系。产业选择必须坚持比较优势原则，围绕沙漠地区的区域特点，构建相应的产业体系。在库布其沙漠治理实践中，利用沙漠地区优越的光热资源开发太阳能发电、利用沙漠优美的自然景观和文化资源开展沙漠旅游以及对沙漠独特的产品进行开发（如具有沙漠生态保护功能的经济林木种植及园艺生产、沙漠植物材料的综合利用）等，都是充分体现沙漠自然资源比较优势的产业选择。同时，我们对所选择的产业还要努力优化结构，如坚持"长短结合，以短养长"的经营原则，以确保该产业整体现金流的健康，深入挖掘优势产业的全产业链价值等。在库布其模式中，亿利围绕沙漠生态修复这一主业，就进一步开发了种质资源、防风固沙材料、种植技术与设备等多个服务支持类项目以打造完整的沙漠修复产业链。

库布其沙漠产业发展

库布其沙漠产业分类

沙漠产业是包含第一、第二和第三产业的全产业链产业体系。其中，由于沙漠产业起源于沙漠生态系统修复（即改善沙漠生态环境，提升沙漠土地价值，以恢复沙漠生态系统的自然生产力，形成沙漠绿洲），这构成沙漠产业体系中的第一产业（也即沙漠农业、林业、牧业）。在第一产业的基础上，进一步发展了以生态保护为基础、各具沙漠区域特色的相关工业（如沙漠农产品深加工、生态工业、新能源等），这构成沙漠产业体系中的第二产业。进一步地，为沙漠经济活动相关主体和第一、二产业提供服务的其他产业则构成沙漠产业体系的第三产业（如生态修复技术与工程服务、沙漠旅游文化等）。

如果从产品和服务的特殊性角度考察，我们还可以将沙漠产业区分为提供公共产品的产业（沙漠生态修复，这也是沙漠产业体系中的基础性产业），以及提供除公共产品之外的其他衍生性产业。

库布其沙漠产业发展现状

一般地，与沙漠相关的产业涉及农林、畜牧、工业、旅游文化等多个领域。

在库布其沙漠治理实践的过程中，经过多年的艰苦努力，以生态保护为基础，亿利集团形成了"六生态"的产业结构：

一是生态修复。生态修复即采用新技术对荒漠化、石漠化、盐碱化土地以及水资源和草原生态环境进行治理，同时引进植物品种开发、栽培，以及退化土地的系统恢复、重建和改进等农林生产活动。

二是生态工业。生态工业即保水剂、固沙剂、土壤改良剂、有机饲料、有机肥料等工业产业。

三是生态光能。生态光能即生态光伏发电产业。亿利集团在该产业上的特色是"发电＋种树＋种草＋养殖＋扶贫"的生态与能源的良性互动模式。

四是生态牧业。生态牧业即按照"宜草则草、草畜平衡、静态舍养、动态轮牧"的原则，依托生态建设成果和形成的沙柳、柠条等有机蛋白饲料的充足供应，示范推进生态牧业建设，使"农、林、牧、草"良性互动。

五是生态健康。生态健康即依托甘草种植基地和甘草、苁蓉等中药材规模化生产基地，打造以中蒙药为主的健康产业全产业链，同时开发沙漠植物酵素饮品，开拓沙漠健康市场。

六是生态旅游。生态旅游即依托库布其国家沙漠公园特有的自然风光和亿利集团近30年的生态建设成果，开展保护性旅游开发，打造"大漠星空、生态体育、野生动物、赛马文化、冰雪世界"等特色旅游项目，开展体验、认知、教育式的沙漠生态旅游。

上述"六生态"产业互促共进，实现了一二三产业的融合发展，建立起了健康、完善的沙漠生态经济体系。

库布其沙漠未来产业走向

创新具有不可预见性，新产业和产业新形态的出现也具有不可预见性，因而要预测在沙漠这一特殊的自然环境条件下未来会出现什么样的产业是极为困难的。但越来越重视环境友好因素是人文社会发展的大趋势，沙漠产业也必定要坚持生态环保的原则，因而我们可以尝试对沙漠的未来产业发展方向做出判断。

从产业内容角度考察，节约资源（特别是水资源）的农林产业、循环经济链条上的生态畜牧业、与生态修复作物相关的深加工产业（如医药健康）、生态修复衍生出的新能源产业（风电、太阳能发电），以及环境友好的人文生态产业（旅游、文化等）都是未来沙漠产业的发展方向。特别是绿色金融，不仅将随着沙漠经济的发展获得巨大的发展机遇（生态修复财富资产的证券化需求），还将成为沙漠经济重要的推动力。

　　从产业组织形式的角度考察，我们想重点强调平台经济模式。

　　所谓平台经济（platform economic），目前还没有统一、准确的定义，一般是指一种虚拟或真实的交易场所，平台本身不生产产品，但可以促成双方或多方供求之间的交易，平台通过收取恰当的费用或赚取差价而获得收益。我们认为平台经济可以是虚拟的也可以是真实的，其本质是集聚资源，对接需求，促成交易，并在此过程中获得额外利益的经济形式。

　　平台经济具有增值性、网络外部性和平台开放性等特征。所谓增值性，是指平台能为参与者（消费者、其他商家／企业等）提供获得收益的服务。所谓网络外部性，是指网络的价值取决于网络参与者的数量，且二者呈正相关关系（也称为需求方规模经济）。对于平台经济而言，借助平台的连接，参与者间形成了双向网络，具有直接网络外部性，网络价值与网络参与者（节点）数量的平方成正比，公式：$S=(N-1)N/2$。此外，平台经济还具有交叉外部性，即一边用户的规模增加会显著影响另一边用户使用该平台的效用或价值。在网络外部性条件下，规模收益递增现象更为显著，赢家通吃。所谓开放性特征，是指由于平台价值根本地源自参与者数量，因而平台经济内生地具有对外开放的要求，以提高平台的集聚效应和平台价值。

　　通过近30年的库布其沙漠治理，亿利集团改良了大面积沙漠土壤，建立了必要的基础设施，兴建了专业的工业园区，开拓了山清水秀、风光秀美的库布其全域旅游。这使亿利集团具备了打造沙漠平台经济的基本条件，即可以让新加入的参与者能够快速对接沙漠经济体系，有效降低了对初入者初期投入规模和投资门槛的要求，使参与者实现增值收益。同时，亿利集团提出了"平台＋插头"的沙漠平台经济发展思路，即以已经打造的专业工业园、亿利有机田、库布其全域旅游、牛羊养殖、新农业体验经济、森林体验产业等平台为基础，通过优质的服务和支持体系，使任何外来合作者能够像"插入电源插头"一样快速和有效地对接不同的、自己感兴趣或有资源的沙漠产业领域。亿利集团还通过打造"技术＋基金"等合作平台，进一步升级平台服务内容，以促进优质技术与产业的快速对接。

建立平台经济，是沙漠经济未来发展的一个方向。

沙漠治理利益共享机制

"平台＋插头"的共享机制介绍

"平台＋插头"的模式，是以整个库布其沙漠为合作平台，借助库布其的绿土地、太阳能、有机农业和健康药业等资源禀赋，广泛引入绿色资本、先进技术和现代管理等优质"插头"，强强联合、优势互补的合作模式。例如，亿利集团与联合国环境署合作，建立"一带一路"沙漠绿色经济创新中心，合作开展技术与交流、专业人员培训、青年环境意识教育等活动；与联合国防治荒漠化公约组织、非洲绿色长城组织合作开展防治荒漠化研究；与英国爱丁堡大学、北京大学等国内外高校开展沙漠产业领域的产学研一体化合作；与国内光伏龙头企业中广核、正泰等合作，在库布其建设生态光伏产业基地；与首都农产品公司、天津食品集团合作，利用这些公司的全国市场网络，把库布其生产出的有机果蔬销往全国；与荷兰、英国等一些土壤修复、水处理、自动化无人机公司合作，引入国际最先进的生态修复技术。

"平台 + 插头" 的共享机制应用

亿利集团创造出了"甘草治沙改土扶贫"的可持续商业模式。

甘草是一种名贵的中药材，具有耐旱、耐寒、耐盐碱的特点，也是固氮植物，能在贫瘠的土壤中生长，是沙漠治理的先锋植物。20世纪90年代末，亿利集团自主研发了甘草种植技术，采用了"公司 + 基地 + 农户"的运营模式，即由企业负责种苗供应、技术服务、订单收购"三到户"，农牧民负责提供沙漠土地和种植管护，甘草3年成熟后由企业负责回购，加工成甘草片、甘草良咽、甘草新苷等高科技、高附加值产品。这就是"甘草治沙改土扶贫"商业模式。该模式实现了一举四得，即绿化了沙漠，促进了甘草产业的发展，修复了土地，带动了贫困户脱贫；赚了"六份钱"，即农牧民赚了种植甘草和加工甘草的钱，企业赚了土地增值和甘草产品产业化的钱，政府赚了生态改善和人民安居乐业的钱。在"甘草治沙改土扶贫"模式中，不仅所有的参与主体均能获得正收益，而且形成了人与自然环境的友好共存、和谐发展，成为一个可持续的商业模式。

目前，库布其的生态修复经济已经从治沙发展到提供土壤修复、水处理和空气污染治理在内的生态修复综合解决方案，业务范围遍及西藏、新疆、青海、甘肃、河北、内蒙古等地，承接生态修复PPP订单超过3 000亿元人民币。

生态工业还包括平茬复壮绿色养殖治沙。耐旱植物沙柳生命力顽强，有干旱旱不死、牛羊啃不死、刀斧砍不死、沙土埋不死、水涝淹不死的特性，成为沙漠中的先锋物种。

沙柳等耐旱植物具有"平茬复壮"和"蛋白饲料"的生物习性，长三年割掉后长得更旺盛。沙柳通过机器被加工成沙柳粉，沙柳粉是一种饲养牛、羊、猪的有机饲料，取得了很好的经济效益。库布其正在实施"双百万"计划，使用沙柳制造的绿色饲料，养殖100万只羊、100万头猪。

在田园综合体开发方面，库布其作为中国最早的大型田园综合体，形成了以沙漠风光、内蒙古文化为特色，涵盖循环农业、创意农业、农村综合开发和乡村旅游等要素，让生态修复与农业变强、农村变美、农民致富相得益彰的开发模式。例如，库布其一方面在甘草固氮改土之后的土地上建设"沙漠有机田"，种植茄子、白菜等有机蔬菜，西瓜、甜瓜、草莓和葡萄等有机水果，产品销往全国各地；另一方面利用沙漠地区独特的景观，建立了"库布其国家沙漠公园"，发展沙漠生态旅游，倡导沙漠民族特色文化体验、七星湖旅游休闲和越野赛车主题文化等，支持、鼓励当地农牧民开展牧家乐餐饮住宿、沙漠观光旅游和卡丁车游乐等。同时，我们在浙江宁波、天津滨海新区、湖北武汉、河北怀来等地市建设人与动物和谐、人与生态和谐的生态公园，为城市与社区居民提供生态公共产品。

在绿色金融领域，库布其以国内最早的"一带一路"主题基金"绿丝路基金"为资本引擎，以"基金＋技术"为运作模式，以基金、信托、第三方支付为手段，以专注于绿色发展的专业财务公司为企业载体。2014年11月，亿利公益基金会与联合国防治荒漠化公约组织联合发起"绿色丝绸之路伙伴计划"，在丝绸之路经济带沿线地区进行绿色投资，推动改善生态环境，应对气候变化，发展绿色经济"绿丝路基金"作为"绿色丝绸之路伙伴计划"的首个落地项目。

在技术资源整合上，我们采用"基金＋技术"的方式，通过产业投资、收并购、成立合资公司等方式，整合全球生态修复与环保先进技术。目前库布其的技术研发领域合作伙伴已遍及东亚、欧洲、南亚、中东、非洲、美洲等地，涉及领域覆盖生态修复的全产业链，已形成由 200 多项国家级专利技术和 2 100 多项世界前沿技术组成的核心技术体系。

库布其沙漠可持续发展

沙漠可持续发展战略

2015 年 9 月 25 日，联合国可持续发展峰会在纽约总部召开，联合国 139 个成员国在峰会上正式通过了 17 个可持续发展目标（sustainable development goal，SDG），旨在于 2015~2030 年彻底解决社会、经济和环境三个维度的发展问题，使人类转向可持续发展道路。

联合国的相关报告指出，目前全球有 26 亿人直接依赖农业生活，但有 52% 的农业用地受土壤退化的一定影响或严重影响；土地退化影响着全球 15 亿人，其中 74% 的穷人直接受土地退化的影响；耕地丧失的速度估计是历史速度的 30~35 倍；由于干旱和荒漠化，全世界每年丧失 1 200 万公顷的耕地（每分钟 23 公顷），这些土地本可以生产 2 000 万吨粮食。所以，联合国将防治荒漠化作为可持续发展目标（SDG）中环境目标的一项重要内容，在 17 个具体目标中的第 15 个"陆地生物"部分中明确将防治荒漠化、制止和扭转土地退化现象作为目标。

防治荒漠化、制止和扭转土地退化也是沙漠可持续发展战略的核心目标。

库布其模式的沙漠经济发展路径

目标确定后，我们就要制订切实可行的执行方案，找到可能的发展路径。

在近 30 年的库布其沙漠治理实践中，亿利集团摸索出了一条构建沙漠产业体系、促进沙漠经济发展的基本路径，即"向沙要绿、向绿要地、向天要水、向光要电"。

所谓"向沙要绿、向绿要地"，就是通过沙漠生态系统的修复，把漫天的黄沙地变成绿洲。实现这个目标的产业抓手就是沙漠生态修复产业。这也是建立沙漠经济体系的第一道关口。一定规模的沙漠绿洲是建立沙漠产业体系的基础，而建立这个产业的关键在于寻找到能适应沙漠土地生长的先锋植物种，以及相应的植被重建技术体系。

在库布其沙漠治理的实践中，先锋植物种的选择是一个艰难的探索过程。在这个过程中，随着实践的不断深入，要求也在不断变化。一开始的要求是植物能够耐寒、耐旱和耐盐碱，能够快速建立沙漠植被；之后的要求则是既能防风固沙，又能产生经济价值的植物。为了达到上述要求，亿利人曾在全球范围内筛选适合本地区生长的先锋植物种，并付出了巨大的代价（曾因为盲目引进美国杨树品种而事倍功半；也曾有人只报了个盐碱地植物研究的课题就拿走了 300 余万元，但最后没有形成科研成果）。所谓"向绿要地"，就是通过沙漠绿洲的建设，使沙漠土地得到改良，将贫瘠的沙漠土地变成适于耕种的牧业或农业用地，用来发展绿色农牧业生产。"甘草固氮治沙改土"

创新工程成为土地改良最大的功臣，为库布其沙漠改良出了大量的绿色农业用地。同时，亿利人创新了养殖业治沙改土、生态修复治沙改土等方法。

沙漠土地具有特定的地理环境，一般不适宜人类生活和生产，因而大多远离污染源，是开展绿色有机农牧产品生产的最佳土地资源。但所有的农牧业生产都对水等自然资源有一定的要求，这些要求有可能造成与生态修复目标的冲突。为了保护沙漠生态修复的成果，我们必须要依据生态保护的需要，对用于农牧业生产的土地的规模严格控制，同时严格遵循"以水定产"的原则，根据水资源保护的要求确定开发规模。在库布其沙漠地区，即便是在水资源条件较好的前提下，用于农牧业开发的土地面积一般也不会超过总治理面积的10%。

所谓"向天要水"，即通过规模化、系统化治沙，利用植物对水分的贮存、蒸腾作用，形成局部生态小气候，增加区域水分保有量。库布其通过近30年的努力，区域年均降水量有了显著提升。原来已在当地消失的灰鹤、狐狸、野鸡等野生动物又重新出现，就是水分保有量回升的直接体现。根据多年的观察，局部生态小气候的形成必须建立在上千平方千米生态绿洲的基础上方可影响降雨的增长。

所谓"向光要电"，就是利用沙漠地区所具有的优越的光热资源，用于太阳能生产，使光伏发电成为库布其沙漠经济的主要产业之一。沙漠最大的共同优势资源，就是取之不竭的太阳能以及风能。如果通过技术创新把太阳能发电降到煤电成本以下，沙漠新能源将成为有沙漠地区和国家的巨大财富，这是必然的趋势。库布其生态＋光伏发电就是一个不错的例证，治沙、养殖、发电一举多得。

此外，配合"向沙要绿、向绿要地、向天要水、向光要电"的发展思路，相关服务业和配套支持产业也成为沙漠经济发展思路的重要补充，如沙漠旅游和服务业。沙漠地区景观独特，是不可替代的旅游资源。库布其国家沙漠公园具有丰富的旅游资源，开展了沙漠生态旅游、沙漠体验式探险以及蒙古族文化等多种旅游文化项目。

沙漠经济管理

私人部门提供沙漠治理公共产品，以及由此衍生出的沙漠经济的相关管理问题对于任何国家（地区）都是新生的事物。虽然从经济规模和案例数据角度考察，这一领域的管理问题似乎并不迫切，但意识到私人部门参与公共产品的提供已经渐成风气，同时这一提供形式的改变也有利于公共产品提供效率的提升并进而促进社会整体福利的提高，鼓励并引导这一趋势就具有极为积极的意义。

首先，私人部门参与的沙漠治理及沙漠经济活动需要怎样的管理？毋庸置疑，由于产品的公共属性和正外部性特征，私人部门参与提供公共产品应该纳入政府管理的内容，但必须从原先的行政干预模式，转变为以尊重市场为基础、以纠正市场失灵为目的的友好型管理，即制定制度并监督执行的政府监管模式。

其次，应如何构建相应的政府监管架构？由于私人部门提供沙漠治理纯公共产品在全球范围内都属于新生事物，尚缺乏更多的案例和经验，具体的政府监管形式和内容等也只能处于理论探讨与尝试的过程中。但从公共产品监管的一般逻辑出发，我们可以对与私人部门提供沙漠治理公共产品相关的政府监管架构提出两点建议：一是应强调监管的专业性。因为作为一类综合、复杂的新生事物，政府监管部门只有了解更为全面、深入的产业信息，才能有的放矢，提高监管的效率。这要求摈弃原有的行政监管理念和模式，更多地吸纳专业人员并从专业角度提出监管意见，二是应强调政府监管对创新保持敏感并增强理解力，包括资源利用、技术创新和模式创新。因为这还是一个必须不断创新才能存在的事物，并且正在显现充沛的创新冲动——表现在各个领域、多个环节，以及广泛的应用性需求等方面。政府监管部门必须具备快速反应的能力，以及具有主动学习的精神。

再次，当前政府监管的重点在哪里？私人部门提供沙漠治理公共产品的过程就是向社会施加正外部性影响的过程，也是一个私人部门为社会福利提供无偿产品或服务的过程。从宏观角度考察，鼓励这种行为对社会福利的整体增进无疑具有积极的意义。因此，当前政府监管的工作重点应该放在沙漠治理正外部性的认定和形成补偿机制方面：一是要进一步扩大政府奖励的范围和标准；二是要尽快设计出切实可行的正外部性价值（生态财富）评价方法，尽快试行，尽快推广，尽快形成体系；三是要尝试为生态财富资产提供市场化的实现机制（如交易机制等），以赋予相关资产一定的流动性（绿色金融产品创新）。

最后，应进一步探讨的问题是什么？一是要有监督监管者的机制。鉴于私人部门进行的沙漠治理及其相关经济活动可能涉及巨大的财富，这一领域又是一个新兴的领域，监管者在不知不觉中已经掌握了巨大的权力资源，因而对监管者的监管势在必行。二是虽然从整体上考察，私人部门提供沙漠治理类的公共产品具有积极的正向作用，但领域的新兴性仍可能使之存在与本来目标有偏差甚至相反的不利情况。例如在西北某地的沙漠治理中，就出现了由于固沙植物品种选择不当，造成当地居民花粉过敏疾病大量流行的事件。对于私人部门而言，经验欠缺、技术缺乏以及对成本的考虑都有可能使治沙方案的选择不尽如人意。这些都需要政府部门以监管的形式加以矫正。

　　若遵循 PPP 的基本原则，充分发挥政府公共部门与企业私人部门各自的禀赋优势，构建伙伴合作关系，设计并执行长期、激励相容的制度安排（指在市场经济中，每个理性人都会有自利的一面，其个人行为会按自利的规则行动，如果能有一种制度安排，使行为人追求个人利益的行为正好与企业实现集体价值最大化的目标相吻合，这一制度安排，就是激励相容），沙漠治理公共产品就可以普遍被私人部门提供，并由此带来相应的效率改进。

　　总结亿利集团近 30 年的库布其沙漠治理历程及与之相伴的沙漠经济活动实践，我们可以发现沙漠经济至少具有系统整体性、动态扩散性、渐进发展性、效益互补性等几个特点。所谓系统整体性，是指沙漠产业的产业模式是由生态系统和经济系统在技术中介以及人类活动过程等社会系统的作用下，通过物质循环、能量转化、价值增值和信息传递所构成的整体系统。其中，经济系统把物质、能量、信息输入生态系统，改变了生态系统各要素的比例关系，使生态系统发生新的变化；同时，经济系统利用生态系统的新变化，从中吸取对自己非平衡结构有用的要素，以维护系统的正常循环，并不断提高生态治理的效果，增加经济收益。系统内各子系统功能不同，相互作用，各有侧重。所谓动态扩散性，是指沙漠产业的产业模式一经启动，其系统自身就不断积累资源，不断巩固其自我发展驱动的能力。随着沙漠经济各产业的推进，各产业会出现规模扩张的发展态势，通过系统内的相互作用和经济效益反哺，使整个沙漠经济体系不断扩大，生态效益和经济效益向外辐射和扩散。所谓渐进发展性，是指沙漠经济的产业模式设计应该由易到难，循序渐进，遵循试验—示范—推广的基本路线，各沙漠产业的开发应既有广度，又有深度。所谓效益互补性，是指沙漠经济的产业模式设计应体现生态、社会、经济三大效益的有机结合，不会因某一方面效益的扩大而影响其他效益的发挥。经济增长为生态改善提供补偿，生态环境又为经济开发提供屏障，社会效益得到充分体现，并对沙漠经济的产业模式建设产生积极而深远的影响。最终，系统整体的效益不断增加，沙漠经济走上持续发展的道路。

上述特点意味着，沙漠经济学是一个综合、交叉的理论体系，需要大量借鉴、融合其他学科的理论精华；沙漠经济学还是一个演进、开放的理论体系，需要不断总结前人在相关领域内的经验并不断创新；沙漠经济学更是一个经世济用的学科，需要理论联系实际，在实践中验证理论。

对沙漠经济学的上述特点做出最好诠释的无疑是我国著名科学家钱学森院士。早在20世纪80年代，他就提出了沙产业的构想，指出"沙产业"是以太阳为直接能源，靠植物的光合作用来进行产品生产的体系；后又进一步将沙产业理论的核心总结为"多采光，少用水，新技术，高效益"，即沙漠环境有其独特的资源禀赋以用于发展经济。该理论在我国甘肃武威和张掖地区均成功指引了治沙实践，并取得了不错的经济和社会效益。亿利集团对沙漠经济学理论体系和实践操作方面的探索，可以说是钱学森院士沙产业理论的延续。

通过甘草固氮治沙改土，打造生态农庄和有机田，减少沙层，变废为宝，沙漠土地经修复，不仅远离污染源，而且是名副其实的无污染，逐渐成为产出"真正有机农牧产品"有机土壤。

美国国家地理杂志记者乔治·斯坦梅茨 摄于 2017 年 7 月

第六章

重启希望：沙漠治理与精准扶贫

荒漠化是全球面临的重大生态问题，世界上许多地方的人民饱受荒漠化之苦。《联合国防治荒漠化公约》生效 20 多年来，在各方共同努力下，全球荒漠化防治取得了明显成效。中国是世界上荒漠化面积最大、受风沙危害严重的国家。全国有荒漠化土地 261.16 万平方千米，占国土面积的 27.2%；沙化土地 172.12 万平方千米，占国土面积的 17.9%。土地荒漠化与贫困互为因果，形成恶性循环。一方面，土地荒漠化剥夺了贫困人口最基本的生产资料，使其丧失了最基础的发展条件，继续走传统的发展道路会加大对自然的索取力度，进一步恶化生态环境；另一方面，这些地区往往整体上是国家、区域重要的生态安全屏障，承担着保护和修复生态环境、提供生态产品的责任。我国近 35% 的贫困县、近 30% 的贫困人口分布在西北沙区。沙区既是全国生态脆弱区，又是深度贫困地区；既是生态建设主战场，也是脱贫攻坚的重点难点地区，改善生态与发展经济的任务都十分繁重。

库布其沙漠贫困状况

　　库布其沙漠位于内蒙古自治区鄂尔多斯市西北部，总面积约为

1.86 万平方千米，横跨杭锦旗、达拉特旗和准格尔旗，是中国第七大沙漠，受影响人口约 74 万人。30 年前，库布其沙漠地区突出表现为"五缺、两少、一泛滥"，即缺植被、缺公路、缺医疗、缺通信、缺教育；农牧民收入少，降水少；沙尘暴泛滥。每年沙尘暴灾害天气高达百场，曾是京津冀地区三大风沙源之一。沙尘一起，一夜之间就可以刮到北京城，因此被称为"悬在首都头上的一壶沙"，直接影响华北地区的生态安全。库布其沙漠恶劣的环境和匮乏的资源导致地区产业基础薄弱，经济极度落后；农牧民艰辛游牧，世代饱受沙害之苦，生活极端贫困。杭锦旗是库布其沙漠中最为贫困的地区，杭锦旗面积 1.89 万平方千米，其中 40% 为人迹罕至、飞鸟难越的大沙漠。这里一年四季风沙弥漫，黄沙挡道，如此千百年的恶性循环往复，一方面造成杭锦旗十年九旱、年年春旱、生产落后、生活贫穷的局面；另一方面造成交通不畅、信息闭塞且与外界隔离的原始封闭状态。根据有关资料显示，20 世纪 80 年代末，拥有 13 万人口的杭锦旗，全年地方财政收入不足 400 万元，在内蒙古自治区 100 多个旗、区、县里列倒数第 3，在全国范围内它更是排在了后 10 位。

以国家确定的 2015 年农牧民人均纯收入低于 2 968 元为贫困线，我们综合考虑"两不愁、三保障"等情况，严格按照"两公示、一公告"的贫困人口精准识别程序，精准识别出鄂尔多斯市国家标准下贫困人口 5 220 户 13 047 人，其中少数民族 2 140 人，占贫困人口的 16.4%。为了进一步扩大扶持面，我们在精准识别国家标准下贫困人口的同时，把低于鄂尔多斯市农村牧区低保标准 4 968 元的低收入人口也纳入识别范围，共识别出农村牧区低保标准线下低收入人口 13 593 户、33 918 人，其中少数民族 6 566 人，占低收入人口的 19.4%。2011 年，自治区确定杭锦旗为自治区级贫困旗县，杭锦旗共有国家标准下贫困人口 3 042 人、市低保线下低收入人口 5 931 人。认定 21 个自治区级贫困嘎查村，其中杭锦旗 17 个，乌审旗、鄂前旗各 2 个，贫困嘎查村共有国家标准下贫困人口 723 人、市低保线下低收入人口 1 271 人，分别占国家标准下贫困人口的 5.5%、市低保线下低收入人口的 3.7%。贫困旗、贫困嘎查村、贫困人口以及市级低收入人口做到了识别准确、不错不漏，为精准施策奠定了坚实的基础。为确保符合条件的贫困人口及时纳入、及时退出，鄂尔多斯市在 2017 年年初和年中组织旗区开展脱贫攻坚"回头看"工作，共确定扶贫对象 13 994 户 35 038 人，其中扶持新识别建档立卡贫困人口 278 户 680 人，继续巩固扶持已退出建档立卡贫困人口 5 220 户 13 047 人，扶持市低保标准下低收入人口 8 496 户 21 311 人。

库布其沙区贫困历史久、程度深，面对恶劣的自然条件和社会环境，亿利人必须先解决自己的生存问题、企业的发展问题，从而被动走上防沙治沙之路。最初的亿利集团，对于防沙治沙的认识远没有达到保护环境、造福百姓、回报社会的高度。但在 30 年的防沙治沙道路摸索过程中，亿利逐渐形成了高效率、低成本的治沙用沙理论体系，实现了绿化工厂、带动周边，从防沙护厂到护路、护河的三步跨越，达到了建工建农、建沙建人、惠民富民的美好愿景，真正做到了"绿起来与富起来相结合，生态与产业相结合，企业发展与生态治理相结合"的发展模式，助力精准扶贫政策的实施和推广，承担起国土增绿、扶贫开发的社会责任。

库布其沙漠治理的扶贫机制

政府主导

按照经济学的一般理论，贫困是经济、社会、文化贫困落后现象的总称。《联合国开发计划署人类发展和研究报告》指出，人类的贫困是指缺乏人类最基本的机会和选择，比如长寿、健康、体面的生活、自由、社会地位、自尊和他人的尊重。贫困实际上是分层次的，从宏观角度来看待贫困可分为地区贫困、农村贫困、城市贫困等；从微观角度可分为家庭贫困和个人贫困。贫困会直接导致或者衍生一系列社会问题，贫困问题已是当今世界最尖锐的社会问题之一。中国政府出台了一系列扶贫政策用以解决贫困问题。

改革开放之后，我国逐渐明确了严格意义上的减贫，主要减贫方式是扶贫开发。中国扶贫开发政策的发展历程大致分为四个阶段：体制改革推动扶贫阶段、大规模的开发式扶贫阶段、扶贫攻坚阶段和参与式扶贫开发阶段。我国的扶贫政策常常是以贫困地区（如贫困县、贫困乡）为扶贫对象，而不是以贫困家庭和贫困人口为扶贫对象。这种粗放式的扶贫政策导致扶贫政策瞄准机制出现偏差，缺乏激励机制，扶贫效率不高，从而偏离了扶贫济困的宗旨和目标。

2013 年 11 月，习近平到湖南湘西考察时首次做出了"实事求是、因地制宜、分类指导、精准扶贫"的重要指示。2014 年 1 月，国家详细规制了精准扶贫工作模式的顶层设计，推动了"精准扶贫"思想落地。2014 年 3 月，习近平参加两会代表团审议时强调，要实施精准扶贫、瞄准扶贫对象，进行重点施策，进一步阐释了精准扶贫理念。精准扶贫是指通过贫困村和贫困户精准识别、精准帮扶、精准管理和精准考核，引导各类扶贫资源优化配置，实现扶贫到村到户，逐步构建扶贫工作长效机制，为科学扶贫奠定坚实基础。2015年10月16日，习近平在减贫与发展高层论坛上强调，中国扶贫攻坚工作实施精准扶贫方略，增加扶贫投入，出台优惠政策措施，坚持中国制度优势，注重六个精准，坚持分类施策，因人因地施策，因贫困原因施策，因贫困类型施策，通过扶持生产和就业发展一批，通过易地搬迁安置一批，通过生态保护脱贫一批，通过教育扶贫脱贫一批，通过低保政策兜底一批，广泛动员全社会力量参与扶贫。

精准扶贫是共同富裕的方法论和内在要求，也是中国全面实现小康和进行现代化建设的一场攻坚战役。共同富裕是社会主义的本质要求和根本原则，是消除两极分化和贫穷基础之上的普遍富裕，是"共同"和"富裕"两个方面的有机结合，即价值追求和制度设计的有机统一。

以精准扶贫为核心的扶贫攻坚战，是一场在思想观念和工作方式上解放生产力的革命。精准扶贫的号召，推动着各级领导干部主动作为，勇于担当，扎实推进重点工作之务实作风，从理论和实践上更加丰富及彰显了党的群众路线思想；从政治上进一步统一思想、提高认识，为精准脱贫奠定坚强有力的组织保证，是党在新时期执政兴国的有益实践，是立足新阶段、把握新趋势而积极探索的一条新扶贫道路。此外，精准扶贫还激励着企业更多地承担社会责任，参与扶贫事业，为贫困地区经济、社会发展和群众脱贫致富做出重要贡献。亿利作为库布其治沙的龙头企业，在政府政策的支持和引导下，已逐渐成为助力沙区扶贫工作的中坚力量。亿利在追求经济效益的同时，也创造了良好的社会效益和广泛的群众影响，成功开启企业精准扶贫的新模式。

生态改善

　　生态是水，扶贫是舟。库布其沙漠流动沙丘约占 61%，严重的荒漠化问题是当地致贫易、脱贫难、返贫快的重要原因，恶劣的生态环境成为制约沙区经济发展和农牧民脱贫致富的最大瓶颈。治理沙漠、改善生态环境，成为最紧迫、最基础，也是最长远的扶贫。

2012 年 8 月，一场雨过后，库布其沙漠上空出现了美丽的双彩虹。

　　沙漠治理是一项难度大、投资大、周期长、见效慢的系统工程。1988 年以来，在当地政府的支持下，亿利从成立 27 人的林工队、每吨盐利润中提取 5 元钱在盐厂周边治沙开始，逐步向沙漠腹地挺进，到后来创办沙漠研究院，建成沙漠种质资源库，成为全球拥有治沙专利技术最多、最先进的企业。新技术和组织方式的运用，大大提高了治沙效率，库布其沙漠 1/3 得到治理，沙漠的森林覆盖率由 2002 年的 0.8% 增加到 15.7%；植被覆盖度由 2002 年的 16.2% 增加到 53%。科学的治沙带来了显著的环境改善，沙尘天气明显减少，降水量逐年增多，沙丘高度降低了 1/3 左右，100 多种野生动植物重现沙漠，生物多样性正在恢复。在各级政府的支持下，建设了 240 多千米防沙锁边林，进行了整体生态移民搬迁，建设大漠腹地保护区，建设规模化、机械化的甘草基地，林草药"三管齐下"，封育、飞播、人工造林"三措并举"，最终形成沙漠绿洲和生态小气候环境。

首先，环境的改善使当地的人们重启了对生活的希望。库布其沙漠本是一个被称为"死亡之海"的贫穷落后地区，由于自然条件恶劣，交通等基础设施落后，区域经济发展水平低下。经过长期的沙漠生态修复，沙漠变成了绿洲，地区经济得到长足的发展。生态环境的改善和地区经济的发展给当地的社会发展也注入了动力，曾经对未来生活失去信心的农牧民重启了生活的希望，人的精神面貌大为改善，成为支持区域经济、社会进一步发展最为重要的驱动力。

其次，生态的修复为当地沙区农牧民生活状况奠定了坚实的自然条件基础。沙丘的固定彻底消除了沙漠边缘农田、草地和房屋被侵蚀的危险，降雨量的增加使农作物和牧草产量提高。由于环境和生产条件的大幅度改善，人口被迫外迁的现象完全停止，吸引很多外出务工人员纷纷回乡创业。

最后，生态持续化改善使土地价值得到巨大提升。一方面，生态修复后的土地的土壤肥力得到提升，根据国家相关土地政策，已可以用于农业生产，发展规模化有机农牧业，从而具有了巨大的农业土地价值。另一方面，生态环境优良、基础设施完备的土地为进一步实现衍生性及其他可能的附加价值打下了良好的基础，如进一步用于旅游、地产开发等，为库布其农牧民发展第三产业提供了可能。

以生态文明建设为先导，通过"绿起来"带动"富起来"，既是库布其模式的起源，也是库布其扶贫的先决条件。沙漠增绿，农牧民增收，企业增效，资源增值——这才是沙漠地区企业精准扶贫最完美的发展模式。

生态持续化改善使沙漠变害为利、变废为宝，使库布其沙漠变成了绿水青山，在生态修复的同时也带来了巨大的社会财富，为破解生态恶化地区的"三农"问题和建设社会主义新农村提供了可借鉴的经验，为精准扶贫提供了最基本的保障。打好沙区精准扶贫与改善生态两大攻坚战，必须深入学习贯彻习近平生态文明思想，牢固树立绿水青山就是金山银山的理念，坚持治沙与治穷相结合，增绿与增收相统一，通过生态保护脱贫、生态建设脱贫、生态产业脱贫，让沙地变绿、农民变富、乡村变美，实现防沙治沙与精准扶贫互利共赢。

企业投资

亿利产业治沙投资了300多亿元，建设了工业、光伏、绿土地、牛羊规模化养殖、库布其国家沙漠公园、甘草等生态产业基地，建成六个生态产业园，分别是：达特拉循环经济工业园区、库布其生态工业园区、库布其生态光伏园区、库布其沙漠旅游园区、甘草种植基地和阿木古龙甘草新农业体验区；带动杭锦旗、达拉特旗以及周边地区55 290人脱贫，帮助5 152人直接解决就业。库布其生态工业园区主要依托沙生植物，生产生物质肥料、饲料和材料，已解决杭锦旗315户贫困家庭子女的就业。库布其生态光伏基地重点发展沙光互补、林光互补、农光互补项目，已带动1 813户就业。库布其沙漠旅游园区主要发展集沙漠观光、休闲度假、沙漠体验、生态文明教育于一体的旅游业。库布其按照"公司＋基地＋农户"的模式，建设了阿木古龙甘草产业示范园，已完成投资1.7亿元，共流转农牧民草牧场5.3

万亩作为甘草产业用地，发展"一草一蓉"和沙漠有机果蔬规模化现代中药产业，变"输血式"扶贫为"造血式"扶贫。

在现有生态产业的基础上，亿利集团规划并实施了"六个一"的一二三产业融合发展规划，推动库布其生态产业实现高质量循环发展。"六个一"是指：100万头猪、10万头牛、100万只羊、100万亩新农业体验区、1GW沙漠太阳能、100万名游客生态旅游区。建设"六个一"产业的基础是建设"灌—草—畜—肥"沙漠生态产业扶贫项目，更新强化饲用灌木林的生态防护功能，培植饲用灌木绿色营养体的生产能力，建立高产优质苜蓿多年生人工草地，通过优质饲用灌木、苜蓿草及饲用玉米青贮的专业化生产加工，建立规模化种牛繁育和肉牛肉羊养殖育肥基地和生物肥料加工厂，形成现代"灌—草—畜—肥—加"一体化的循环草牧业体系，通过"公司+合作社+农户"等多种经营模式，创造良好的经济效益，增加农牧民收入，实现精准扶贫，为生态工程开辟新的经济增长点，同时改良土地，提高环境价值，促进生态环境建设与区域经济的可持续协调发展。企业产业化投资将会带动周边农牧民共同发展，加快脱贫致富步伐。我们将号召库布其沙区牧民充分利用库布其生态修复成果，参与生态循环产业。

贫困户参与

亿利集团在坚持市场经济原则的基础上，始终把生活在这片土地上的人们作为企业最重要的客户，努力带动更多的库布其农牧民参与沙漠生态修复过程，使他们能够分享到沙漠经济发展的红利，即"生态""扶贫"和"生意"紧密结合。

亿利集团扶贫机制的核心是构建关键利益攸关者的合作机制，

明确各利益主体的责权利，特别是以市场化的商业契约形式形成了企业与具体实施主体（农牧民）间的长期合作伙伴关系。贫困户市场化参与在本质上是政府和社会资本合作模式（PPP）的一种具体制度安排形式。与一般的 PPP 制度安排相比，其最大特点是存在三个合作主体，即政府、企业（以亿利集团为代表）和当地农牧民。

当地农牧民的市场化参与，主要为亿利提供了土地和劳动力资源。农牧民利用农村土地改革获得的土地使用权和自身劳动力优势，在平等自愿的前提下，以市场化的方式，和企业建立了合作伙伴关系，投身于生态修复。亿利为生态修复提供技术标准、材料（种子和苗木）以及技术支持，为农牧民生产提供支持。区域内农民成为企业的第一生产车间和股东，既扩大了企业规模，又充实了生态建设的群众基础。另外，亿利在生态修复工程中，使当地劳动力参与栽树、种草、灌溉、铺设沙障等。亿利的相关产业部门如制药、旅游、农牧业、绿色能源等也为当地居民提供了大量工作岗位。在整个沙漠经济发展过程中，农牧民根据自己的意愿，可以采用不同的参与形式，参与沙漠经济的发展。

为了确保企业和当地农牧民合作的稳定，亿利还采用了"公司＋基地＋农户"的运营模式。企业通过租地到户、包种到户、用工到户的模式，调动起了当地农牧民的积极性，使其成为库布其治沙事业最广泛的参与者、最坚定的支持者和最大的受益者。一是通过出租土地，实现了从农牧民到"地主"的转变。3 000 多名农牧民把 151 万亩荒弃沙漠转租给亿利集团，人均收入 16.6 万元。另有 93 万亩农牧民承包的沙漠入股亿利，按固定比例分红。二是通过积极参与治沙产业，实现了从农牧民到产业工人的转变。亿利精心细分产业环节，精心设计贫困户参与方式，千方百计为贫困人口创造参与产业发展的机会。当前，抓住国家的政策机遇，扩大就业帮助扶贫也成为亿利的一种扶贫机制，即通过大型生态修复 PPP 项目的实施，提供就业机会来实现减少贫困。亿利已在内蒙古鄂尔多斯、呼和浩特、赤峰，河北怀来、张北，贵州安顺，湖北京山，西藏拉萨、山南，青海西宁、海西，云南昆明、昭通等地区启动了 PPP 生态修复项目。这些项目每年能带动 9 000 多人参与生态修复，人均日工资在 150~200 元，基本实现了一人打工一户脱贫。三是通过参与沙漠旅游服务业，实现了从农牧民到小企业主的转变。随着沙漠旅游的日益红火，农牧民逐渐发展起家庭旅馆、餐饮、民族手工业、沙漠越野等服务业，户均年收入 10 万多元，人均超过 3 万元。

库布其沙漠治理的扶贫措施

修路筑桥扶贫

由于库布其沙漠的阻隔，交通问题成为制约沙区发展的首要问题。"要想富，先修路"成为杭锦旗历届党委政府的头等大事，党委政府坚定谋划修筑穿沙公路。亿利集团成为穿沙公路建设者中的"排头兵"，既解决了企业产品的出路问题，也解决了沙区乃至旗域经济的出路问题。

修路筑桥打响了扶贫第一仗。1999 年，杭锦旗政府带领沙区农牧民、企业打通了穿越库布其沙漠的第一条穿沙公路，让生活在大漠里的十几万老百姓终于走出大漠、走向外界，同时也救活了企业，拉开了亿利大规模进军库布其大漠的序幕。此后，亿利治沙到哪里，路就修到哪里。企业自筹资金 7.5 亿元，先后修筑了 5 条沙漠公路，总

长 450 千米。同时地方政府还在沙漠边缘修筑沿黄一级高速公路 191
千米。阳巴线、阿门其日格至独贵塔拉运煤专线、塔然高勒至锦泰工
业园区运煤专线也陆续修筑完成。亿利黄河大桥于 2008 年 5 月 9 日
开始施工，桥梁总长 1 847.01 米，可以抗击 8 级地震。大桥连接京藏
高速、110 国道、215 省道、沿黄一级公路等多条交通要道，大桥贯
通后，黄河南北岸通行时间将由原来的两小时缩短至 15 分钟。亿利
黄河大桥的建设，将对于打通库布其跨越黄河，融入呼包鄂银经济
圈，优化黄河两岸经济配置，推动包头、鄂尔多斯、巴彦淖尔三市发
展起到积极作用。

修路筑桥取得了显著的经济、生态和社会效益，穿沙公路打通
了杭锦旗梁外与沿河的世代阻隔，将 109 国道和 110 国道连通，带动
了地区一二三产业的发展，改善了沿线贫困人口的生活、生产条件，
加快了他们脱贫致富的步伐。如今，库布其沙漠已经形成了比较完善
的公路网，让居住在沙漠的农牧民走出沙漠，走出贫困，走向富裕，
走向文明。

生态移民扶贫

生态移民"挪穷窝"，就地扶贫"造新血"。扶贫搬迁是改善贫
困群众生产、生活条件，消除贫困，提高生产、生活水平，实现安居
乐业的重要途径；是提高自我发展能力，解决温饱和人居环境问题的
重要措施。

亿利在库布其先后建设了四个生态移民扶贫工程。

一是 1996 年亿利出资建设了盐海子牧民新村，安置图古日格二
大队，白音乌素二大队，敖楞乌素二队、三队、四队的 100 户牧民。

每户占地面积 600 平方米，包括住房、青贮室、羊圈，并配置了 3 亩水浇地，以集约化发展种养殖业。

二是 2006 年亿利出资 2 200 万元，建设库布其道图嘎查沙漠特色新村，将分散在沙漠中的牧民集中安置，免费为 36 户贫困农牧民每户建造了 106 平方米住房，同时建设了多功能的村部、村民活动中心和相应的基础设施。亿利结合库布其国家沙漠公园的建设，为搬迁的牧民提供了多种方式参与旅游业的机会。新村建设和产业发展使七星湖牧民新村成为杭锦旗首屈一指的富裕村，也为以产业为基础的扶贫移民搬迁提供了经验。

三是 2008 年亿利协助地方政府，建设独贵塔拉沙漠特色小镇，分别将 2 386 户、7 058 名农牧民移民搬迁到亿利库布其一期生态修复区，同时搭建劳务就业平台，帮助搬迁户在亿利生态平台上打工就业，人均年收入超过了 2 万元。

四是 2016 年亿利与杭锦旗政府共同出资建设了独贵塔拉镇"杭锦淖尔生态扶贫新村"，安置农牧民 197 户，亿利为每户无偿出资 5 万元，帮助农牧民发展沙漠旅游、特色种养殖等产业来增加收入，带动贫困户 32 户、90 人脱贫。此外，亿利在西藏山南也捐建了一个藏族风情旅游新村，引导、帮助西藏同胞发展生态民族旅游，脱贫致富。

亿利生态移民扶贫精准确定搬迁对象，其中实施整村搬迁的要求为贫困村中贫困人口比例高、生存条件恶劣的乡村；精准选择安置方式，即以就业和增收为核心，移民的安置去向以生态产业、养殖业、旅游服务业以及有就业岗位的产业园区为主；精准推进移民就业保障，即开展精准的订单式、针对性培训，确保每户移民家庭至少有1 个劳动力实现就业，进一步完善移民安置点基础设施，强化社会保障，努力解决好移民的长远生计问题；精准提高贫困户补助标准，即在原有人均补助标准不变的基础上，对少数特别困难的群众，可结合城镇保障房、农村危房改造政策实行兜底安置。生态移民扶贫确保贫困人口"搬得出、稳得住、能就业、有保障"，从根本上解决这部分群众的生存发展问题。

产业扶贫

1. 甘草产业扶贫

在沙生经济作物中，甘草固氮量大，改善土壤效果明显，一棵甘草就是一家固氮工厂。亿利自创了让甘草躺着生长的技术，并把这项技术无偿传授给农牧民。为积极做好当地农牧民扶贫致富工作，亿利集团通过投入种苗、技术和订单收购的方式与甘草种植户开展"公司＋农户"的甘草种植和销售合作，在村、嘎查和扶贫办的支持下，积极争取扶农、助农的各项优惠政策，推动精准扶贫。

2017 年以来，亿利投入 600 多万元，帮扶杭锦旗独贵塔拉镇、吉日嘎朗图镇、呼和木独镇、伊和乌素镇、锡尼镇 5 个镇 12 个嘎查村。其采取的主要模式是"二、三、四"到户。"二到户"是针对普通农牧民，提供"技术指导到户、订单收购到户"，帮扶 5 530 人，种植甘草 65 万亩。"三到户"是针对部分不富裕的农牧民和贫困户，提供"种子种苗到户、技术指导到户、订单收购到户"，帮扶 410 户、1 232 人，其中贫困户 40 户、142 人，种植甘草 12 830 亩。"四到户"针对特别贫困户，提供"免费土地到户、种子种苗到户、技术指导到户、订单收购到户"，帮扶贫困户 29 户、112 人，在亿利的阿木古龙甘草基地种植 980 亩。甘草种植 3 年可采挖，每亩产 300 千克，每千克 5 元，每亩每年收益 500 元。扣除亿利的苗条款和其他开支，每亩平均可收益 400~450 元。而且在种植甘草两三年后，沙漠土质得到了改良，可以种植西瓜、黄瓜、葡萄等有机果蔬。现在农牧民们还搞起了电子商务，沙地里出产的有机果蔬无污染，在网络商店里供不应求。

2. 光伏产业扶贫

亿利充分利用沙漠每年充足的阳光资源，大力发展沙漠光伏发电扶贫。通过"板上发电、板间种植、板下养殖"的方式，利用光伏板发电，在光伏板间种草以防风治沙，在光伏板下养殖牛羊，形成循环经济，聘请当地农牧民进行光伏设备维护与种养殖劳动，增加农民收入。生态光伏是亿利治沙扶贫的一个重要措施。可以说，亿利是用三个阶段、三种方式为贫困户、农牧民谋福祉，帮扶贫困户精准脱贫的。

（1）项目租地一份钱。项目完全租用农牧民未利用的荒沙地进行建设，既解决了项目用地又实现了农牧民增收，农牧民根据承包到户的荒沙地面积可以拿到不等的收入。

（2）安装打工一份钱（1 000MWp）。项目建设期内帮扶贫困户800 余户，带动 1 000 多人就业增收。

（3）运营打工一份钱。2017 年，亿利向周边 57 户贫困户承包种植养护和组件清洗，每个贫困户平均承包 4MW 组件清洗和板下种植，每 MW 1 500~2 000 元，每年清洗 4 次，平均每户可增收 3.5 万元。

库布其光伏产业扶贫已经走向全国。2016 年 8 月中旬，亿利与国家级贫困县张北县合作实施光伏扶贫项目。亿利依靠在库布其成熟的技术，按照"板上发电、板下育苗、企农合作、绿富共兴"模式在张北投资建成了 50 兆瓦"光伏 + 农业 + 旅游"为特色的生态光伏扶贫项目，扶助 300 户、2 000 个失能者，每个贫困户可连续 20 年从发电收益中获得 3 000 元 / 年的收益。

养殖产业扶贫

亿利集团按"公司 + 专业合作社 + 养殖农户"的模式，通过良种供应、饲草供应、技术支持、保障收购等方式，带动当地农户发展，把种草机工、肉牛、肉羊舍饲养殖结合在一起；通过灌木平茬复壮项目促进了农林种植、畜牧养殖的发展，为农村繁荣、农业发展、农民富裕创造了极高的价值。随着农牧林业的发展，经济林、育苗栽培种植和养殖，增加了农牧民的收入，使这一地区的农牧民尽快脱贫致富奔小康，真正实现沙漠增绿、农民增收的目标，推动农村经济发展，加快脱贫致富步伐。库布其沙区有 517 户农牧民实行标准化养殖和规模化种植，人均收入超过 2 万元。

为了切实抓好亿利在库布其沙区精准扶贫项目的实施，充分发挥杭锦旗饲草资源优势，加快产业结构调整，增加农牧民收入，推进脱贫致富进程，亿利通过帮扶基础母羊、滚动发展的方式，扶持农牧民发展养殖业。2016 年，亿利无偿投入 700 多万元，向杭锦旗全部国家级贫困户（1 219 户、3 058 人），每户捐赠 10 只母畜，引导、支持贫困户集约化养殖。亿利集团将经过当地动植物检疫部门检疫合格的基础母羊共 10 只免费交付给每个农牧户饲养，农牧民在 3 年协议期满前必须保证不低于 10 只健康母畜的存栏量。2018 年，亿利又投入 148 万元，帮扶了杭锦旗新增的 148 户贫困户继续发展养殖产业，脱贫致富。

养殖产业扶贫变"输血式"扶贫为"造血式"扶贫。在亿利的帮扶下，库布其建立起了"1+N"的养殖产业发展模式。对于没有基础的贫困户而言，可采取"1合作社+N贫困户"的联合发展模式，即一个养殖合作社带动N个贫困户。贫困户以股份的形式投入养殖（合作社）中，也可连资金带劳力全部投入养殖合作社，这样既解决了企业资金、用工难的问题，也解决了贫困户起步难的问题，实现双赢，助力库布其沙区精准扶贫。

旅游产业扶贫

沙漠绿洲的出现和便捷的交通使沙漠旅游迅速发展起来，亿利集团在沙漠腹地建设了库布其国家沙漠公园。到库布其沙漠公园旅游的人数超过20万人次，预计到2020年达到50万人次。旅游是把贫困地区的绿水青山转化为金山银山的重要途径，是精准扶贫的重要方式之一。

库布其旅游产业扶贫按照"六个精准"的要求，精准锁定乡村旅游扶贫重点村、建档立卡贫困户和贫困人口，精准发力，精准施策，切实提高乡村旅游扶贫脱贫工作成效。亿利着力推进开发乡村旅游产品，突出沙区自然资源优势，挖掘文化内涵，开发形式多样、特色鲜明的带动贫困户参与的旅游产品。亿利要发展一批以农家乐、渔家乐、牧家乐、休闲农庄、大漠人家等为主题的乡村度假产品，建成一批依托自然风光、美丽乡村、传统民居为特色的乡村旅游景区，策划一批采摘、垂钓、农事体验等参与型的旅游娱乐活动，大力开发徒步健身、乡村体育休闲运动，培育发展自驾车房车营地、帐篷营地、乡村民宿等新业态，打造丰富多彩的乡村特色文化演艺和节庆活动；

大力推广乡村度假生活理念，开展乡村旅游进社区、高校、企业单位等宣传，把库布其变成"单位的疗养院""学校的实践基地""社区的活动中心"；利用互联网等信息平台推介民宿客栈等乡村旅游特色产品，引导乡村旅游扶贫重点村挖掘当地乡土文化、民俗风情，举办农事节庆游、山水美景游、民俗风景、农家乐厨艺大赛等系列节庆活动，打造库布其沙漠旅游品牌。

库布其沙漠旅游园区主要发展集沙漠观光、休闲度假、沙漠体验、生态文明教育于一体的旅游业。它为当地农牧民创造了发展第三产业的契机，提供了大量就业机会。该园区直接带动 53 户、147 人通过创办农家乐、民族用品手工艺、沙漠越野车队、种养殖等方式参与生态旅游产业，1 303 户农牧民发展起家庭旅馆、餐饮、民族手工业、沙漠越野等服务业，户均年收入 10 万多元，人均收入超过 3 万元。除此之外，独贵新区现已有工商户 649 户、微小企业 98 家，为精准扶贫政策的实施增添新的活力。

教育扶贫

扶贫先扶智，治贫先治愚。教育扶贫就是通过在农村普及教育，使农民有机会得到他们所要的教育，通过提高思想道德意识和掌握先进的科技文化知识来实现改造并保护自然界的目的，同时以较高的质量生存。让贫困地区的孩子们接受良好教育，是扶贫开发的重要任务，也是阻断贫困代际传递的重要途径。"治愚"和"扶智"的根本就是发展教育。相对于经济扶贫、政策扶贫、项目扶贫等，"教育扶贫"直指导致贫穷落后的根源，牵住了贫困地区脱贫致富的"牛鼻子"。

高质量的教育扶贫是阻断贫困代际传递的重要途径和提升贫困

群众造血能力的重要抓手，贫困家庭只要有一个孩子考上大学，毕业后就可能带动一个家庭脱贫。治贫先治愚，贫困地区和贫困家庭只要有了文化和知识，发展就有了希望。亿利东方学校的建立不仅为当地师生提供良好的教学环境，而且将对提升杭锦旗教学水平、振兴地方教育事业、促进农牧民转移就业等起到积极的推动作用。

亿利每年还培训近 4 000 名农牧民，提高他们的综合素质和发展能力，实现靠技能脱贫。2013 年至今，亿利沙漠经济区党委已开展27 期农牧民培训活动，包括生态种植、苗木修剪、工业生产包装流程等学习，提升当地民众脱贫致富的技能和本领。亿利有针对性地因户因人施策，精准提高贫困户的自我发展意识和能力。

库布其要拔除贫根，需要产业扶贫、教育扶贫、技能培训、易地搬迁、保障兜底等多管齐下。教育扶贫就是营造起扶贫、扶志、扶智的环境，使人的素质先脱贫，转变一些贫困人群的"等靠要"观念，引导贫困农民家庭主动发展致富，激发贫困人口脱贫内生动力。

2018 年，亿利集团在中国光彩基金会设立了光彩亿利生态职业教育专项基金，启动了亿利生态职业教育与就业扶贫行动，计划 3 年资助内蒙古、西藏、云南、青海等省区的 5 万名职业类学生和青壮年贫困户完成生态职业教育与培训，并引导就业创业，脱贫致富。

党建扶贫

亿利十分重视党建工作，目前共有党员 1 881 名，占员工总数的15%，拥有 5 个直属党委、26 个党支部。亿利和地方党委共同建立了 26 个沙漠农牧民联合党支部，211 名党员帮扶贫困户 303 户，共帮扶资金 314 万元，户均帮扶 1.04 万元。

2013 年，亿利沙漠经济区党委大力推进健康扶贫，开展"党建惠民生"免费体检主题实践活动，出资 7 万余元对沙区 70 岁以上的老人进行免费体检，使 600 多名老人免费享受内科检查、外科检查、口腔检查等 10 余项检查项目。

2016 年，亿利以"一爱四惠"党建工作为载体，深入开展精准扶贫工作，充分发挥党组织的"导航仪""助推器""催化剂"的三大作用。"一爱四惠"是党建惠民生工作。一爱是指：热爱党、相信党、拥护党、跟党走。四惠是指：①惠文化，即积极发挥当地农牧民群众的主体作用，加强沙区思想道德和法治建设，提升农牧民精神面貌和综合素质，凝聚建设社会主义新农村的强大精神力量。②惠教育，即协助集团党委，开展对亿利东方学校捐资助学工作；开展"关心下一代"活动，通过党建帮扶工作对困难学生进行持续帮扶助学，通过解决困难学生家长就业，提高其经济收入，实现脱贫。③惠技能，即注重农业科技创新、注重农业可持续的集约发展，对周边农牧民大力推广种植养殖技术以及沙生灌木和秸秆饲草化利用等技术，采用"公司+农户"的合作方式，引导农牧民脱贫。④惠创业，即通过开发农村二、三产业增收空间，拓宽农牧民增收渠道。在助推就业方面，库布其一是提高农牧民及其子女就业水平。绿土地库布其项目在同等条件下优先录取当地农牧民及其子女，全年累计实现农牧民及其子女就业不少于 100 人；二是把支持沙区贫困学生作为重点帮扶对象，选择"多对一"或"一对一"进行帮扶，对困难家庭学生进行现金、实物资助，对于即将毕业的贫困大学生积极落实就业岗位。

结合"一爱四惠"，各党支部在周边村社贫困户集中走访，结对帮扶 123 户贫困农牧民，针对特困对象 2~3 户深入持久帮扶。

2013 年至今，亿利沙漠经济区党委对亿利东方幼儿园捐赠图书约合 9 000 元，帮扶修建煤气房约投资 30 000 元，修建大型娱乐设施约投资 85 000 元，修建草坪和橡胶跑道约投资 200 000 元，更换暖气管道约耗资 2 000 000 元。亿利沙漠经济区党委党员、干部共计"一对一"扶贫约投资 703 000 元，资助贫困学生约合 111 000 元。

亿利按照"抓党建促脱贫攻坚"的工作要求，把党建工作与精准扶贫工作相结合，充分发挥基层党组织的战斗堡垒作用和党员先锋模范作用，促进扶贫工作与党建工作的良性互动，力争使库布其沙漠经济区党支部成为全国先进扶贫基层党组织。

公益扶贫

扶贫和公益两者的工作对象略有不同：扶贫的对象是贫困人群，而公益的对象是包括贫困人群在内的所有人。从国家决策和工作内容上来说，打赢扶贫战是一场战斗，是党和国家的重要任务。公益是个人或组织自愿通过做好事、行善举而提供给社会公众的公共产品。

亿利公益基金会于 2011 年 5 月正式注册成立，是由亿利集团和王文彪董事长捐赠 2 000 万元，在民政部登记注册的非公募基金会，业务主管单位为中央统战部。它以构建富强、文明、和谐社会为宗旨，坚持"绿色循环"的发展理念，致力于环境保护及荒漠化防治事业，积极履行社会责任，促进社会公益事业发展。基金会业务范围包括资助沙漠化治理、生态绿化、环境保护、节能减排、捐资办学、赈灾救灾，并为贫困地区的农民提供支持和帮助，救助社会弱势群体等公益事业等。2011~2018 年，亿利公益基金会累计捐赠近亿元开展公益活动，勇于承担社会责任。公益扶贫成为库布其沙区精准扶贫的重要措施。

库布其沙漠治理的扶贫成效

联合国环境署经过 4 年实地调研与科学评估，于 2017 年 9 月在《联合国防治荒漠化公约》第 13 次缔约方大会上正式发布《中国库布其生态财富评估报告》，认定库布其创造生态财富 5 000 多亿元，带动当地民众 10.2 万人摆脱贫困。这也是联合国官方发布的第一份生态财富报告，是 4 年多来联合国专家考察、调研的智慧结晶，也标志着库布其治沙扶贫所取得的成效，再次受到联合国的官方认可。

亿利扶贫产业的形成，使得亿利从企业下意识地分析自己的运费、防灾护厂，到积极走开放开发的道路，与农牧民群众结成利益共同体，一起进行生态大会战，一起改善自我的生存条件。此时的亿利人，已经完成由被动变主动，由消极到积极，由产品到产业，由对抗到顺应，由资源到支柱，由输血到造血，由单一地为企业寻找新的增长点，到成为具有社会责任感、为沙区农牧民寻找致富路的角色大转变。

亿利库布其模式下的扶贫，从收入贫困、能力贫困等多个角度来全面思考如何解决贫困问题。库布其治沙依托"绿起来与富起来相结合，生态与产业相结合，企业发展与生态治理相结合"的理念，突破了以往治沙单纯靠政府投入的方式，引入市场运作和利益共享机制，推进政府、企业、社会三方合作，探索出一条绿富同兴、政企共赢、普惠全民的治沙扶贫道路。

1988 年至今 30 年来，在内蒙古鄂尔多斯市和杭锦旗历届党委政府与全市各族人民的大力支持和精心呵护下，亿利克服了"穷在工上，慢在路上，缺在水上，亏在电上"等种种困难，按照"政府政策性支持、企业产业化投资、贫困户市场化参与、生态持续化改善"的治沙生态产业扶贫机制，通过实施"生态修复、产业带动、帮扶移

二十世纪八九十年代，一到春天，当地的房屋就时常被掩埋在黄沙中

曾经散居在沙漠里的农牧民如今都住进了现代化的道图嘎查亿利新村，搞起旅游、牧家乐，当起生态工人。多元化的就业机会，让他们从生态难民转变为生态富民，年收入十几万元，可谓沙漠里的"金领"。

民、教育培训、修路筑桥、就业创业、科技创新"等全方位帮扶举措，把库布其沙漠从一片"死亡之海"打造成为一座富饶文明的"经济绿洲"，积累了一套可复制、可推广的沙区扶贫经验和模式，为解决荒漠化地区的发展和精准扶贫问题找到了答案。

采用"孙子兵法",以路划区,分而治之,通过穿沙公路把沙漠化整为零,在公路两侧种草植树。在库布其沙漠,"生态"二字已经深入人心。

美国国家地理杂志记者乔治·斯坦梅茨 摄于 2017 年 7 月

第七章

为京津冀护航

我国是荒漠化危害严重的国家之一，截至 20 世纪末，全国荒漠化土地占国土面积的 27.9%，沙化土地占国土面积的 18.2%。全国60% 以上的重点扶贫县和 1/4 的农村贫困人口集中在荒漠化和沙化地区。中共中央、国务院历来对防治荒漠化和沙化工作高度重视，在立法、规划、政策、投入等方面不断加大荒漠化防治力度。在各级政府和沙区广大干部群众的努力下，我国防沙治沙工作取得了重要的进展和巨大的成就，在生态、经济和社会方面均获得较好的效益。全国沙化土地面积已经出现净减少，沙区植被明显增加，生态状况明显改善。据第五次全国荒漠化和沙化土地监测结果显示，经过多年努力，我国防沙治沙事业的成果喜人。截至 2014 年，我国荒漠化和沙化状况连续 3 个监测期"双缩减"，呈现整体遏制、持续缩减、功能增强、成效明显的良好态势。与此同时，我国沙尘天气显著减少，2009~2014 年 5 年间，平均每年出现沙尘天气 9.4 次，较上一个监测期减少了 20.34%；北京地区平均每年出现两次，较上次监测期减少了 63%。这些都显示出我国荒漠化和沙化土地的治理取得显著成效。尽管我国荒漠化和沙化土地面积持续减少，但荒漠化和沙化状况依然严重，防治形势依然严峻。目前仍有荒漠化土地 261.16 万平方千米，占国土面积的 1/3；沙化土地 172.12 万平方千米，占国土面积的

1/5。如何改善沙区生态环境、促进区域协调发展，仍有诸多问题亟须探讨。

荒漠化及风沙危害

荒漠化地区生态、经济环境极为脆弱，自然环境敏感性很强，承载力相对较小，退化趋势显著。由于自然条件恶劣、人口压力沉重、草场超载过牧、滥垦乱采等因素，使得土地荒漠化仍在发展。由于荒漠化使土地生产力退化，导致植物群落演替进程受阻，植被类型和群落结构退化，物种的数量和丰度随着环境的日趋严酷而逐渐降低，造成生物多样性的减少，植被再生产能力下降，进而加剧荒漠化土地蔓延，加快了荒漠化的演变进程。沙漠化给生态环境和社会经济带来了极大的危害：一是破坏生态平衡，使环境恶化和土地生产力严重衰退，危及沙漠地区人民的生存和发展，加重了贫困程度，有的地方已经出现了成批的生态难民；二是导致大面积可利用土地资源的丧失，缩小了中华民族的生存空间，我国每年因沙漠化的扩展导致损失一个中等县的土地面积；三是严重威胁村镇、交通、水利、工矿设施及国防基地的安全，影响工农业生产，每年因沙漠化造成的直接经济损失高达 540 亿元，严重制约西北地区社会、经济的持续发展，也成为全国性的重大生态环境问题。

通过卫星遥感监测，北方地区沙尘天气主要起源于蒙古国南部、南疆盆地、内蒙古中西部和甘肃河西走廊中西部，受地面冷锋和蒙古气旋影响。

沙尘暴是土地荒漠化的警报，而沙尘暴发生的频率与强度的增大，则为我们敲响了生态危机的警钟。据统计，我国北方 20 世纪 50

年代共发生大范围强沙尘暴灾害 5 次，60 年代 8 次，70 年代 13 次，
80 年代 14 次，90 年代 23 次。沙尘暴直接危害我国西北和华北地区，
并影响到我国南方和整个东亚，成为东北半球一个重要的环境问题。
特别是 2000 年春季，北京地区遭受 12 次沙尘暴袭击，出现时间之早、
发生频率之高、影响范围之广、强度之大近年罕见，不仅危害北京人
民的经济活动，污染环境，使首都的形象受损，而且殃及天津、上
海、南京等地。

库布其沙漠治理区风沙灾害减少，生物多样性逐渐恢复

　　京津冀风沙源治理工程区第一期虽然并未包含库布其在内，但
库布其沙漠曾经是京津冀地区沙尘暴的三大风沙源之一。经过近 30
年的艰辛治沙，库布其沙漠出现了几百万亩厘米级厚的土壤迹象，改
良出大规模的沙漠土地，初步具备了农业耕作条件。每年可以阻止上
亿吨黄沙侵入黄河。植物在沙漠中很难存活，但是在沙漠里甘草长
得挺好，在川沙公路两边种植甘草，既可以护路，又可以产生效益。
亿利集团研发的"近自然造林"法，是指在人为的适当干预下，按
照植物的自然分布规律及其生长的特点，构建近自然的植被景观格
局，采取封造结合、乔灌草结合等综合技术措施，以恢复植被，增加
物种多样性，并建立相对稳定的生态系统，达到自我恢复、协调发
展的目标。最新数据调查显示，库布其的生物多样性得到了明显恢
复：出现了天鹅、野兔、胡杨等 100 多种绝迹多年的野生动植物，并
且 2013 年沙漠来了七八十只灰鹤，2014 年又出现了成群的红顶鹤。
另外，库布其沙漠植被覆盖率也在增加，1988 年库布其沙漠植被覆
盖率仅有 3%~5%，2016 年植被覆盖率达到 53%。沙尘天气次数减

少 95%。

不只是库布其，内蒙古自治区总面积的 51.5% 为荒漠化土地，34.48% 为沙化土地。近年来，"三北"防护林建设、京津风沙源治理、退耕还林、天然林保护等国家重点工程先后在内蒙古强力推进，成绩骄人，治沙行动赢得国际赞誉。

从客观上来看，近些年尤其是最近 10 年，由于库布其等传统风沙源的有效治理、京津冀风沙源治理工程的实施，沙源地局部环境有所改善，进一步减轻了京津地区风沙危害，构筑起北方生态屏障。2000 年以来，我国沙尘天气过程呈明显减少趋势。2000~2017 年，我国平均每年出现沙尘天气 13.6 次，较常年平均（1981~2010 年）偏少 1.3 次；尤其是 2011~2017 年，年平均只有 10.3 次。同时，北方强沙尘暴次数也明显减少。20 世纪 60 年代强沙尘暴约为 48 次，2000 年之后则骤减近七成，仅约为 29 次。

我国近年来荒漠化治理取得了明显成效，实现了由"沙进人退"向"人进沙退"的转变，率先实现了土地退化零增长目标。以库布其沙漠为代表的内蒙古荒漠化土地和沙化土地经过多年不懈治理，荒漠化整体扩展的趋势得到有效遏制，荒漠化和沙化土地面积连续 10 年保持"双缩减"，森林覆盖率和草原植被盖度持续保持"双提高"，重点治理区生态环境明显改善，部分地区呈现"荒漠变绿洲"的可喜景象。

亿利集团 30 年的坚守，将库布其沙漠变成了经济绿洲。2014 年，库布其沙漠亿利治理区被联合国环境署设立为"全球生态经济示范区"。图为库布其沙漠国际论坛七星湖永久会址。

第八章

循环经济体系：沙漠治理的效益分析

内蒙古库布其沙漠综合治理工程，是亿利集团集大成之作。我们团队在1.1万平方千米的库布其项目区，通过铺设沙障、人工造林、飞播和封山育林等方式，成功完成6 000多平方千米沙漠土地的植被修复，并成功向西北沙漠推广。亿利从1988年治沙、种树、保盐湖开始，到修路、治沙、寻活路，再到全面修复沙漠生态系统，打造库布其"一带三区"沙漠绿色经济平台。在中国各级政府的支持下，亿利治沙人通过持续的付出和创新，坚持"向沙要绿、向绿要地、向天要水、向光要电"的发展思路，发展了"生态修复、生态牧业、生态健康、生态旅游、生态工业、生态光能"六位一体的沙漠生态循环经济体系。各种防沙固沙技术、生态种植技术在这里得到实际运用。甘草全产业链模式、生态小镇、国家沙漠公园、沙漠特色酒店的建成，为库布其沙漠焕发出新的生命活力。如今，亿利已经创造了约5 000亿元的生态财富，成为绿色经济行动典范。转变后的库布其沙漠也为我们树立了一个鼓舞人心的榜样，它展现了健康的环境、繁荣的经济以及生态友好型产业之间的绿色平衡。

亿利采取的"平台化运营，一体化构筑，多元化、社会化投资经营"发展机制，充分利用沙漠空间和资源，整合国有、民营和外资企业资源，共同发展沙漠生态经济。同时，亿利建立了"公司＋基地＋

农户"的沙产业发展机制，与周边农牧民构建了创业就业的合作伙伴关系，建立了200多个具有专业技术性的民工联队，实现了"沙漠变绿、企业变强、农民变富"的发展目标。

库布其沙漠在亿利集团的治理下，生态状况明显改善，森林覆盖率和植被覆盖度显著提高，降雨量显著增多，生物多样性大幅恢复，沙尘天气明显减少。库布其沙漠的沙尘天气由1988年的50多次减少到2018年的1次。2017年9月11日，在内蒙古鄂尔多斯召开的《联合国防治荒漠化公约》第13次缔约方大会上，联合国环境署正式发布了《中国库布其生态财富评估报告》。这是全球首部由联合国官方撰写并发布的生态财富报告，也是联合国和国际社会认定的中国生态文明建设成就首个案例报告。根据该评估报告，库布其沙漠共计修复、绿化沙漠6 000多平方千米，固碳1 540万吨，涵养水源243.76亿立方米，释放氧气1 830万吨，生物多样性保护产生价值3.49亿元，创造生态财富总计5 008.63亿元，带动当地及周边10多万民众受益，提供了100多万个就业机会。这种生态、经济、民生平衡发展的治沙模式，体现在生态、社会、经济三大效益的有机结合上，它不会因某一效益的扩大而影响其他效益的发挥。经济增长为生态改善提供补偿，生态环境又为经济开发提供屏障，社会效益得到充分体现，并对沙漠经济的产业模式建设产生积极而深刻的影响。该治沙模式也得到了联合国环境署的高度肯定，库布其被联合国确定为"全球沙漠生态经济示范区"，其成果和模式作为全球环境与发展双赢的案例，多次在联合国高级别会议上得到赞誉和推广。

库布其沙漠治理的生态效益评价

植被资源评价

　　植物措施是治理沙漠的基本方法，也是最有效、成本最低、固沙效益最持久的方法。植物对其附着的地面除了有活沙障、隔离大气层及固着土壤等作用外，还能通过其茎叶的强烈呼吸和光合作用，增加空气的水分，吸收二氧化碳，增加氧气，从而改变小气候环境；其枯枝落叶还能增加土壤的腐殖质含量，改良土壤。其再生性更加证明，植物治沙措施是一种最佳的根治沙害措施。

　　植物治沙的内容主要包括人工和天然植被恢复，即保护、封育天然植被，防止固定、半固定沙丘和沙质草原向沙漠化方向发展；营造大型防沙阻沙林带，阻止绿洲、城镇、交通和其他经济设施外侧的流沙的侵袭；营造防护林网，保护农田、绿洲和牧场的稳定，并防止土地退化和沙化。

　　植物在生态环境恶劣的沙区需要极强的适应能力，具有良好治沙效益的植物需冠幅大，繁殖能力强，不仅能在沙区干旱环境中生存，还具有防风固沙效益。固沙植物种的选择是影响治沙效益好坏的关键因素。

　　亿利人坚持突出重点，因害设防，因地制宜，将工程治沙与生物治沙、人工造林与封育管护相结合，把提高植被覆盖率作为主要方向，切实高效地进行科学治沙。例如：①干旱半干旱地区的自然条件严酷，水肥条件差，人工林的多样性和稳定性差，区域的生态功能低下。人工林虽然速生，但地力消耗大，无法实现林木的可持续利用。亿利开发的"近自然造林法"，可避免传统人工林的弱点。"近自然造林"是在人为的适当干预下，按照植物的自然分布规律及其生长的特点，构建近自然的植被景观格局，采取封造结合、乔灌草结合等综合技术措施，以恢复植被，增加物种多样性，并建立相对稳定的生态系统，达到自我恢复、协调发展的目标。同时，亿利创新多种治沙技术，以解决植物在流动沙丘难以固定、不易成活的难题，库布其沙漠应用植物再生沙障关键技术，将经插钎或压条能够成活、喜沙埋、萌芽性强的沙生植物深埋或截梢，促进植被的自我更新与繁殖。②栽植杨、柳采用新型低压水冲法，不仅节约了人工成本，水分的补充也大幅提高了植物成活率。

经过近 30 年的持续治理，利用"网格固沙法"，将林、灌、草相结合，人工种植与补播、飞播相结合，大规模种植沙柳、沙枣、红柳、柠条、杨树、柳树、沙棘、花棒、甘草、芦苇，以及沙米、籽蒿、沙打旺、苦豆子等，在库布其沙漠 1.86 万平方千米的土地上，植被恢复面积已经达到了 6 000 多平方千米。昔日荒芜贫瘠的沙漠，变成了如今的绿洲，该地区生态环境已发生巨大变化。

我们将库布其沙漠的实际情况与《土壤侵蚀分类分级标准》相结合，把库布其沙漠植被盖度分为五个等级，分别为：I 级（低植被覆盖度 ≤10%）、II 级（中低植被覆盖度 10%~20%）、III 级（中植被覆盖度 20%~40%）、IV 级（中高植被覆盖度 40%~60%）和 V 级（高植被覆盖度 ≥60%）。

库布其沙漠在 1981~2013 年，各级植被覆盖度发生了较明显的变化。尤其 IV 级中高植被覆盖度面积增幅明显，从 1981 年的 7.2% 增加到了 2013 年的 17.84%，增加了 10.64%。V 级高植被覆盖度和 III 级中植被覆盖度面积分别增加了 3.86%、5.59%。II 级中低植被覆盖度和 I 级低植被覆盖度面积分别减少了 12.64%、7.45%。植被覆盖度变化整体呈上升趋势。

亿利集团根据多年的治沙实践，总结出"锁住四周、渗透腹部、以路划区、分而治之、技术支撑、产业拉动"的治沙方略，其中"锁住四周、渗透腹部"是最基本的策略。自 2003 年起，亿利人治沙的范围不断向库布其沙漠腹地推进。杭锦旗气象局通过美国 MODIS 卫星数据资料，对 2006 年 7~9 月至 2016 年 7~9 月（生长季）植被覆盖度进行了遥感估算。从图 8–1~ 图 8–11 可以看出，杭锦旗植被覆盖区域呈逐年增加态势，自 2007 年开始，库布其沙漠基本不呈带状，尤其是 2012 年以后，库布其沙漠面积明显缩小。

亿利成功的植被建设，有效地遏制了库布其沙漠的北扩东移，使区域景观发生了明显的变化。在固沙植被建设区及其辐射区，无论是地貌类型还是流动沙丘或是沙化、退化草场，现在都已被郁郁葱葱的乔灌草覆盖，生态环境正在向良性循环的方向演化。

气候因子评价

沙漠被称为不可治理的地球"癌症"。库布其沙漠地区风狂沙漫，植被稀疏。近年来，在中央及地方政府的重视和投入下，以亿利为主力的各企事业团体在库布其沙漠上创造了 6 000 多平方千米的绿洲，开发了杭锦旗国家级清洁能源产业基地、七星湖沙漠生态旅游区和沿黄生态农业区等，成绩非凡。近年来，库布其沙漠的气候发生了明显的变化，暖湿化初见端倪。气候因子对植物的生长发育有较大的直接或间接影响，其中温度、水分等是最基本的气候因子。影响库布其沙漠地区植被变化的主要因子是水分，而导致水分变化的主要来源为降水。

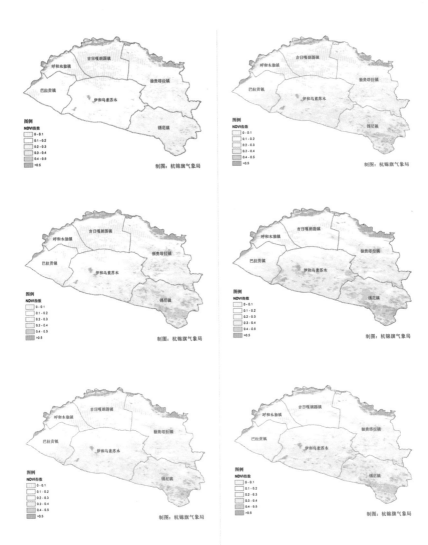

图 8-1 杭锦旗 2006 年 7~9 月植被
指数最大值合成图

图 8-2 杭锦旗 2007 年 7~9 月植被
指数最大值合成图

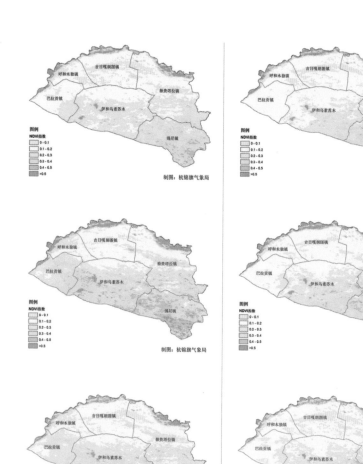

图 8-3　杭锦旗 2008 年 7~9 月植被
指数最大值合成图

图 8-4　杭锦旗 2009 年 7~9 月植被
指数最大值合成图

图 8-5　杭锦旗 2010 年 7~9 月植被
指数最大值合成图

图 8-6　杭锦旗 2011 年 7~9 月植被
指数最大值合成图

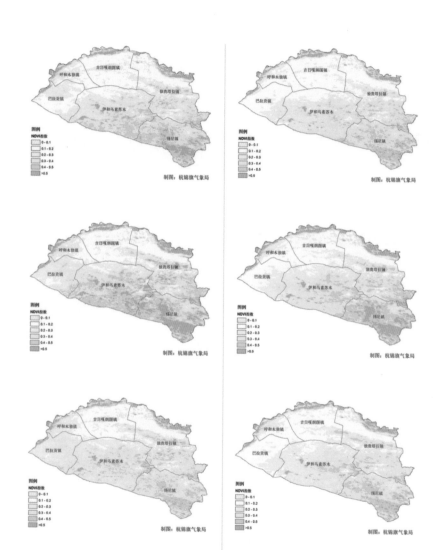

图 8-7　杭锦旗 2012 年 7~9 月植被
指数最大值合成图

图 8-8　杭锦旗 2013 年 7~9 月植被
指数最大值合成图

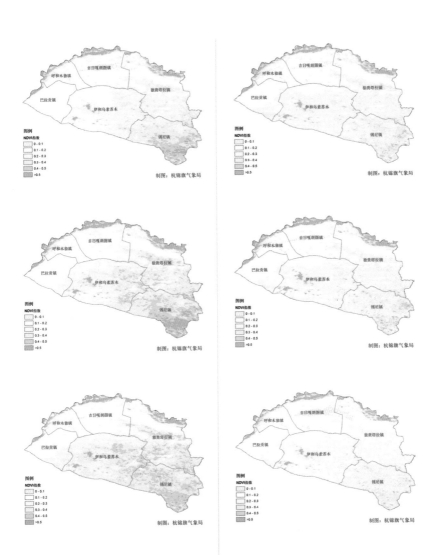

图 8-9　杭锦旗 2014 年 7~9 月植被
指数最大值合成图

图 8-10　杭锦旗 2015 年 7~9 月植被
指数最大值合成图

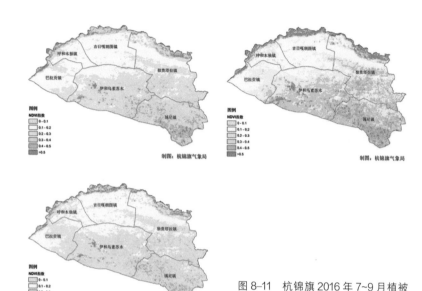

图 8-11 杭锦旗 2016 年 7~9 月植被指数最大值合成图

1. 库布其沙漠年降水量的动态变化

从 1995~2016 年降水量的变化趋势看，总体呈上升趋势。这说明在库布其沙漠地区进行生态修复对降水量的影响是明显的。

由于库布其沙漠属于温带大陆性季风气候，春季多风少雨，夏季高温多雨，秋季凉爽宜人，冬季寒冷少雪，一年中降水多集中于夏季。

高植被覆盖区与月降水量基本呈正相关。当高植被覆盖区域面积扩大时，月降水量也显著增加。当高植被覆盖区域面积缩小时，月降水量也呈现出下降的趋势。

2. 库布其沙漠年平均气温的动态变化

从年平均气温特征来看，在 1995~2016 年中，最低年平均温度

出现在 1996 年，为 6.1℃；最高年平均温度出现在 1998 年和 2013
年，为 8.2℃，总体上呈上升态势。该区域的年均气温显著上升，并
且降水量增加。根据杭锦旗气象局提供的数据显示，库布其沙漠地区
的蒸发量呈现下降趋势。故此我们可认为，库布其沙漠的气候向湿暖
转变，这对植被类型、空间格局的改变将起到巨大的作用。

3. 库布其沙漠沙尘天气发生次数的动态变化

　　库布其沙漠位于鄂尔多斯高原脊线的北部，是离北京最近的沙
漠，令京城人谈之色变的沙尘暴源头过去就在这里。由于放牧和砍伐
破坏植被，沙漠步步紧逼。从 20 世纪六七十年代起，这里就成了治
沙重点。沙尘暴的形成原因可归结为两大类：一是气候因素，主要是
干旱和大风；二是地表状况，主要指地表裸露和覆盖程度。就当前的
科学技术和经济条件而言，人类还难以调控大范围的气候状况，特别
是诸如大气环流等大尺度气候因素。但是人类可以大范围地改变地表
状况。例如，亿利集团在这 30 年的治理中，通过大范围的封沙育林
和植树造林种草，大范围地增加地表植被，避免了大风与地表的直接
接触，进而控制、减少沙尘暴的发生。

　　亿利集团遵循自然规律，依据沙漠地区植物自然分布的趋水性
特征，考虑沙漠植物的活力和恢复力，以封育措施为主，因地制宜，
进行人工造林种草，并结合工程固沙措施等，建立了多树种、多功能
的防护体系，增强了沙区植物的综合生态防护作用，增加或保护了沙
漠物种的多样性。同时，亿利根据沙漠地区的水分特点和风沙流运移
规律，按照"锁住四周、渗透腹部、以路划区、分而治之、技术支
撑、产业拉动"的可持续发展理念，采取水土资源优化配置和节水型
植被建设措施，实现了因地制宜、突出重点的沙漠植被的快速恢复，

有效遏制了沙尘暴，绿洲开始出现，沙漠的扩张也就此止步。

通过对多树种、多功能的防护林体系的防风效果测定，我们得到如下结果：

1）设置在沿黄方向的乔木及高灌木防护林带可以有效降低风速，对穿沙公路和甘草经济林都起到了保护作用。而铺设的各种材料的机械沙障能够控制流沙，增加地表粗糙度，具有较好的防风固沙效果。

2）对于乔木林，测定 0.2 米、0.5 米、1 米、2 米 4 个高度的风速，林带后的平均风速均明显小于对照风速。随着距离地面高度的增加，林网内的平均风速逐渐增加。林网内距离地面 4 个高度处的平均相对风速差异不明显，分别为 38.93%、44.14%、42.39%、44.28%。平均防风效能在 0.2 米高度处最高，为 61.07%，在 2 米处最低，为 55.72%，在 0.5 米和 1 米高度处分别为 44.69% 和 46.09%。

3）对于花棒、柠条、柽柳及沙棘 4 种灌木林，在 2 米高度处，在林内距迎风侧 1H~5H 范围内，花棒的防风效能最大，为 24.79%，而柽柳、柠条、沙棘分别为 8.83%、3.70%、12.79%；在 20 厘米高度处 4 种灌木的防风效能分别为 73.78%、57.64%、27.68% 和 21.78%，相比较而言，花棒 > 沙棘 > 柠条 > 柽柳。

4）对于铺设的葵花秸秆、芦苇秸秆及玉米秸秆等材料的束捆网格沙障，在 10 厘米高度处均具有明显的防风效能，且随着高度的增加，防风效能逐渐减小，自 10~100 厘米高度处 3 种材料沙障的平均降幅为 63%；在同一高度、同一材料条件下，不同坡位防风效能最大值均出现在背风坡位，其中在束捆玉米秸秆网格沙障背风坡 10 厘米高度处，防风效能达到最大值 94.03%。

综上，在降雨稀少、风沙危害严重的库布其沙漠地区，因地制宜采取封沙育林育草，选择抗性强的适宜树种进行节水型人工造林，同时在流动、半流动沙丘栽植生物活沙障等多种措施是迅速恢复植被的有效途径。

防治沙尘暴最根本的措施是保护、恢复和建立与自然环境条件相适应的植被。特别是生物的地带性资源，在维系生态系统结构方面具有不可替代的作用。亿利治沙人充分利用沙漠已有植被的活力和恢复能力，同时根据沙漠植物自然分布规律，建立沙漠近自然林业，为建立具有稳定性和能够可持续经营的生物生态系统打下了坚实的基础。

土壤改良评价

在干旱半干旱及缺少植被的地区，土壤风蚀是土地沙化的主要表现形式之一。据中科院兰州沙漠研究所测算，我国每年风蚀损失折合化肥 2.7 亿吨，相当于全国农用化肥产量的数倍。严重的土壤风蚀不仅直接降低土壤生产力，造成地表的植被破坏、土壤流失、土壤肥力急剧下降，形成流沙危害，也是发生沙尘暴、扬沙等灾害天气的根本原因。植被恢复是荒漠化土地生态系统恢复与重建的第一步，是改善生态环境的关键。在各项防沙治沙措施中，通过人工措施保护、恢复、建设植被是防治土壤风蚀最有效、最经济、最持久，也是最根本的措施。

亿利集团根据多年治沙经验研发的多种生态修复技术兼具土壤修复作用。例如，平茬复壮技术使灌木林地的风速降低，阻截水土流失，使风蚀变为沉积，水蚀受到截留，细土、细沙相对增多。再比如甘草平移技术，甘草本身是固氮植物，对培育土壤有良好的作用。甘草根部的根瘤菌有固氮作用，能够增加土壤肥力，有改土和防风治沙效果，使耕作层土壤含氮量增加明显。从种植的第一年到第四年，耕作层土壤含氮量分别增加了 38%、76%、110% 和 148%。也就是说，在甘草第四年采收后，土壤的含氮量比裸地增加 1.5 倍。并且甘草还有很强的抗盐碱特性，在盐碱土地上种植甘草可以降低表层土壤 82%~85% 的可溶性盐含量。再如，亿利集团因地制宜建设的 240 多千米防护林体系，按分布区域可划分为流沙覆盖区防护林、丘间地防护林及黄河锁边林三个典型体系。对各防护林体系的土壤情况进行测定，我们得到如下结果：防护林带下土壤变得疏松，能降低土壤容重，增加孔隙度，对土壤的肥力状况及植物的生长都产生了积极的影响。防护林的设置使林外侧土壤增加了细沙含量，减少了粗沙含量，有利于良好土体结构的形成；土壤机械组成由粗粒向细粒的增加有助于保持水土，控制地表粗粒化；增加林下土壤有机质含量，而土壤有机质的增加有利于林下植被的生长；防护林的设置使林带两侧的植被覆盖增加，减少了水分的蒸发，改变了土壤盐分运动规律，防护带内土壤总体 pH 值略微降低，碱性程度变小；通过防护林的设置能够增加林下土壤中的碱解氮以及速效 N、P、K 含量，提高土壤肥力、土壤的有机质含量，进一步增加林下植被的多样性。在穿沙公路路堑边铺设的各种沙障有效地提高了沙层的有机质含量。沙障内表层有机质含量比次表层含量稍高 0.07%，同时设置三年的沙障比设置一年的沙障内沙层的有机质含量稍高 0.43%。从土壤容重上分析，流沙的容重一般为 1.6，在机械沙障内土壤容重有所下降，说明植被恢复措施对土壤的通透性、土壤结构、透水性有明显的改良。保持稳定的沙物质环境，以便植物种子在沙障内着床、萌发、生长，同时可以促进生物结皮的进程。

党的十九大报告指出，坚持人与自然和谐共生，必须树立和践行"绿水青山就是金山银山"的理念。亿利的沙漠治理使库布其沙漠变成了绿水青山，在生态修复的同时也使得库布其土地价值大幅提升。通过沙漠治理，生态环境得到有效改善。特别是经过长期的治理，库布其沙漠的基础设施建设水平得到很大提高。沙漠修复提高了土地质量，从不毛之地变成高附加值的"绿土地"达 300 万亩以上，且后续开发空间较大。现在可利用的绿土地附加效益的估值为 1 000 多亿元，这部分效益将直接驱动当地绿色生活、绿色经济发展。昔日基本没有任何开发价值的荒漠变成了绿树成荫、交通便利、通信和电力供应网络完备的可开发土地，土地价值得到巨大提升。一方面，生态修复后的土地土壤肥力得到提升，根据国家相关土地政策，已可以用于农业生产，发展规模化有机农牧业，从而具有了巨大的农业土地价值。通过沙漠生态修复技术的引进，沙漠地区土地利用潜力不断提高。农牧民赖以生存的土地资本升值，为实现可持续生计提供了自然资本支持。另一方面，生态环境优良、基础设施完备的土地为进一步实现产业开发打下了良好的基础，如进一步用于旅游、地产开发以及发展工业等。特别是，我国是土地资源严重不足的国家（人均占有农林牧用地约 0.54 公顷，仅为世界平均水平的 1/4），土地又是不可再生资源，如果能将大量本无利用价值的荒漠地修复成为有多种用途的可开发土地，其战略意义不言而喻。

通过生态和生物措施，库布其沙漠已改良出 150 万亩厘米级厚、初具耕作条件的土壤，为京津冀地区提供新鲜蔬菜。国家有关部门研究结果称，我国 26 亿亩沙漠中可治理利用的达 6 亿多亩，如能推广库布其沙漠治理技术和模式，至少可以改造出 3 亿~4 亿亩耕地。通过防沙治沙、生态绿化，改良沙漠土壤、修复沙漠土地，并对沙漠土地进行市场化、资本化整合流转，变废为宝，我们将全面提升沙漠土地综合价值。

生态修复评价

亿利集团坚持长期投入公益治沙资金 30 多亿元，产业治沙资金 300 多亿元，如今亿利已经创造了约 5 000 多亿元的生态财富，即使不再对其进行大量资金投入，这一生态系统自身仍可以维持一定的服务功能，产生一定的生态价值。在这背后，亿利集团"库布其模式"的探索功不可没。亿利治沙人这 30 年来对荒漠化土地的修复，使得生态系统功能得以改善。沙漠生态修复形成生态服务价值。生态系统具有的防风固沙、释放氧气、涵养水源等作用产生的价值即生态系统的服务价值。

库布其沙漠与北京相距较近，是京津冀三大风沙源之一，曾一度被称为"悬在北京头上的一壶沙"。亿利的大规模沙漠生态修复工程大大降低了京津冀地区的沙尘暴发生频率。在黄河南岸库布其沙漠北缘，绵延 3 500 平方千米的防护林拔地而起。据估计，亿利在防风固沙方面创造的经济价值高达 76.42 亿元。固碳是植树造林、植被恢复项目产生的一项重要环境服务。1988~2016 年，库布其生态修复项目累计固碳达 1 540 万吨，估算价值为 42.04 亿元，累计产氧 1 830 万吨，估值 67.62 亿元。重建植被对改善水文循环过程、增加生态系统的水源涵养能力有着重要意义。据估算，亿利库布其生态修复项目产生的水源涵养价值达 243.76 亿元。

经过 30 年持续的沙漠治理，昔日一毛不拔的沙漠，变成了如今的绿洲。沙漠中 7 个湖泊的水变得更加清澈，真正实现了绿水青山。为了更好地分析库布其沙漠治理对生物多样性的影响，我们开展了关于生物多样性的专门评价。

从植物种类上来看，5 年样地的优势植物为杨树、沙柳、羊柴、白沙蒿和花棒；10年样地的优势植物为杨树、甘草、芦草、沙柳和红柳；15年样地的优势植物为杨树、芦草和红柳；20年样地的优势植物为芦草、沙蒿和杨树；25年样地的优势植物为沙枣、狗尾巴草、芦草、砂引草。随着生态修复年限的增加，植物群落结构日趋复杂、稳定，新生的植物种类多以草本植物为主，形成了"草灌结合"或"草灌乔结合"的群落结构特征。自生态恢复工程实施以来，植物种类数量变化明显，特别是修复工程实施25年后，植物种类数量开始明显增加。从植被的盖度来看，从修复工程实施5年后开始，到第25年，其群落植被总盖度变化范围为57%~157%，植被盖度逐渐增加。在植被演替进程中，优势种的盖度最小为31%，最大为47%，仍然是以人工种植植物为主要优势植物。但是，人工种植植物的优势度随着修复年限的增加呈现出下降的趋势，表明人工种植植物的主导作用在下降，更多的伴生植物在发挥作用，进入了良好的自然植被演替过程。沙漠植被的修复、生态条件的改善，吸引了越来越多的野生动物在库布其安家落户。修复生态系统为动植物提供了更好的栖息和生长环境，生物多样性不断提高。据不完全统计，库布其沙漠的主要动物种类已经增加到七八十种。生物多样性创造的价值约为3.49亿元。同时在国家的支持下，亿利集团建成了中国西北最大的沙生灌木及珍稀濒危植物种质资源库，目的是对维护生物多样性及防治荒漠化做资源及技术储备，系统收集、保存、保护西北地区的沙生灌木及珍稀濒危植物种质资源，并从收集的种质资源中筛选具有开发利用价值的植物，在对植物资源进行保护的同时获得一定的经济效益。通过长期的积累，库布其种质资源库已经收集适合沙漠植被恢复的植物种子标本达到238种、1 000多份，还建立了治沙植物的繁殖技术体系。

库布其沙漠治理的经济效益评价

亿利集团自 1988 年建立以来，就投身于沙漠的生态修复。生态修复是一项昂贵的投资，起初几乎没有任何直接的经济回报进账，而利润却是衡量民营企业运营是否成功的重要指标，也是企业持续发展的必要条件。创业初期，亿利长期面临的一大困扰是如何将生态修复投资变成可盈利的业务。为实现盈利，亿利生态修复项目将培育甘草作为核心，这种土生土长的中药材极易适应沙漠条件，且其固氮作用能够改良土壤。亿利承包了当地居民的责任田，开始大面积种植甘草，并以此开辟了新的业务领域，带动库布其治沙企业进入医药产业，延长了产业链，并促进了企业的可持续经营策略的实现。此外，亿利还围绕沙漠生态修复项目，大力探索其他商机，例如利用沙柳生产饲料。通过生态修复、植被恢复，生态系统的结构和功能得到改善，形成了巨大的生产力，是沙漠经济产业发展中的重要资源。生物材料的可持续利用，为沙漠治理企业带来了直接的利润，使库布其沙漠的价值大大提高，为区域沙漠经济的发展注入了活力。在大规模生态修复过程中，我们构建了由地方政府、企业、当地农牧民紧密合作的机制；打造了区域性沙漠经济系统，其产业体系不断完善，包含生态修复、清洁能源和绿色金融等主要板块。

库布其沙漠治理的社会效益评价

库布其沙漠本是一个被称为"死亡之海"的贫穷落后地区。由于自然条件恶劣、交通等基础设施落后，区域经济水平低下。

亿利集团作为全球最大的沙漠生态企业之一，在过去的 30 年中，投入巨资进行库布其沙漠防治，绿化沙漠 6 000 多平方千米，控制沙化面积达到 10 000 多平方千米，为中国北方构筑了一条全长 240 千米的绿色生态屏障，成为中国北方的"绿色长城"，创建了世界上有影响的沙漠化防治和沙漠绿色经济典型。亿利人坚信"库布其模式"的核心，即以科技带动企业发展、以产业带动规模治沙、以生态带动民生改善，破解土地荒漠化难题。通过长期的生态修复，沙漠变成了绿洲；通过技术创新和体制机制创新，沙漠经济得到长足的发展。生态环境的改善和沙漠经济的发展，沙区人民得以就业，提高经济收入，脱离贫困和饥饿，实现绿色富民，给区域经济社会发展注入了动力。曾经对生活失去信心的农牧民，重启了生活的希望，成为支持区域经济社会发展最为重要的驱动要素。

　　沙漠经济发展可以直接贡献于社会发展，产生明显的社会效益，比如贫困的减少、区域发展条件的改善（基础设施条件改善与公共服务条件改善）、技术创新与商业模式创新，以及奠定广泛的国内外合作基础，进而会增强社会稳定，成为带动区域经济、社会发展的重要社会财富。

近年来，在云南、贵州、河北、内蒙古、西藏、湖北等 20 多个省市输出了库布其模式，为更广袤的荒漠化地区带去绿色希望。图为乌兰布和沙漠亿利治理区。

美国国家地理杂志记者乔治·斯坦梅茨 摄于 2017 年 9 月

第九章

绿色共享：库布其精神与文化传承

库布其沙漠治理是内蒙古自治区乃至全国沙漠治理的先锋，也是全球治沙样本。世界治沙看中国，中国治沙看内蒙古，内蒙古治沙看库布其。库布其精神是保障库布其可持续发展的强大动能。

库布其治沙精神

守望相助

　　守住沙漠，守卫绿洲，守护家园，不把沙漠当包袱；眺望远方，提高站位，提升格局，把沙漠问题当机遇；先义后利，义利兼顾，共同创造美好生活。

　　亿利集团在库布其做了一件守望相助的事情。过去的库布其是个"一穷二沙五无"的地方："一穷"是指 20 世纪 80 年代人均年收入不到 400 元；"二沙"是指黄沙漫漫，沙丘高大；"五无"是指无水、无电、无路、无通信、无设施。我生在这里、长在这里，对儿时有两个记忆：一是无处不在的沙子，二是伴随左右的饥饿。然而，儿不嫌母丑，子不嫌家贫，库布其虽然是沙漠，但也是家园。我留在这里和亿利人一起，带领库布其农牧民，坚守家园、建设家园、美化家园，把沙漠变绿洲，让后人过上好日子。这是对习近平总书记提出的守望相助的最好践行。

望，就是跳出当地，跳出自然条件的限制，跳出内蒙古，胸怀全世界。亿利集团从来没有盯在某一件事情上去治沙，而是以一种世界的眼光、宽广的胸怀、大局的意识来治沙。我们的眼光不仅仅在库布其，更关注全世界。我经常和我们的员工讲："要治沙一百年，一代接着一代干。只要世界上还有沙漠，治沙的脚步就不会停下。这辈子只做一件事，就是治理沙漠。"

相助，就是互相帮助，共同来筑守绿色边疆，共同来创造美好生活；就是先义后利，义利兼顾。库布其治沙实现了治沙、治穷、再致富。我们带动库布其沙区及周边 10.2 万名农牧民脱贫致富，尤其是党的十八大以来，直接脱贫 3.6 万人，实现了祖祖辈辈想都不敢想的梦想。

"守望相助"是习近平总书记的要求，也是内蒙古精神、鄂尔多斯精神、杭锦旗精神中一以贯之的部分，还是库布其精神的重要组成。

百折不挠

战风沙、抗严寒、顶烈日，不畏艰险，不惧失败，不怕困难，誓将沙漠变绿洲。坚韧不拔，甘于寂寞，勇于奉献，敢教日月换新天。

百折不挠在亿利集团身上体现得最为鲜明，30 年风风雨雨，坎坎坷坷，一路走来，愈挫愈勇，百折不挠，这就是坚定一个信仰，坚守一个信仰。

亿利集团从"5元钱治沙""27人林工队种树"开始，种树第一次没种活，就种第二次；第二次没种活，就种第三次。从最初成活率仅为20%，一直到现在提高到80%以上。在沙漠里修路，修好的路面一夜间就被黄沙吞没了，大家站在那里掉眼泪，但是不服输、不放弃，继续修、继续干。为了种经济林、搞林产业，亿利集团从美国引进杨树苗，却因为杨树耗水量过大，"水土不服"导致失败，于是转而寻求培育本土物种，终于培育出一大批适应西北沙漠地区的种质资源，比如沙柳、柠条、甘草、肉苁蓉，形成新兴产业。逢沙开路，遇河架桥，穿沙公路修好了，黄河还是挡路，亿利集团又投资2亿多元建设了黄河大桥。这座桥与穿沙公路相连，使黄河和沙漠"天堑变通途"。

开拓创新

敬畏自然，尊重科学，勇于创新，不断超越，敢走前人没走过的路。反复实践，不断深化，敢于颠覆，掌握核心关键技术。

治沙看似是一件平常的事，其实是一个知识密集型产业，尤其需要创新。历史已经充分证明，没有新的技术，没有新的机制，涛声依旧，老调重弹，根本无法取得今天这么大的库布其治沙成就。创新起到了杠杆撬动作用，起到了催化哺育作用，起到了平台支撑作用。

研发创新，亿利人永远在路上。亿利集团的信念是：治沙一天不止，技术创新一日不停。亿利在库布其治沙过程中取得的创新成果包括四个方面：理念创新、技术创新、机制创新、模式创新。

种质资源，是治沙之本；种植方法，是治沙重器；产业化技术，是治沙灵魂。库布其需要什么，亿利集团就往里种什么。亿利集团最大的贡献之一就是种质资源库，拿到其他地方都有适应的种子，这就是核心技术。还有其他的创新，比如种植技术的创新，发明了微创气流植树法、风向数据植树法、甘草平移治沙技术、种质资源技术等，掌握了多项自主创新技术；比如产业链的创新，研发了饲料、药品、化妆品等，形成一个沙产业的链条。

绿色共享

不忘初心，不辱使命，不负重托，实现沙漠绿洲中国梦。共享经验，改善民生，增加福祉，为构建人类命运共同体做贡献。

习近平总书记指出："良好生态环境是最公平的公共产品，是最普惠的民生福祉。"生态的改善使得全社会普遍受益，生态的恶化则使得全社会普遍受害。因此，绿色发展本身就是一种共建共享的事业。但是，要使得这项事业成为持续共同参与的事业，还必须找到更为持久的动力，建立可持续的机制。

共享是习近平总书记"五大发展理念"的重要内容。亿利集团的核心价值观是"客户为本、厚道共赢"。30 年来，亿利集团走的就是共享、共赢之路。前 20 年，亿利的主业是化工制药，每年拿出20%~30% 的利润坚持不懈"输血"治沙，这个阶段只投入没回报。十八大后，企业开始发展大规模产业"造血"治沙。治沙产生的所有效益不是一家企业独吞，而是把它又拿回来，继续绿化沙漠，发展沙产业；所产生的效益与农牧民共享，与和企业合作的社会力量共享，与全社会共享。

比如技术成果，亿利集团在实践中发明的多项种植技术都是免费公开推广的。232 个民工联队，人走到哪里，技术带到哪里。比如模式成果，通过举办库布其国际沙漠论坛，让全世界来看模式，从未藏着掖着。比如生态成果，中国环境科学研究院发布的《库布其沙漠治理对京津冀大气质量影响评价研究报告》，用翔实的数据指出了库布其沙漠治理和生态改善对京津冀地区沙尘危害减缓的贡献，包括频次的降低和每立方米颗粒物的减少等。这些都鲜明地体现了习近平总书记提出的"共赢共享"，就是让全体人民共享，让全人类共享。

库布其模式解决的是世界级难题，它的贡献不仅是中国的，也是世界的；它为建设绿色世界提供了珍贵而又可复制、可推广的中国方案，为世界上那些亟待解决绿色发展难题的国家和企业提供了切实可行的方案。

库布其精神蕴含着改变生存处境和发展命运的坚定情怀与意志，与塞罕坝精神等相互衬托，共同构成当代中国生态文化的精粹；与当代中国形成的众多精神相映生辉，共同构成当代中国精神谱系。库布其精神的形成，使得库布其治沙人精神上由被动转入主动，实现了精神的升华。

库布其治沙人的文化传承

库布其治沙人奋斗出幸福的果实

库布其治沙人 30 年的成功实践，靠的就是艰苦奋斗、敢为人先、锲而不舍、不辱使命、忠诚执行的库布其精神。库布其治沙人以创造了人类历史上第一个沙漠变成绿洲的奇迹而向世界展示了中国的绿色名片。鄂尔多斯人面对着近 50% 土地面积是沙漠和沙地的困境，没有选择退缩，而是经过内蒙古自治区、鄂尔多斯市、杭锦旗和当地企业、农牧民 30 年坚持不懈的努力，战风沙、抗严寒、顶烈日，不畏艰险，不惧失败，不怕困难，誓将沙漠变绿洲。鄂尔多斯人开展了飞播造林 480.53 万亩、甘草围封补播种植 132.57 万亩、人工造林 185.21 万亩、封沙育林及封禁保护 112.41 万亩，对 1.86 万平方千米沙漠中超过 1/3 的面积进行了成功治理，用勤劳的双手将黄色的家园变为绿茵冉冉，用绿色温暖了全世界。

库布其精神是杭锦旗人民众志成城的穿沙精神。杭锦旗政府带领全旗人民历时两年半，从锡尼镇到乌拉山脚下，于 1999 年建成长达 115 千米的第一条穿沙公路，亘古沙山再也挡不住杭锦旗人民的脚步。在修路过程中，杭锦旗人民舍小家顾大家，白天治沙修路，晚上忙农活，不少农牧民全家老少齐上阵，还有许多农牧民把自家的秸秆、柴草无私地奉献给了治沙工程，用心血和汗水筑就库布其穿沙精神。在穿沙精神的激励下，亿利又先后修筑了 5 条沙漠公路，并修建了亿利黄河大桥。鄂尔多斯市和杭锦旗政府在沙漠边缘修筑多条穿沙公路，让库布其走出贫困，走向富裕，走向文明。

作为库布其模式的主要创造者，亿利治沙人将内蒙古蒙古马精神、鄂尔多斯温暖全世界精神和杭锦旗穿沙精神融汇到库布其大漠的治理过程中，敬畏自然，尊重科学，勇于创新，不断超越，敢教日月换新天。亿利治沙人在"为人类治沙"绿色信仰的感召下，义无反顾、奋勇前行，与当地政府和农牧民一起，团结奋斗、一往无前，不仅像蒙古马一样吃苦耐劳，而且在长年的生产实践中锐意创新。亿利治沙人在艰苦岁月里充满着燃烧的激情和创业的冲动。面对无水、无电、无路、无通信、无产品，缺资金、缺技术、缺管理、缺人才的"五无四缺"艰苦环境和随时都可能被风沙吞噬的发展困局，亿利的领导班子身先士卒、以身作则，坚韧不拔，甘于寂寞，勇于奉献，带领员工挖渠晒盐，修路架桥，抗洪防涝，坚实的足迹踏遍了库布其大大小小的沙包。面对前进道路上的各种风险，面对诸多复杂矛盾和困难，面对种种新的考验和磨炼，亿利治沙人信念不动摇，坚持、坚守沙漠生态事业。

亿利治沙人的秉性上便镌刻了忠诚的绿色信仰，践行"绿水青山就是金山银山"理念，坚持为人类治沙，为构建人类命运共同体做出贡献。这支历久弥坚的团队，舍小家，顾大家，奉献青春，节取大义，团结协作，无私奉献。在盐海子艰苦创业的过程中，在企业艰难发展的过程中，虽说走了不少兵、溜了不少将，但是忠诚于绿色事业的许许多多亿利治沙人凭借着这份责任和忠诚，在平凡的岗位上坚守着、劳动着。今后，希望有更多内蒙古儿女、更多中华儿女受库布其精神的感召，投身建设绿水青山的事业，以一种集体主义精神追随这支生态大军发展壮大。

亿利集团投资建设的黄河大桥。这座桥与穿沙公路相连，使黄河和沙漠"天堑变通途"。至此，"隔河千里远"成为历史，一条连接黄河两岸和鄂尔多斯、包头、巴彦淖尔三地的人流、物流、信息流的"生命大通道"打通了库布其沙漠走向世界的最后瓶颈。

美国国家地理杂志记者乔治·斯坦梅次 摄于 2016 年 9 月

第十章

沙漠科技：库布其模式的推广与发展前景

对于库布其模式的价值，我们可以从内在和外在两方面来加以认识。内在价值是通过加快输出库布其模式，为中国沙漠地区创造万亿级的绿色 GDP，创造亿万人的美丽家园；为"一带一路"国家和地区创造更多的绿色 GDP 和美丽家园。外在价值是让库布其模式成为"沙漠科技产业高地"，让这一诞生于中国大漠腹地的发展模式造福全人类。

库布其模式在国内推广

库布其治沙模式大范围的成功实践表明，其是一个能适应不同生态环境、可复制的模式，具有极为广阔的推广前景。近年来，我们在云南、贵州、河北、内蒙古、新疆、西藏、河南等 20 多个省区输出库布其模式，实施大型国家生态修复工程。2017 年生态修复订单超过 3 000 亿元。同时，在工程实施过程中大量雇用建档立卡贫困户，每年劳务扶贫 10 000 人，人均收入超过了 5 000 元。

攻克南疆塔克拉玛干治沙难题

该项目位于南疆阿拉尔市，地处塔克拉玛干沙漠北缘，属欧亚大陆腹地。周边山地及高原的隆升，对大气环流影响强烈，使得该区处于雨影地带，气候极端干旱，多年平均降水量仅为 17.4~48.2 毫米，年均潜在蒸发量却高达 2 450.0~2 902.2 毫米。大风日数多，持续时间长，土壤以风沙土为主，生物成土过程微弱，母质性强，表现为突出的原始性特点。区域内植物区系组成十分贫乏，植被覆盖率极低，地表沙物质极易受起沙风的影响发生吹蚀和堆积。土壤盐碱化也是南疆地区凸显的生态问题，如何安全有效地进行盐碱化土地的修复改良，寻找更科学、合理的节水灌溉方式，是该地区生态安全的重点问题。

亿利集团同新疆生产建设兵团第一师合作，建立了基于苦咸水综合利用的沙漠治理技术集成与示范项目。该项目针对南疆土地荒漠化严重、淡水资源紧张、土壤盐碱化等生态问题，进行了苦咸水高效利用、抗逆性植物引种繁殖、近自然植被恢复、沙产业开发模式等关键技术集成与示范。成功引种耐旱、耐盐碱植物 11 种，为南疆生态建设提供了优质的种苗保障。

总结 3 年多来的成果，该项目的主要创新点包括：

一是项目针对南疆地区特殊的自然条件，综合运用了"以光发电、以电治水、以水改土、以土促产、以产扶贫"的沙漠治理及相关产业发展模式。我们将项目区的苦咸水资源变废为宝，将其淡化利用，供给生态建设用水，缓解了新疆地区淡水资源匮乏、用水矛盾突出的问题，极富实用性和创新性。

二是首创了乌拉尔甘草—防护林套种技术。套种后，地表盖度几乎达到 100%，有效抑制了林内地表风蚀，降低了林间穿透风速；新疆杨防护林株高，胸径较对照提高 40% 以上，冠幅增大 17% 以上，促生作用明显。

三是应用微创气流法种植梭柳技术。与普通种植方式相比，运用该技术种植的柽柳成活率由原来的 20% 提高到 80%，种植效率提高 14 倍，并且生长状况明显优于其他种植方法。

四是拓展了乌拉尔甘草治沙改土技术。乌拉尔甘草能有效改善沙质土地的土壤结构，优化荒漠化地区的土壤水肥状况，提高土壤生产力，改善土壤盐渍化状况。种植 3 年的乌拉尔甘草样地 0~20 厘米土层中自然含水量增加 2.52%，>0.25 毫米团聚体结构增加 31.12%，pH 值由 8.5 降到 7.4，全盐含量降低 8.88g/kg，有机质、速效 N 也随之增加。

五是创新了低成本苦咸水淡化利用技术。我们解决了苦咸水淡化、净化的问题，同时解决了农业生产和生态建设的灌溉用水问题；建成了苦咸水淡化中心，通过 R-O 反渗透技术，将矿化度为 8~12g/L 的苦咸水淡化至矿化度 0.6g/L，淡化水产量达到 244m³/h，回收率达到 75% 左右，灌溉用水成本降低至 0.8~0.9 元 / 吨，日处理能力达 10 000 立方米，还有较大的成本降幅空间。

六是综合运用了林、草、药材复合生态近自然造林技术。遵循近自然造林的原则，我们采用"微创气流法""半野生化种植法""风向数据法"等技术，在迎风坡中下部进行复合生态区建设，将项目区种植工效提高了 14 倍，种植成活率提高了 50% 以上，植被覆盖率由原来的不足 5% 提高到 55%~60%，风沙活动显著减弱，治理效果明显。我们还引进植物、微生物和化学方法，改良盐碱地，也取得了很好的效果；利用乌拉尔甘草进行防护林套种，建立林草药综合种植基地，建立起沙漠治理的相关产业体系。

该项目在对南疆荒漠化地区进行生态修复的过程中，逐步解决了苦咸水淡化的清洁能源问题，创新苦咸水淡化技术、苦咸水综合利用高效灌溉技术，解决了塔克拉玛干沙漠北缘沙漠生态和盐碱地的适应植物筛选培育、固沙改土治盐经济植物的栽培与管护、沙漠化土地及盐碱化土地治理等一系列技术难题。该项目是库布其模式在南疆的成功落地。经中科院、北京大学、新疆科技厅等权威专家评定，其技术达到了国际领先水平。

推动西藏那曲植树科技攻关

习近平总书记一直惦记西藏那曲植树的难题，多次提出在那曲植树的愿望和要求。亿利承担了科技部和西藏自治区这一科技攻关课题，派出最强科研力量，扎根那曲，认真研究，总结出"风大树苗难以扎根，砂石土壤难以保水保肥，紫外线强、地温低树木易'生理性抽干'，没有绝对无霜期、昼夜温差大、树木易遭冻害，地温低、气温高、'冰火两重天'"等影响树木成活的五大关键因素，对症下药，从库布其等地引种了多种苗木，通过在库布其、拉萨、山南、当雄、那曲五级海拔梯度引种、育种、蹲苗，培育树苗的乡土适应性，在保温、保水、保肥、保土和防风、防冻、防紫外线等技术方面进行了重点科研攻关，树木长势良好，500 亩实验林越冬情况比较乐观。2017 年种植的 7 万多棵树，成活了 5 万多棵，成活率达到 70% 以上，那曲高原上出现了令人欣喜的"小森林"。2017 年 10 月 17 日，习近平总书记对那曲科技植树项目做出重要批示："当年无一棵树成活，如今科学植树有希望，我将关注。"当前，我们正按照总书记对西藏那曲植树的批示精神，认真总结树木首年越冬的经验和教训，坚持以科技种树为先导，秉承"用自然办法解决自然问题"的原则，继续加强科技攻关，深化高海拔地区植物生长机理研究，增加物种引进与繁育，努力实现两年成活、三年成功的目标，把总书记对西藏生态改善

西藏那曲，是中国种树最困难的城镇之一，很难看到树木。2016年，亿利"生态冲锋队"带着30年锤炼的生态技术和库布其的精神来到了这里，目前已取得了阶段性的成果。照片摄于2018年6月21日西藏那曲。

的要求、对西藏人民的关心变成美好现实。同时，在西藏山南市实施生态产业扶贫。山南市海拔高，气温低，生态脆弱，尤其是沿雅鲁藏布江区域，全球气候变化和人类活动的干扰使得湿地萎缩、草场退化、沙漠化面积增大，水源涵养、水土保持功能下降，农牧业生产困难，产业薄弱。亿利集团拟采用"库布其模式"，应用"那曲高寒地区植树重大科技攻关试验项目"成果，以"生态造血型治本扶贫"方式，在山南市雅江流域实施 10 万亩"高寒冷高海拔高科技苗圃生态产业扶贫项目"，辅以甘草中药材供应链、沙漠生态旅游、养殖业等产业扶贫，生态职业教育扶贫，乡村振兴移民搬迁扶贫等方式，以产业带动扶贫，帮扶西藏山南市整市脱贫，拉动当地已脱贫的农民产业致富。

助力绿色冬奥

2014 年 3 月 14 日，亿利集团与张家口政府签署了生态产业战略合作协议，主要项目包括崇礼冬奥绿化工程、G6 迎宾廊道绿化工程、退化林改造工程。经过两年多的实施，这些项目取得了显著效果。崇礼冬奥会绿化工程于 2014 年 5 月启动。当时的施工环境非常恶劣。山高坡陡，岩石裸露，土壤瘠薄，面临"无水、无路、无电"等困难和挑战。在这种情况下，亿利人秉承"守望相助、百折不挠"的治沙精神，输出近 30 年积淀的生态种植技术和耐寒、耐旱种子资源，在半年的时间内累计投入劳力 27 万余人次，能用机械的用机械，机械到不了的地方就用人工背、驴马驮，硬是高标准完成造林 3.1 万亩，栽植各类苗木 400 多万株，成活率达 96.9%。特别地，亿利人创新采用了客土喷播结合自主培育的抗寒抗旱沙地柏种植技术，在陡峭的边坡进行了沙地柏种植和喷播治理，累计客土喷播 7.4 万平方米，种植沙地柏 135.7 万株。通过生态修复治理，滑雪、旅游区的空气负氧离子数平均达到 10 000 个 / 平方厘米，而且有效保护了当地的农田、土壤和道路，为农牧民稳产高产创造了基础条件。崇礼县的老百姓说："自从亿利来了，雨水都变多了。"

2016 年 4 月，亿利参与了崇礼二期项目，项目总绿化面积 5 871.1 亩，共栽植各类乔灌木 78.5 万株。同时，亿利还实施了北京至张家口 G6 迎宾廊道绿化工程，总绿化面积 1.4 万亩，累计栽植各类苗木 376 万株；实施了 34 万亩坝上退化林改造工程，栽植各类苗木 1 600 万株。亿利毕 30 年治沙之功，在崇礼让一棵棵绿树成活，让一项项生态技术突破，助力冬奥会的申办，也助力绿色中国梦的实现。

河北怀来县北山生态修复项目

怀来北山位于怀来县城正北方，毗邻 G6 京藏高速，原山体表土流失严重，岩石裸露面多，植被覆盖率低，急需对裸露坡面进行生态修复，消除视觉污染，控制水土流失，让裸露边坡植被得以修复，与周边自然环境景观相融合。

亿利生态公司实施怀来北山整体生态修复项目，是积极输出库布其治沙模式，助力绿色冬奥会、保卫京津冀生态安全的又一项具体行动。项目采取绿化、亮化相结合的方式对怀来北山进行了生态修复。绿化工程采用挂网喷播、种植槽（混凝土、浆砌石）、植生孔、飘窗、植生袋等先进的生态修复技术，使怀来北山裸露的岩石重新披上了绿装；亮化工程采用 LED 点光源，达到明暗相间、主次分明的效果，展现怀来北山巍峨雄伟的夜间雪山美景；所需电能采用先进的光伏离网发电技术，提供能源的同时实现了大气污染物的零排放。

打造天津生态旅游

　　天津·亿利生态公园位于天津中新生态城。中新生态城是中国、新加坡两国战略性合作项目，彰显了两国共同应对全球气候变化、加强环境保护的决心，为建设资源节约型、环境友好型社会提供了积极探索和示范。天津亿利生态公园是亿利库布其模式输出到京津冀地区，特别是修复天津盐碱地的成功实践。其定位体现了亿利集团致力于从沙漠到城市生态文明建设的使命，也是对习近平总书记"绿水青山就是金山银山"的实际践行。天津·亿利生态公园是亿利集团在对项目地环境生态综合修复治理基础上，历经 3 年，由美国、意大利、德国、新加坡等国际和国内顶级专业团队联袂策划、设计，秉承构建"人与自然和谐统一、人与动物同乐共融"的生态环保理念，紧跟国际化乐园发展趋势，发现新时代游客消费需求变化，打造集食、住、行、游、购、娱、商、养、学、闲、情、奇十二位一体的国际生态型文旅产品——亿利"奇幻动物城"生态乐园。亿利通过将传统文化、生态文化、时尚文化创新整合，立足中国文化与世界文化的交融，打造特色主题 IP 产品链；营造创新型生态科技、生态大数据的智慧乐园、生态乐园、人文乐园，构建独一无二的"人与动物同乐"的第三代新型萌宠互动乐园和国际首创多业态木偶文化主题乐园。

　　亿利生态公园在现有的立地条件上，引进"梦回库布其"体验项目，通过对比体验、情景再现的手法让人们在感受与动物同乐、木偶文化体验游览的同时，也自发地对生态文明进行思考，其生态效应、社会效应、文化效应也将对区域生态文明的建设发挥推动作用。

库布其模式的国际分享

依托库布其国际沙漠论坛平台，向世界分享库布其模式

在党中央、国务院的重视、支持下，为了进一步推广库布其模式，推动全球产业化沙漠治理和沙漠经济发展，让更多的沙区民众共享库布其沙漠治理的成就，亿利集团与国内外机构建立了长期合作关系，学习、借鉴国际治沙先进技术并分享库布其治沙的成功经验，打造国际交流平台，同时也履行民营企业的社会责任，携手应对全球荒漠化问题。

"沙漠不是问题，可以变成机遇。"2007年我们率先提出了动议，要举办国际性的沙漠论坛——库布其国际沙漠论坛。国家科技部、国家林草局、内蒙古自治区人民政府以及鄂尔多斯市政府、亿利集团共同创办了库布其国际沙漠论坛，并决定将鄂尔多斯库布其沙漠七星湖设立为永久会址。其间，中央统战部、全国工商联、中国工程院、中国科学院、农业农村部、生态环保部、自然资源部、中国外交学会给予论坛大力支持。联合国环境署、联合国防治荒漠化公约组织也成为论坛主办方，共同推动论坛发展。

利用这个重要的平台，亿利集团以30年沙漠治理和沙漠经济发展经验为基础，顺应时代发展和形势需要，长期致力于推动中国和全球荒漠化治理事业，搭建了一个荒漠化防治和沙漠绿色经济发展的经验交流、技术转化、成果展示和项目合作的高端平台，体现了宽广的国际视野以及改善沙区生态和造福沙区人民的责任感、情怀与风采。为表彰亿利集团在沙漠治理中的卓越贡献，2013年9月，《联合国防治荒漠化公约》秘书处授予亿利集团"全球治沙领导者"奖，同时把

2018 年 12 月 12 日，联合国气候变化大会"在波兰卡托维兹举行。来自斐济、波兰、中国、埃及等十多个南南合作国家的元首、部长级代表以及联合国高级官员等出席了论坛。我在大会上提出"全球荒漠化土地森林增汇行动"倡议，呼吁全球携手治沙应对气候变化。图片摄于 2018 年 12 月 13 日波兰。

库布其国际沙漠论坛作为实现《联合国防治荒漠化公约》目标的一个重要工具和平台写进了联合国决议。

论坛自创办以来，以生态文明和绿色发展理念为指导，以沙漠、生态、科技、新能源等为主题，旨在通过荒漠化防治、生态保护、新能源开发、沙产业发展等方面的交流与合作，促进生态环境保护，推动沙漠地区可持续发展。论坛汇聚了全球防沙治沙以及沙产业发展的先进技术成果，充分展示了中国在防沙治沙、发展绿色经济、绿色"一带一路"建设等领域的创新成果。特别是在2015年7月28~29日举办的第五届论坛上，与会的300多名代表在大会报告基础上，经过磋商通过了《全球荒漠化治理库布其行动计划（2015~2025）》（以下简称《行动计划》），以期推动荒漠化治理领域科学家、企业家、非政府组织和社会团体在未来10年中本着自愿原则开展合作。在《行动计划》指导下，论坛在推动沙漠绿色经济、荒漠化防治网络和信息共享、促进能力建设、开展科技研究和建立产业技术创新联盟、示范样板及咨询推广、国际合作等方面已展现可喜成效。

一是打造全球荒漠化治理智库平台。作为全球荒漠化防治的高层对话机制，论坛将持续发挥智库平台作用。我们期待论坛作为一个成果和最佳实践的载体，充分发挥其独特的民间组织智库作用，深入研究荒漠化防治新技术，积极探索绿色沙产业发展新模式，推广类似库布其模式的成功案例，努力推动2030年全球"土地退化零增长"目标的实现，为推进全球荒漠化防治工作和人类可持续发展做出更大贡献。

二是推广库布其沙漠绿色经济模式。库布其沙漠绿色经济模式为全球涉及20多亿人口的荒漠化地区绿色和可持续发展树立了榜样，带来了希望。我们期待论坛能够不断深化总结和丰富库布其沙漠绿色经济模式的思想和最佳实践，借助联合国环境署、联合国防治荒漠化公约组织等国际机构平台和渠道，把库布其 30 年的沙漠绿色经济成功实践经验，分享到全世界的荒漠化地区，让库布其沙漠绿色经济的模式、经验、成果和技术传播到这些地区，改善这些地区的生态环境，造福当地民众。

三是助力绿色"一带一路"建设。库布其沙漠变成了一座沙漠绿洲。我们期待论坛能够继续推动库布其沙漠生态实践经验和理念，让"一带一路"沿线国家和地区受益；在"一带一路"沿线国家创造基于生态系统恢复的市场和商业机会，构建绿色投融资基金和网络，特别是促进在"一带一路"基础设施建设、绿色交通运输、绿色建筑、生态社区建设等领域的合作；积极推动光伏发电、风能、水电等清洁、可再生能源开发，开展能源资源深加工技术、装备与工程服务合作等，实现"一带一路"绿色贯通。

四是创新论坛运行机制。作为一个机制性的国际论坛，其组织和运行不断完善。为了助推绿色、低碳、循环和可持续发展，为实现联合国 2030 年可持续发展目标，特别是土地退化零增长目标，论坛需要与联合国环境署和联合国防治荒漠化公约秘书处结成更加紧密的合作伙伴关系，与荒漠化公约缔约方大会密切合作，同时加快专业化和国际化建设步伐，建立创新性的论坛运行机制，适应形势发展，再创辉煌。

在库布其模式中，我们通过构建以生态修复为核心的产业体系，创建与当地农牧民、地方和中央政府以及国际社会的伙伴合作关系，实现了利益共享，让昔日的不毛之地、大漠荒山变成了绿水青山、金山银山。这一模式已在中国的广袤大地上成功复制，并且已成功走出库布其沙漠，走向全国，走向世界。

库布其模式的目标是促进国际社会在荒漠化防治方面的合作机制化，实现各国荒漠化治理能力上的根本性提高。近 2 000 位来自世界各地的企业家、科学家、政府和国际组织官员参加了过去 6 届库布其国际沙漠论坛，在推动荒漠化治理的国际合作与交流方面做了大量卓有成效的工作。库布其国际沙漠论坛创办 10 年来，为全球从事荒漠化治理、生态修复和社区发展的国际组织与各国政府官员、科技工作者、企业家，以及热衷于生态环保事业的民间团体提供了一个展示最新技术成果，交流管理创新经验，推动能力建设和促进国际合作交流的民间平台。

库布其模式的发展前景

当前，全球荒漠化问题依然非常严峻，荒漠化防治任重道远。但是我们也面临难得的历史机遇。联合国 2030 年可持续发展议程将"防治荒漠化，制止和扭转土地退化"作为 17 项可持续发展目标之一，并提出到 2030 年土地退化零增长，为全球荒漠化治理确定了方向和目标。2017 年 5 月在北京举行的"一带一路"国际合作高峰论坛将"防治荒漠化和土地退化"作为绿色"一带一路"建设的重要内容，为"一带一路"沿线国家荒漠化防治提供了坚实支撑。2017 年 9 月，《联合国防治荒漠化公约》第 13 次缔约方大会"在中国内蒙古自治区鄂尔多斯市召开，为国际社会推动荒漠化防治提出具体的计划和方案。

中国的荒漠化土地面积为 261.16 万平方千米，占国土总面积的 27.2%。上述荒漠化土地中的绝大部分都适宜采用库布其模式进行生态修复。

推广库布其沙漠治理模式，对于"一带一路"倡议的意义重大。一是中国 95% 的荒漠化土地分布在丝绸之路沿线的 7 个省（区），这意味着"一带一路"同时还要面对荒漠化治理的艰巨任务。二是"一带一路"沿线有 60 多个国家遭受不同类型的荒漠化、土地退化和干旱的危害，以及由此引发的饥饿与贫困、社会冲突等问题。以中国的库布其沙漠治理模式作为解决上述棘手问题的经验参考，对于推动"一带一路"沿线的生态修复和绿色发展，建立健康可持续的发展模式，具有积极的现实意义。

荒漠化给 100 多个国家的约 20 亿人带来了不同程度的风险。库布其沙漠治理模式的推广，对于全球的荒漠化防治、人与自然和谐关系的构建，以及可持续发展理念的全球传播都具有极为重要的作用。

库布其沙漠治理模式的成功，充分证明了私营部门在公共产品提供过程中具有的效率，这一模式的推广对于拓展公共产品的提供途径、提升公共产品的供给效率，以及促进政府治理模式的转变方面均具有极为积极的意义。因此，在库布其模式的推广中，我们必须坚持发挥公共部门（政府）和私营部门（企业）不同的资源禀赋优势，构建利益伙伴合作关系，共治、共建、共享，以更好、更快地实现联合国防治荒漠化公约组织提出的土地退化零增长目标，以及联合国 2030 年可持续发展目标。

用库布其模式将"一带一路"建设成绿色生态走廊

习近平总书记于 2013 年提出"一带一路"倡议后，沿线国家不断掀起合作热潮。在经济合作优先战略的前提下，其他方面合作的重要性也逐渐凸显。维护"一带一路"沿线国家和地区的可持续发展，

2018 年 12 月 13 日，作者拍摄于波兰。

一定要处理好经济发展与文化融合、社会责任以及生态友好的关系。

荒漠化是全人类共同面对的顽疾，尤其是在中东、中亚包括非洲等"一带一路"沿线的许多国家，沙漠占其国土面积一半以上，人民饱受沙漠之苦。这些生态问题严重威胁着全球的文化沟通、设施联通、产业发展与经贸合作。

在多个国际场合，许多国家的领导人和政要都迫切希望尽快把库布其治沙经验、模式和技术推广到"一带一路"沿线。2017 年 6 月 24 日，联合国环境署与亿利公益基金会在内蒙古鄂尔多斯市库布其沙漠共同启动了"一带一路"沙漠绿色经济创新中心。当前及今后一段时间，亿利集团依托这个平台，推动库布其模式走向"一带一路"。

一是向非洲沙漠国家和地区推广库布其"治沙、生态、产业、民生"平衡驱动模式，重在示范引领、加速复制推广，为非洲面积广大的次生沙漠治理做出贡献，为中非合作注入新的动力。

非洲撒哈拉大荒漠面积达到 900 万平方千米以上，平均年降水量为 100 毫米的荒漠面积为 856 万平方千米。撒哈拉荒漠大体可分为石漠、碎石荒漠、砾石荒漠、沙砾石荒漠、沙漠、盐漠。每个类型具有自己的成因、特征、景观形态要素特征，与鄂尔多斯干旱荒漠土壤差别不大。库布其治理模式在这一地区具有大显身手的空间，非洲有关国家也迫切地希望中国库布其模式能够分享出去。2018 中非合作论坛北京峰会期间，尼日利亚总统布哈里会见了我。他表示，治理沙漠与清洁能源发展是尼日利亚的重要国家战略，尼日利亚愿意学习并借鉴库布其沙漠的治理模式，并希望中国企业到尼日利亚开展相关领域的产业开发。因此，为了落实中非合作论坛北京峰会的成果，帮助非洲实现联合国 2030 年可持续发展议程和非盟《2063 年议程》相关目标，亿利集团已于 2018 年 10 月走进非洲尼日利亚和摩洛哥，展开了治沙、生态修复及绿色能源等方面的合作。

二是加强与哈萨克斯坦、蒙古国等国家的治沙合作，为"一带一路"打造生态安全屏障。哈萨克斯坦及蒙古国的荒漠类型划分、荒漠气候、土壤类型、荒漠植被类型等，有诸多相似，同样面临土地荒漠化问题，其成因有自然因素，也有人为因素。在干旱半干旱地区，因不合理使用水资源而造成的荒漠化情况最为普遍，后果也最严重。例如，20世纪50年代，不合理的"垦荒运动"造成今哈萨克斯坦耕地面积迅速扩大，但新增耕地大部分位于年降水量不足300毫米的干旱地区。由于不合理利用水资源，土地沙化现象随之出现，并且日趋严重。2014年6月26日，在北京举行的第三届国际防治荒漠化科学技术大会达成共识。由我国发起，中亚国家共同参加建设"中亚防治荒漠化工程"，有力推动全球防治荒漠化事业的发展，显著增强区域实力，为世界和平、安全、可持续发展做出新贡献。

在这一地区，我们采取以甘草治沙为突破口，综合运用生态大数据、种质资源和生物肥料，引种适宜生长的经济作物，实施库布其系统化、规模化的工程治沙，导入生态修复、生态健康、生态农牧等产业，为丝绸之路的绿色发展奠定生态基础，为建设丝绸之路生态屏障再创奇迹。

三是加强与联合国环境署、联合国防治荒漠化公约合作，依托库布其国际沙漠论坛和"一带一路"沙漠绿色经济创新中心平台，有组织地为全球荒漠化国家和地区培训、传授库布其模式，向世界传播、推广中国库布其治沙经验和成果。

水资源安全是"一带一路"倡议实施的核心问题之一。沿线各国水资源分布极不平衡。根据中国国家遥感中心的最新卫星遥感定量研究表明，西伯利亚—中亚—西亚—北非一线水资源最为稀少，特别是中东地区对水资源的需求已经超过水资源负荷，濒临水资源枯竭的危机。这个地区有大面积的沙漠，同时也是荒漠化最严重的地区。如果能够创立一种机制，复制中国库布其模式，把沙漠变成绿洲，通过增加绿色植被来增强水涵养能力，改变区域小气候，提供更多清洁的淡水，将是缓解这些地区水资源缺乏窘境的可行之策。库布其的降雨量近年来呈现不断提升的趋势，就归功于绿色植被覆盖率的显著提升。据统计，一亩树林比一亩无林地每年多蓄水 20 吨，等于一座地下水池。以中国为例，如果能把中国 1/3 的荒漠化土地治理为绿洲，将增加 12 亿亩绿地，可增加蓄水量 240 亿吨，为每位地球公民每年增加 4 吨地下水供应。

今天的库布其是全球荒漠化防治的典范。未来的库布其，既要让绿水青山更浓厚，让金山银山更丰富，也要与我国西部其他沙区，与全世界荒漠化地区分享成功经验，为绿色"一带一路"建设，为全球可持续发展做贡献。

"互联网 +"是库布其模式发展的未来

习近平总书记在 2018 年 3 月 5 日参加他所在的十三届全国人大一次会议内蒙古代表团审议时，强调"加快发展战略性新兴产业，培育壮大新能源、新材料、节能环保、高端装备、大数据云计算、信息制造、人工智能、生物科技、蒙中医药等产业。发展基于'互联网 +'的新产业新业态，推动互联网、物联网、大数据、人工智能同实体经济深度融合。推进国家大数据综合试验区建设，优化大数据发展空间布局，加强大数据技术产品研发，培育大数据核心产业，构建以数据为关键要素的数字经济。"

发展库布其模式，互联网思维是"主线"。库布其沙漠亿利治理区控制面积相当于天津市总面积，近年来，京津地区沙尘暴越来越少，得益于库布其30多年的治沙。我认为，库布其模式主要发挥了三个方面的作用：第一，让治沙、生态、经济、民生协同可持续发展。第二，把生态修复和修复土壤与产业结合起来，实现生态产业化、产业生态化；第三，库布其是个平台，能够集合各方面的力量共同治理。但亿利集团毕竟只是一家企业，力量是有限的，库布其模式未来要运用互联网思维，靠这个平台的机制，在政府的领导和支持下，感召社会力量、当地老百姓、相关投资者共同参与和推进。

最近亿利集团已推出一种互联网模式治沙——"亿森林行动"，通过"公益＋生意"的计划，让全民、全社会参与库布其建设。我认为，治沙1.0是政府投资治理，治沙2.0是企业或农户治理，治沙3.0应该是互联网技术下的全球全民参与，这是我最大的凤愿。

互联网不仅是技术问题，更重要的是思维问题，互联网思维的可贵之处是平台经济。我们要用互联网集聚国家的力量、企业的力量，特别是企业、商业的力量来共同推进生态环境的改善。我们不能仅靠政府的拨款治理沙漠、治理黄河等；应该倡导商业行为和公益行为相结合，在整个生态文明的平台上发挥作用，解决生态环境问题，提高效率。

库布其模式是立体经济，GDP与GEP（生态系统生产总值）是"双轨"。如何把握企业发展和生态保护之间的平衡点，这个问题经常困扰着企业。经过多年实践，我认为企业如果做公益不赚钱，一定是不可持续的，治理沙漠目前已经不再完全是公益事业，但一定是按照商业的智慧和用生意的理念来发展的生态经济。也就是说，把生态当生意做，把保护生态、发展生态当成一种商业去做，这样就能做到可持续。

　　目前，库布其治沙模式首先是修复沙漠中被破坏的生态，建立起基本生态平衡；接着通过修复沙漠生态来修复土壤，通过特别选定的耐寒、耐旱、耐盐碱药材植物让沙子变成土壤；最后就是水到渠成地将恢复的生态与产业结合起来，让不毛之地的沙漠创造出经济价值来。这一过程被称为"立体经济"。这种"立体经济"生生不息，解决了治沙"钱从哪里来""利从哪里得""如何可持续"的问题。一味追求 GDP，忽视生态环境的保护与建设，导致中国环境目前仍存在着很多的问题。2013 年 2 月 25 日，中国首个生态系统生产总值（GEP）机制在内蒙古库布其沙漠实施。库布其是 GEP 的第一块实验田，GEP 是我国生态文明战略的重要实践，是既要金山银山，又要绿水青山的重要战略创新。我们不仅要 GDP，更要 GEP。所以企业要把握经济发展和生态保护之间的平衡，做到"金山、青山"的双丰收。

　　新时代，就要用新思维推进这种可持续发展，我认为互联网思维是新的解决之道，也是必经之路。互联网产业已经为中国经济发展带来了新浪潮，下一步就应该是"生态环境经济"，也包括"生态健康经济"。"互联网＋生态经济"，将是新发展浪潮的科学模式。

库布其模式对全球治沙的启示

　　中国政府历来高度重视荒漠化防治工作，认真履行《联合国防治荒漠化公约》，采取一系列行之有效的政策措施，加大荒漠化防治力度。全国荒漠化土地面积自 2004 年以来已连续三个监测期持续净减少，荒漠化扩展的态势得到有效遏制，实现了由"沙进人退"到

"绿进沙退"的历史性转变，成为全球荒漠化防治的成功典范，为实现全球土地退化零增长目标提供了"中国方案"和"中国模式"，为全球生态治理贡献了"中国经验"和"中国智慧"，受到了国际社会的广泛赞誉。

库布其 30 年把沙漠变绿洲的奇迹，得到了国际社会的广泛认可和权威认证。亿利集团深刻认识到"库布其模式"的世界意义，积极向全世界推介这一模式并得到广泛认同。联合国环境署经过 4 年实地调研与科学评估，于 2017 年 9 月在《联合国防治荒漠化公约》第 13 次缔约方大会期间正式发布《中国库布其生态财富评估报告》。这是联合国专家 4 年多考察、调研的智慧结晶，也标志着库布其治沙经验再次受到联合国的官方认可。2014 年，库布其沙漠被联合国确立为沙漠生态经济示范区；2015 年，时任联合国秘书长潘基文向库布其国际沙漠论坛致贺信；2016 年，"库布其行动"入选纪念联合国成立 70 周年蓝皮书；2017 年，库布其成为联合国旗下"一带一路"沙漠绿色经济创新中心所在地。库布其模式及其治理成果已经得到国际社会的广泛认可，成为中国走向世界的一张"绿色名片"。在 2017 年 12 月 5 日举行的联合国环境大会上，我获得联合国颁发的生态环保最高荣誉——"地球卫士终身成就奖"，也成为第一个获得该奖项的中国人。

库布其 30 年荒漠化治理和沙漠绿色经济发展源于"沙漠经济学"理念。该理念对全球荒漠化治理的核心启示在于：一是部分沙漠是可以治理的，沙漠的问题可以变为机遇，沙漠里也可以长出绿色食品、绿色财富。二是治理沙漠必须规模化、系统化，最终形成沙漠绿洲，改善生态环境，增加生物多样性，改善沙漠小气候。

实践表明，小规模治沙极易被沙漠反噬，固沙治沙必须形成规模、形成系统才能有效遏制沙化。以亿利库布其西部沙漠生态修复区治理为例。这一区域位于亿利"一带三区"治沙规划的生态保护区，也是亿利治理库布其沙漠的第四期工程，总治理规模 2 000 多平方千米，是治沙成本最低、效果最好、周期最短、效益最优的代表性区域，也是亿利治沙的成功缩影。这片区域主要采取"生态移民、封禁保护、自然修复、机械化和人工规模化治理、构筑生态系统能力"的"五结合"措施，综合推进、立体化治理。

一是推动生态移民搬迁和教育。在政府的支持下，生态移民搬迁 150 多户，把原本散居在沙漠中的这些牧民分别搬迁到了库布其道图嘎查牧民新村和吉日嘎朗图镇等村镇，帮助他们发展生态旅游、集约化种养殖产业。我们在搬迁基础上实施生态移民教育，提高农牧民的生态文明思想觉悟，不再让他们的马牛羊去破坏原本赤地千里的荒漠土地。

二是实施封禁保护。①保护来之不易的生态系统，政府出台禁牧、休牧政策，企业进行强管护制度，设立护林队，杜绝人为对生态的破坏；科学核算畜载量，每年养牛规模不超过 2 000 头。②规划沙漠封禁保护区，并非所有沙漠都搞绿化，都要戴"绿帽子"，按照"四周种树种草，保护沙漠原貌"的原则，把沙漠变成生态景观，不受人为破坏。10 多年前，一位文人来到这里，看了之后非常感动，把留下的这片沙漠命名为"英雄坡"，这里树立了亿利人治沙的伟大丰碑，镌刻了亿利人治沙的伟大精神。2013 年 8 月，联合国环境署和防治荒漠化公约组织在这里启动了"全球荒漠化治理库布其行动"。

三是实施自然修复。在封禁保护、减少人为破坏的基础上，我们要充分发挥沙水林草的生态互动效应，利用降雨、凝霜等自然现象提高区域水分含量，用大自然改造大自然，让自然得以休养生息。

四是实现机械与人工相结合的规模化种植。宜机械则机械，宜人工则人工，通过空中飞播、地面拖拉机种植，而人工主要解决机械进不去的地方的种树问题。此举大大降低了治沙成本，每亩由原来的1 000多元降低到500元，使绿化效率提升了一倍，原来治理这片沙漠需要10年时间，实际上5年就完成了，切实实现了生态治理投资和成本递减、规模化生态效益逐渐递增的"二元效应"。

五是构筑生态系统能力。沙漠被规模化治理后形成了生态系统能力，改善了局部区域小气候，恢复了生物多样性，再现了狐狸、山鸡、野兔、仙鹤等500多种动植物，再现了"绿意盎然大森林""风吹草低见牛羊"的美好景象，成为旅游胜地，每年游客达到20万。国内组织和联合国等国际组织每年在这里举办夏令营，把这里作为青少年绿色生态教育基地，来自全球的青少年在此接受生态文明教育，成为库布其治沙的宣传使者。

治理沙漠要考虑经济性，要尊重自然规律、经济规律和产业规律，遵循沙漠绿色经济原理，核心就是如何把沙漠的问题变成机遇，把沙漠的负资产变成能产生GDP的绿色资产。治理沙漠必须要有高科技的支撑，要创新种质技术、节水技术、土壤改良技术、绿色农业和相关产业技术。治理沙漠需要进行理念和机制的持续创新。沙漠不是负担，沙漠是生态，也是资源，蕴涵着巨大的财富；要构建政府、企业和农牧民多元共治的沙漠治理机制，形成公益化、市场化与产业化有机结合的生态商业运营模式。

作为人类历史上第一座也是目前唯一一座被大规模、系统化成功治理的沙漠，库布其沙漠既是"沙漠经济学"的诞生地，也是"沙漠经济学"的实践地，它给全世界防治荒漠化和生态文明建设带来了希望和信心。沙漠经济学的最大启示是，沙漠不是问题，只要尊重自然，顺应自然，保护自然，在沙漠上可以走出一条绿色发展之路。正如雨果所言，大自然是善良的母亲，也是冷酷的屠夫。面对这样的大自然，人类并没有想象中那般弱小，也没有想象中那般强大，更加持久的力量源自我们的内心。在人类与大自然艰苦卓绝的斗争和难以割舍的依存中，希望和信心比黄金更宝贵。

人类对绿色家园的向往，对青山绿水、蓝天白云的追求，是人类最本能、最朴素的梦想。生态文明建设超越国家、地域、意识形态，是全人类的共同需求和愿望。在恶化的生态环境面前，没有任何经济能够持续发展；在被污染的空气、水和不断逼近的沙漠面前，没有任何国家可以独善其身，实现国家安全和人的安全。在"一带一路"的建设上，需要提倡生态先行、绿色发展；必须坚持国际合作，共商、共建、共享。

库布其模式展望

习近平主席非常重视在全球化视野下的人类命运共同体和生态文明建设。在 2018 年中非合作论坛北京峰会上，习近平主席指出，携手打造和谐共生的中非命运共同体。地球是人类唯一的家园。中国愿同非洲一道，倡导绿色、低碳、循环、可持续的发展方式，共同保护青山绿水和万物生灵。中国愿同非洲加强在应对气候变化、应用清洁能源、防控荒漠化和水土流失、保护野生动植物等生态环保领域交流合作，让中国和非洲都成为人与自然和睦相处的美好家园。通过30 年凝聚的沙漠经济学理念以及在内蒙古库布其、新疆、西藏、河北等地实践中积累的经验，我们有理由相信：沙漠经济学和库布其模式可以在"一带一路"沿线以及世界上饱受荒漠化之灾的地区推广应用。我们也有信心：哪里有沙漠，哪里就有库布其模式的足迹，哪里就有绿洲。更多的沙漠将像中国的库布其一样重新焕发生机，更多曾经被忽略和遗弃在人类文明进程之外的沙漠即将苏醒，为人类的生存发展和建设地球家园做出应有贡献。重新认识和理解沙漠，向沙漠进军、兴沙之利、避沙之害的伟大时代，已经到来。

展望未来，全球千万平方千米的荒漠，通过科学治理，可以由"死亡之海"变为绿色家园；风沙之地也可以成为聚宝之盆；贫穷之所终将成为幸福家园。从沙漠的植物里提取的精华物质，和森林与农田中的植物精华一样，将广泛应用在药品、化妆品、保健品和食品加工等领域，成为人类日常生活中必不可少的重要元素；广袤沙漠中的阳光产生的磅礴电能，将为雄心勃勃的人类提供源源不绝的清洁能源；从沙漠变绿洲而新建的城镇，将疏解日益拥挤的大城市，为人类提供新的绿色居所。亿利治沙人将让库布其的种子在中国和世界各大沙漠生根发芽。联合国提出 2030 年土地退化零增长目标，中国提出了构建人类命运共同体、建设绿色"一带一路"重要倡议。亿利集团把为人类治沙作为崇高的使命，誓言治沙 100 年，并提出"两个一"目标：

一是推动互联网、大数据的公益植树和碳汇林植树计划，截至2030 年，引导全球 10 亿人参与植树绿化；

二是大力推广应用库布其三大核心技术、"三耐"种质资源以及"1+6 产业治沙模式"，截至 2030 年，让中国西部和"一带一路"沿线国家和地区 10% 以上的荒漠化地区应用库布其治沙成果，实现沙漠增绿，人民增收。

库布其生物多样性

沙漠严酷的自然条件限制了许多植物的生存，只有为数不多的耐旱生植物稀疏地分布，种类单一、种类贫乏、结构简单、覆盖度低是主要特征，有些地面完全裸露，明沙随风移动。由于食物资源比较单调和贫乏，动物的种类不多，数量也少。

　　地球表面现存沙漠，在一定程度上与人类活动有着直接或间接关系，一些沙漠成因可能是受地球表面大气环流的直接影响形成，如世界上最大的沙漠——撒哈拉沙漠，这些沙漠的形成与人类活动的关系很小。在近代，随着科学的发展和技术的进步，人类活动的影响力有了非常显著的提升，特别是近百年来受到人类活动影响，或者局部气候变化影响，土地荒漠化的速度加快，人类活动已成为沙漠面积扩大和新沙漠形成的主要因素之一。

　　生态恢复是指在人为控制下，利用生态系统演替和自我恢复能力，使被扰动和损害的生态系统、土壤、植物和野生动物等恢复到接近于受干扰前的自然状态，即重建该生态系统干扰前的结构、功能及其有关的物理、化学和生物特性，生态修复必须在恢复生态学理论指导下，遵循自然规律，才能取得较好的效果。沙漠绿化是沙漠生态系统恢复宏大系统工程的重要组成部分，也是沙漠生态系统恢复的基础和前提，当前在降低人类活动对环境负面影响控制土地荒漠化进程速度的同时，通过人工绿化改善生态、防止水土流失、阻止风沙蔓延，是一件功在当代、利在千秋的好事。

　　生态修复的目标取决于生态系统所处的生物、气候和水资源条件，生态修复的指标及修复时间应根据动植物多样性、土壤及水资源等生态因子作具体分析。绿化使沙漠中出现绿地，随着植被恢复进程，植被面积、覆盖度和植物多样性的增加，沙漠绿地中野生动物也随之出现增加。土壤条件恢复相对比较缓慢但恢复也在缓慢进行中，生态修复的目标得以实现。野生动物在生态修复过程中是一个重要的标志，种类和数量的增加标志着修复程度和水平。野生动物在生态修复过程中有推进和维护修复后系统稳定的作用，促进生态系统的真修复，实现沙漠变绿洲的梦想。

胡杨

学名 Populus euphratica Oliv.

蒙名 图日艾 - 奥利亚苏

别名 胡桐 异叶杨

科属 杨柳科 杨属

形态特征 乔木，高达 30m。树皮淡黄色，基部条裂；小枝淡灰褐色，无毛或有短绒毛。叶形多变化，苗期和萌条叶披针形；成年树上的叶卵圆形或三角状卵圆形；雄花序长 1.5-2.5cm，雌花序长 3-5cm。果穗长 6-10cm；蒴果长椭圆形，长约 1.5cm，2 瓣裂。花期 5 月，果期 6-7 月。

生境分布 主要生于荒漠区的河流沿岸及盐碱湖，为荒漠区河岸林建群种。分布我国宁夏、甘肃、青海、新疆；蒙古、俄罗斯、巴基斯坦、伊朗、阿富汗、叙利亚、伊拉克、埃及也有。内蒙古产乌兰察布市，巴彦淖尔市，阿拉善盟，鄂尔多斯市杭锦旗、达拉特旗（沿河）、乌审旗（纳林河）。

三耐特性 潜水旱中生 - 中生植物。喜生于盐碱土壤，为吸盐植物。是鄂尔多斯和西北荒漠、半荒漠区的主要造林树种。

经济价值 树脂（胡桐碱）入药、能清热解毒、制酸、止痛、主治牙痛、咽喉肿痛等。木材可作农具、家具、可供建筑及造纸等用。胡杨碱含盐量 56-71%，可食用及做工业原料，又可治牲畜疾病。枝叶可供骆驼及羊食用。

梭梭

学名 *Haloxylon ammodendron* (C. A. Mey.) Bunge
蒙名 札格
别名 琐琐、梭梭柴
科属 藜科 梭梭属

形态特征 小乔木，有时呈灌木状，高 1-4m。树皮灰黄色，二年生枝灰褐色，有环状裂缝；当年生枝细长，蓝色。叶退化成鳞片状宽三角形。花单生于叶腋。胞果半圆球形，顶部稍凹，果皮黄褐色，肉质；种子扁圆形，直径 2.5mm。花期 7 月，果期 9 月。

生境分布 生于荒漠区的湖盆低地外缘固定、半固定沙丘砂砾质 – 碎石沙地，砾石戈壁以及干河床。为盐湿荒漠的重要建群种；分布于我国甘肃、青海、新疆；蒙古、俄罗斯（中亚）也有。内蒙古产巴彦淖尔市、阿拉善盟，鄂尔多斯市见于杭锦旗库布其沙漠西段。

三耐特性 强旱生 – 盐生植物。抗沙打、沙埋，耐高温，为固沙的优良树种，在鄂尔多斯和西北地区广泛使用。

经济价值 木材可做建筑、燃料等用；且为肉苁蓉的寄主。为荒漠地区的优等饲用植物。骆驼在冬、春、秋季均喜食。春末和夏季因贪食嫩枝，有肚胀腹泻现象；羊也拣食落在地上的嫩枝和果实，其他家畜常不食。是骆驼的优等饲用植物。

①植株 ②胞果

甘草

学名 Glycyrrhiza uralensis Fisch.
蒙名 希禾日一额布斯
别名 甜草苗、乌拉尔甘草
科属 豆科 甘草属

①植株 ②花萼 ③旗瓣 ④翼瓣 ⑤龙骨瓣
⑥荚果

形态特征 多年生草本，高 30-70cm。具粗壮的根茎；主根圆柱形，粗而长，根皮红褐色至褐色，有不规则的纵皱及沟纹，横断面内部呈淡黄色或黄色，有甜味。茎直立，稍带木质，密被白色短毛及鳞片状、点状或小刺状腺体。单数羽状复叶，具小叶 7-17；叶轴长 8-20cm，被细短毛及腺体；托叶小，早落；小叶卵形、倒卵形、近圆形或椭圆形，先端锐尖、渐尖或近于钝，稀微凹，全缘，两面密被短毛及腺体。总状花序腋生，花密集，花淡蓝紫色或紫红色；花梗甚短；苞片披针形或条状披针形；花萼筒状，密被短毛及腺点；旗瓣椭圆形或近矩圆形，顶端钝圆，翼瓣比旗瓣短，而比龙骨瓣长；雄蕊长短不一；子房无柄，具腺状突起。荚果条状矩圆形、镰刀形或弯曲成环状，密被短毛及褐色或红褐色刺状腺体；种子 2-8 颗，扁圆形或肾形，黑色，光滑。花期 6-7 月，果期 7-9 月。

生境分布 生于碱化沙地、沙质草原，具沙质土的田边、路旁，低地边缘及河岸轻度碱化的草甸。生态幅度较广，在荒漠草原、草原、森林草原以及落叶阔叶林地带均有生长。在草原沙质土上，有时可成为优势植物，形成片状分布的甘草群落。分布于蒙古、俄罗斯（西伯利亚、中亚）。巴基斯坦，阿富汗也有。我国分布东北、华北、西北；产内蒙古自治区全区各地，鄂尔多斯见于全市。

三耐特性 中旱生植物。抗寒，耐旱，耐盐碱，耐瘠薄，对土质的适应性宽泛，气候生态幅亦较宽泛。是理想的兼具生态效益和经济效益的综合性生态修复物种。

经济价值 根入药，能清热解毒，润肺止咳、调和诸药等，主治咽喉肿痛、咳嗽、脾胃虚弱、胃及十二指肠溃疡、肝炎、癫病、痈疖肿毒、药物及食物中毒等症。根及根茎入蒙药（蒙药名：希和日－额布斯）。能止咳润肺、滋补、止吐、止渴、解毒，主治肺痨、肺热咳嗽、吐血、口渴、各种中毒、"白脉"病、咽喉肿痛、血液病。在食品工业上可作啤酒的泡沫剂或酱油、蜜饯果品香料剂；也可开发成甘草饮料和保健品。又可作灭火器的泡沫剂及纸烟的香料。谢蕾前骆驼乐意采食，绵羊、山羊亦采食，但不十分乐食。渐干后各种家畜均采食，绵羊、山羊尤喜食其荚果。鄂尔多斯牧民常刈制成干草于冬季补喂幼畜。为良等饲用植物。

柠条锦鸡儿

学名 *Caragana korshinskii* Kom.
蒙名 查干—哈日嘎纳
别名 柠条、白柠条、大白柠条、毛条
科属 豆科 锦鸡儿属

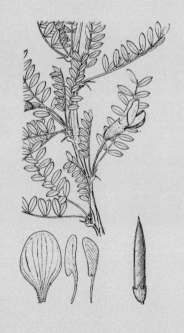

形态特征 灌木，高 1.5-3m，树干基部直径约
3-4cm。树皮金黄色，有光泽；枝条细长，小
枝灰黄色，具条棱，密被绢状柔毛。长枝上的
托叶宿存并硬化成针刺状；小叶羽状排列，倒
披针形或矩圆状倒披针形；花冠黄色。荚果披
针形或矩圆状披针形，略扁，深红褐色，顶端
短渐尖。花期 5-6 月，果期 6-7 月。

生境分布 散生于荒漠、荒漠草原地带的流动沙
丘及半固定沙地。分布于我国宁夏、甘肃等省
区；蒙古也有。内蒙古产巴彦淖尔市、乌海市，
阿拉善盟，鄂尔多斯市见于杭锦旗库布其沙漠
西段，鄂托克旗西部五大沙，鄂托克前旗西部
陶利。

三耐特性 沙漠旱生灌木。抗旱、耐沙性较强，
作为固沙造林树种在沙区和荒漠生态修复中广
泛使用。

经济价值 羊在春季采食其幼嫩枝叶，夏秋采
食较少，秋霜后又开始喜食。马、牛采食较少。
群众多用作农田防护植物，并能沤作绿肥。刈
割后制成干草粉，可代饲料用。为中等饲用
植物。

细枝岩黄耆

学名 *Hedysarum scoparium* Fiscb.et Mey.
蒙名 好尼音－他日波勒吉
别名 花棒、花柴、花帽、花秧、牛尾梢
科属 豆科 岩黄耆属

形态特征 灌木，高达 2m。茎和下部枝紫红色或黄褐色，皮剥落，多分枝；嫩枝绿色或黄绿色，具纵沟。单数羽状复叶；小叶矩圆状椭圆形或条形。总状花序腋生，花少数，排列疏散；花紫红色。荚果有荚节，荚节近球形，膨胀，密被白色毡状柔毛。花期 6-8 月，果期 8-9 月。

生境分布 为荒漠和半荒漠地区植被的优势植物或伴生植物，在固定及流动沙丘均有生长。国外分布于蒙古和俄罗斯中亚地区。我国分布于宁夏、甘肃、青海和新疆等省区；内蒙古产阿拉善盟（阿拉善左旗与右旗），鄂尔多斯市毛乌素沙地，伊金霍洛旗，鄂托克旗桌子山。

三耐特性 为嗜沙型旱生沙生灌木。耐旱，抗高温，抗沙打、沙埋。是沙区栽培应用广泛的优良固沙先锋植物和生态修复物种。

经济价值 本种枝叶骆驼和羊喜食。适时调制的干草，为各种家畜喜食，饲用品质好。

①植株 ②旗瓣 ③翼瓣
④龙骨瓣 ⑤荚果

塔落岩黄芪

学名 *Hedysarum fruticosum var. laeve*（Maxim.）H.C.Fu
蒙名 陶尔落格—他日波落吉
别名 杨柴、羊柴
科属 豆科 岩黄耆属

形态特征 半灌木，高 1-2m。茎直立，多分枝，开展。树皮灰黄色或灰褐色，常呈纤维状剥落。小枝黄绿色或灰绿色，疏被平伏的短柔毛，具纵条棱。单数羽状复叶，上部的叶具少数小叶，中下部的叶具多数小叶；枝上部小叶疏离，条形或条状矩圆形，枝中部及下部小叶矩圆形、长椭圆形或宽椭圆形。总状花序腋生；花紫红色。荚果通常具荚节，荚节矩圆状椭圆形，两面扁平，具隆起的网状脉纹，无毛。花期 6-10 月，果期 9-10 月。

生境分布 生长于草原区以至荒漠草原的半固定、流动沙丘或黄土丘陵浅覆沙地。分布于我国宁夏、陕西北部。内蒙古产乌兰察布市、呼和浩特市、巴彦淖尔市、鄂尔多斯市毛乌素沙地，库布其沙漠东部。

三耐特性 为嗜沙型沙生中旱生植物。是良好的固沙植物，在沙区生态修复中广泛栽培使用。

经济价值 绵羊、山羊喜食其嫩枝叶、花序和果枝。骆驼一年四季均采食。在花期刈制的干草各种家畜均喜食。属于优等饲用植物。

①花序及茎下部叶 ②旗瓣 ③翼瓣
④龙骨瓣 ⑤荚果 ⑥雄蕊

驼绒藜

学名 *Ceratoides latens*（J. F. Gmel.）
　　 Reveal et Holmgren
蒙名 特斯格
别名 优若藜
科属 藜科 驼绒藜属

形态特征　植株高 0.3-1m，分枝多集中于下部。叶较小，条形、条状披针形、披针形或矩圆形。雄花序较短而紧密；雌花管椭圆形，密被星状毛；胞果椭圆形或倒卵形，被毛；果期6-9月。

生境分布　生于草原区西部和荒漠区沙质、砂砾质土壤，为小针茅草原的伴生种，在草原化荒漠可形成大面积的驼绒藜群落，也出现在其他荒漠群落中。国外分布较广，在整个欧亚大陆的干旱地区均有分布。我国分布于甘肃、青海、新疆、西藏。内蒙古产锡林郭勒盟、乌兰察布市、巴彦淖尔市、阿拉善盟，鄂尔多斯市见于鄂托克旗大部，杭锦旗西部，伊金霍洛旗，鄂托克前旗三段地。

三耐特性　强旱生半灌木。是在干旱的沙区和荒漠地区优良的生态修复植物。

经济价值　为优等饲用植物。家畜采食其当年生枝条。在各种家畜中、骆驼与山羊、绵羊四季均喜食，而以秋冬为最喜食，绵羊与山羊除喜食其嫩枝条，亦喜采食其花序，马四季均喜采食，牛的适口性较差。

本种含有较多量的粗蛋白质及钙，且其无氮浸出物的含量亦甚多，为富有营养价值的植物，尤其在越冬期间，尚含有较多的蛋白质，且冬季地上部分保存良好，这对家畜冬季饲养具有一定意义。

①花枝 ②雄花 ③幼果 ④雌花管

多枝柽柳

学名 *Tamarix ramosissima* Ledeb.
蒙名 乌兰—苏海
别名 红柳
科属 柽柳科 柽柳属

形态特征 灌木或小乔木，通常高2-3m，多分枝。去年生枝紫红色或红棕色。叶披针形或三角状卵形，几乎贴于茎上。总状花序生当年枝上，组成顶生的大型圆锥花序；花瓣粉红色或紫红色。蒴果长圆锥形。种子多数，顶端簇生毛。花期5-8月，果期6-9月。

生境分布 多生于盐渍低地，古河道及湖盆边缘。分布于阿富汗、土耳其、伊朗、蒙古、俄罗斯、欧洲也有。我国分布于东北、华北、西北地区。内蒙古产乌兰察布市南部，巴彦淖尔南部及阿拉善盟，鄂尔多斯全市。

三耐特性 为耐盐潜水旱生植物。耐盐碱，抗水湿，抗风沙，是沙区防风固沙的优良树种。

经济价值 红柳茎干可做农具把；枝条柔韧，富弹性，耐腐蚀，可供编筐、篓、笆子等；嫩枝含单宁，可提取鞣料；嫩枝、叶入药，能疏风解表、透疹，主治麻疹不透、感冒，风湿关节痛、小便不利；外用治风疹搔痒。嫩枝也作蒙药用，能解毒、清热、清"黄水"、透疹，主治陈热、"黄水"病、肉毒症、毒热、热症扩散、血热、麻疹。枝叶含盐量较高，具咸苦味道，青鲜时家畜一般不食，在春季刚萌发新枝叶时，骆驼喜食其嫩枝。秋霜后羊喜食其花序和落枝、落叶。属于中等饲用植物。

①夏花枝一部分 ②嫩枝一部分
③花 ④花盘 ⑤果实

长柄扁桃

学名 *Prunus pedunculata*（Pall.）Maxim.

蒙名 布衣勒斯

别名 柄扁桃、山樱桃、山豆子

科属 蔷薇科 桃属

形态特征 灌木，高 1-1.5m。多分枝，枝开展；树皮灰褐色，稍纵向剥裂；嫩枝浅褐色，常被短柔毛；在短枝上常 3 个芽并生，中间是叶芽，两侧是花芽。单叶互生或簇生于短枝上，叶片倒卵形、椭圆形、近圆形或倒披针形。花单生于短枝上；花瓣粉红色。核果近球形，稍扁，成熟时暗紫红色，顶端有小尖头，被毡毛；果肉薄、干燥、离核；核宽卵形，稍扁，平滑或稍有皱纹；核仁（种子）近宽卵形，稍扁，棕黄色，花期 5 月，果期 7-8 月。

生境分布 中旱生灌木。主要生长于干草原及荒漠草原地带，多见于丘陵地向阳石质斜坡及坡麓。鄂尔多斯见于毛乌素沙地，乌审旗呼吉尔图。

保护级别 内蒙古自治区二类重点保护植物。

经济价值 种仁可代"郁李仁"入药。羊采食其叶和果，属于低等饲用植物。

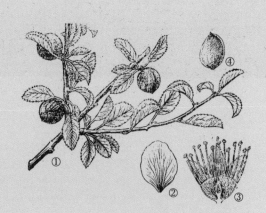

①果枝 ②花瓣
③花纵切 ④果核

叉子圆柏

学名 *Sabina vulgaris* Ant.
蒙名 浩宁－阿日察
别名 沙地柏、叉枝圆柏、臭柏
科属 柏科 圆柏属

形态特征 匍匐灌木，稀直立灌木或小乔木，高不足 1m。树皮灰褐色，裂成不规则薄片脱落。叶二型，刺叶仅出现在幼龄植株上，交互对生或 3 叶轮生，披针形；壮龄树上多为鳞叶，交互对生，斜方形或菱状卵形。雌雄异株，稀同株；雄球花椭圆形或矩圆形，雌球花和球果着生于向下弯曲的小枝顶端，球果倒三角状球形或叉状球形，成熟前蓝绿色，成熟时褐色、紫蓝色或黑色多少被白粉；内有种子（1）2—3（5），微扁，卵圆形。花期 5 月，球果成熟于翌年 10 月。

生境分布 旱中生植物。生于多石山坡上，或针叶林或针阔叶混交林下，或固定沙丘上。鄂尔多斯见于乌审旗、伊金霍洛旗、毛乌素沙地。

保护级别 内蒙古自治区重点保护植物。

经济价值 耐旱性强，可作水土保持及固沙造林树种。枝叶入药，能祛风湿，活血止痛，主治风湿性关节炎、类风湿性关节炎、希氏杆菌病、皮肤瘙痒。叶入蒙药（蒙药名：伊曼一阿日杏），功能主治同侧柏。可作饲草；属于劣等饲用植物。可开发蚊香、香水、香料等。

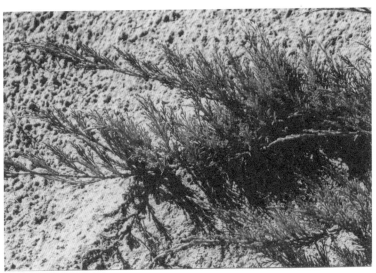

蒙古扁桃

学名 *Amygdalus mongolica*（Maxim.）Ricker
蒙名 乌兰一布衣勒斯
别名 山樱桃、土豆子
科属 蔷薇科 桃属

形态特征　灌木，高 1-1.5m。多分枝，枝条成近直角方向开展，小枝顶端成长枝刺；树皮暗红紫色或灰褐色，常有光泽；嫩枝常带红色，被短柔毛。单叶，小形，多簇生于短枝上或互生于长枝上，叶片倒卵形、椭圆形或近圆形。花单生短枝上，花梗极短；花瓣淡红色。核果宽卵形，稍扁，顶端尖，被毡毛；果肉薄，干燥，离核；果核扁宽卵形，有浅沟，种子（核仁）扁宽卵形，淡褐棕色。花期 5 月，果期 8 月。
生境分布　旱生灌木。生于荒漠区和荒漠草原区的低山丘陵坡麓、石质坡地及干河床，为这些地区的景观植物。鄂尔多斯见于鄂托克旗阿尔巴斯、桌子山、棋盘井、乌兰镇，鄂托克前旗，杭锦旗特拉沟、赛乌素、达拉特旗库布其沙漠。
保护级别　国家二级重点保护植物
经济价值　种仁可代"郁李仁"入药。叶和果可作羊饲料，属于低等饲用植物。果仁可开发饮料。

①果枝 ②果核

沙冬青

学名 Ammopiptanthus mongolicus（Maxim. ex Kom.）Cheng f.

蒙名 萌合一哈日嘎纳

别名 蒙古黄花木

科属 豆科　沙冬青属

形态特征　常绿灌木，高 1.5-2m，多分枝。树皮黄色。枝粗壮，灰黄色或黄绿色，幼枝密被灰白色平伏绢毛。叶为掌状三出复叶，少有单叶；小叶菱状椭圆形或卵形，全缘，两面密被银灰色毡毛。总状花序顶生；花冠黄色。荚果扁平，矩圆形，顶端有短尖，含种子 2-5 颗；种子球状肾形。花期 4-5 月，果期 5-6 月。

生境分布　强度旱生常绿灌木。沙质及沙砾质荒漠的建群植物。在亚洲中部的旱生植物区系中它是古老的第三纪残遗种。不仅有重要的资源价值，又有很重大的科学意义，因此应切实注意保护。鄂尔多斯见于杭锦旗中西部，鄂托克旗查布、阿尔巴斯、碱柜，鄂托克前旗哈图。

保护级别　国家二级重点保护植物。

经济价值　可作固沙植物。枝、叶入药，能祛风、活血、止痛，外用主治冻疮、慢性风湿性关节痛。为有毒植物，绵羊，山羊偶尔采食其花则呈醉状，采食过多可致死。

①植株 ②旗瓣 ③翼瓣
④龙骨瓣 ⑤花萼 ⑥荚果

四合木

学名 Tetraena mongolica Maxim.
蒙名 诺朔嘎纳 奥其
科属 蒺藜科 四合木属

形态特征 落叶小灌木，高可达90cm。老枝
红褐色，稍有光泽或有短柔毛，小技灰黄色
或黄褐色，密被白色稍开展的不规则的丁字
毛，节短明显。双数羽状复叶，对生或簇生
于短枝上，小叶2枚，肉质，倒披针形，全
缘，黄绿色，两面密被不规则的丁字毛。花
1-2朵着生于短枝上；花瓣白色具爪，瓣片
椭圆形或近圆形。果常下垂，具4个不开裂
的分果瓣；种子镰状披针形，表面密被褐色
颗粒。

生境分布 强旱生植物。为东阿拉善植物州
所特有的单种属类群，是内蒙古仅有的一个
特有属，亦属于蒙古高原、中亚荒漠的特征
属之一，属于古地中海南岸区系成分的子遗
种。在草原化荒漠地区，常成为建群种，形
成有小针茅参加的四合木荒漠群落。鄂尔多
斯见于杭锦旗西部、鄂托克旗北部，西鄂尔
多斯自然保护区。

保护级别 国家二级重点保护植物

经济价值 枝含油脂，极易燃烧，为优良燃
料；骆驼采食，属于低等饲用植物。有阻挡
风沙的作用。

①植株 ②花纵切 ③雄蕊 ④雌蕊
⑤分果纵切 ⑥种子

鄂尔多斯半日花

学名 *Helianthemum soongoricum* Schrenk
蒙名 好日敦一哈日
科属 半日花科 半日花属

形态特征 矮小灌木，高5-12cm，
多分枝，稍呈垫状。老枝褐色或灰褐
色，小枝对生或近对生，先端常尖锐
成刺状。单叶对生，披针形或狭卵
形，两面被白色棉毛。花单生枝顶，
被白色长柔毛；花黄色。蒴果卵形，
被短柔毛。种子卵形。
生境分布 强旱生植物，为古老的残
遗种。生于草原化荒漠区的石质和砾
石质山坡。鄂尔多斯见于鄂托克旗棋
盘井、阿尔巴斯、千里山。
保护级别 国家二级重点保护植物。
经济价值 地上部分含红色物质，可
作红色染料。食口性良好，骆驼喜
食，羊采食其叶、花，属于中等饲用
植物。

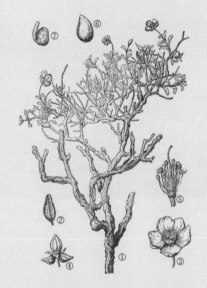

①植株 ②叶 ③花 ④花萼 ⑤雄
蕊与雌蕊 ⑥种子 ⑦胚

肉苁蓉

学名 *Cistanche deserticola* Ma
蒙名 察干一高要
别名 苁蓉、大芸
科属 列当科 肉苁蓉属

形态特征 多年生草本。茎肉质，有时从基部分为 2 或 3 枝，圆柱形或下部稍扁，高 40-160（200）cm，不分枝，下部较粗向上逐渐变细，下部直径 5-10(15)cm，上部 2-5cm。鳞片状叶多数，淡黄白色。穗状花序，长 15-50cm。苞片条状披针形，披针形或卵状披针形，长 2-4cm，宽 5-8mm，被疏棉毛或近无毛。花萼钟状，5 浅裂。花冠管状钟形，管内面离轴方向有 2 条纵向的鲜黄色凸起；裂片 5；花冠管淡黄白色，裂片颜色常有变异，淡黄白色、淡紫色或边缘淡紫色，干时常变棕褐色；花药顶端有骤尖头，被皱曲长柔毛。子房椭圆形，白色，基部有黄色蜜腺；花柱顶端内折；柱头近球形。蒴果卵形，2 瓣裂，褐色；种子多数，微小，椭圆状卵形或椭圆形，长 0.6-1mm，表面网状，有光泽。花期 5-6 月，果期 6-7 月。
生境分布 根寄生植物，寄主梭梭，生于梭梭漠中。鄂尔多斯见于杭锦旗呼和木独、哈正扎格。
保护级别 国家二级重点保护植物
经济价值 肉质茎入药（药材名：肉苁蓉），能补精血、益肾壮阳、润肠，主治虚劳内伤、男子滑精、阳痿、女子不孕、腰膝冷痛、肠燥便秘。也作蒙药用（蒙药名：查干－高要），能补肾消食，主治消化不良、胃酸过多、腰腿痛。

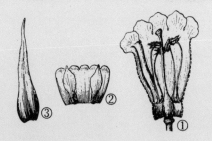

①花纵剖面 ②花萼与小苞片 ③苞片

北沙柳

学名 *Salix psammophyla* C. Wang et Ch. Y. Yang
蒙名 额勒寸－巴日嘎素
别名 沙柳、西北沙柳
科属 杨柳科 柳属

形态特征 落叶丛生灌木，高 2-4m 或更高。树皮灰色；老枝颜色变化较大，浅灰色、黄褐色或紫褐色，小枝叶可长达 12cm，先端渐尖，基部楔形。花先叶开放；雄花具雄蕊 2，完全合生。蒴果长 5.8mm，被柔毛。花期 4 月下旬，果期 5 月。

生境分布 生于流动、半固定沙丘及沙丘间低地。分布于我国陕西北部及宁夏东部、甘肃与新疆等地区，内蒙古产巴彦淖尔市，阿拉善盟（引种），鄂尔多斯市毛乌素沙地、库布其沙漠，全市都有栽培。

三耐特性 中旱生植物。水平根系发达，可塑性大，耐水湿，也耐干旱，抗沙埋，抗风蚀，生长迅速，为鄂尔多斯及西北沙区优良的固沙树种和生态修复树种。

经济价值 枝条细长，材质洁白，轻软，可供编织、人造板、瓦楞纸、箱板纸等用。幼嫩枝叶牲畜喜食，属于干旱沙性草原良好饲用植物。

①枝叶 ②雄花序 ③雄花
④雌花序 ⑤雌花

沙拐枣

学名 *Calligonum mongolicum* Turcz.
蒙名 陶日勒格
科属 蓼科 沙拐枣属

形态特征 植株高 1-3m。老枝暗灰色，当年枝黄褐色，嫩枝绿色。叶长 2-4mm。花淡红色，通常 2-3 朵簇生于叶腋。沙拐枣瘦果长 8-12 毫米。花果期 6-8 月。

生境分布 沙生强旱生灌木。生长于典型荒漠带流动、半流动沙丘和覆沙戈壁上。多散生在沙质荒漠群落中，为伴生种。见于鄂尔多斯西北部。

保护级别 国家二级重点保护植物。

经济价值 可作固沙植物。为优等饲用植物，骆驼喜食、羊乐食嫩枝及果实。根和带果全株入药，治小便混浊，皮肤皲裂。

黑果枸杞

学名 *Lycium ruthenicum* Murr
蒙名 哈日 - 钦瓦因 - 哈日莫格
别名 黑枸杞
科属 茄科、枸杞属

形态特征 多棘刺旱生耐盐灌木。高 20-50 (-150) 厘米，多分枝；枝条白色或灰白色，坚硬，常成之字形曲折，有不规则的纵条纹，叶 2-6 枚簇生于短枝上，在幼枝上则单叶互生，肥厚肉质，近无柄，条形、条状披针形或条状倒披针形，长 0.5-3 厘米，宽 2-7 毫米。花 1-2 朵生于短枝上；花梗细瘦，长 0.5-1 厘米。花萼狭钟状，包围于果实中下部，不规则 2-4 浅裂；花冠漏斗状，浅紫色，长约 1.2 厘米，筒部向檐部稍扩大，5 浅裂；雄蕊稍伸出花冠；花柱与雄蕊近等长。浆果紫黑色，球状，径 4-9 毫米。种子肾形，褐色，长 1.5 毫米，宽 2 毫米。花果期 5-10 月。

生境分布 分布于中国内蒙古、青海、新疆、甘肃等地及欧洲中亚。

三耐特性 于高山沙林、盐化沙地、河湖沿岸、干河床、荒漠河岸林中，为我国西部特有的沙漠药用植物品种。野生的黑果枸杞适应性很强，能忍耐 38.5 摄氏度高温，耐寒性亦很强，在 - 25.6 摄氏度下无冻害，耐干旱，在荒漠地仍能生长。是喜光树种，全光照下发育健壮，在庇荫下生长细弱，花果极少。对土壤要求不严，耐盐碱，耐干旱。

应用价值 黑枸杞味甘、性平，富含蛋白质、脂肪、糖类、游离氨基酸、有机酸、矿物质、微量元素、生物碱、维生素 C、B1、B2、钙、镁、铜、锌、锰、铁、铅、镍、镉、钴、铬、钾、钠等各种营养成分。经科学检测，其钙、铁、尼克酸含量分别为红果枸杞的 2.3、4.6、16.7 倍，尤其是原花青素超过蓝莓（黑果枸杞含原花青素 3 690mg/100g；蓝莓含原花青素 330 ~ 3 380mg/100g）。这是迄今为止发现原花青素含量最高的天然野生果实，也是最有效的天然抗氧化剂，其功效是 VC 的 20 倍、VE 的 50 倍，其维生素、矿物质等营养成分含量也很丰富，尤其含具有清除自由基、抗氧化功能的天然的花色甙素，药用，保健价值远远高于普通红枸杞，被誉为"软黄金"。

因此其保健作用强，能够抗衰老，改善睡眠，美容养颜，改善皮肤，补肾益精，预防癌症，护肝明目，增进视力，改善循环，增强体质，防治糖尿病。

樟子松

学名 Pinus sylvestris L. var. mongholica Litv.
蒙名 海拉尔 - 那日苏
别名 海拉尔松
科属 松科、松属

形态特征 乔木，高可达 30 米。树皮灰褐色或褐黄色。针叶二针一束，横断面半圆形，长 4-9 厘米，径 1.5-2.0 毫米，纵向扭曲 1-2 周。膜质叶鞘黑褐色。球果圆锥状卵形，长 3-6 厘米，径 2-3 厘米成熟前绿色，成熟时淡褐色。种子黑褐色，连翅长 11-15 毫米。花期 6 月，球果于第二年 9-10 月成熟。

生境分布 生于山脊、山顶和阳坡、干旱沙地、石砾砂土地区。分布于内蒙古东北部及黑龙江。

三耐特性 为阳性中生树种，抗旱性及抗寒性均强，适宜长在沙性土壤上，适应性广。

应用价值 木材可供建筑、桥梁、枕木、电柱车辆、家具、造纸等使用。树干可采割松脂。雄球花可采集松花粉。针叶、花粉、球果均可入药。为北方寒旱地区及沙区主要的造林树种和防风固沙、水土保持和生态修复树种。也是良好的园林绿化和观赏树种。

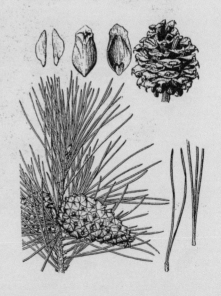

白扦

学名 *Picea meyeri* Rehd. et Wils.
蒙名 查干－嘎楚日
别名 云杉、红杆、蒙古云杉、沙地云杉、沙漠圣诞树
科属 松科、云杉属

形态特征 乔木，高可达 30 米。树皮灰褐色。叶四棱柱状锥形，长 1-2 厘米，一年生叶淡灰蓝绿色，二年生以上的叶暗绿色。球果矩圆状圆柱形，长 6-9 厘米，幼球果紫红色直立，成熟前下垂，绿色，成熟时褐黄色。种子暗褐色，倒卵形，连翅长 1-1.5 厘米。花期 5 月，球果成熟期 9-10 月。

生境分布 旱中生乔木。生于生于山地阴坡或半阴坡及沙地。分布于内蒙古中西部，河北及山西。为中国特有种。

三耐特性 抗寒，比较耐旱，苗期比较耐阴，耐轻度盐碱土。

应用价值 木材可供建筑、土木工程、枕木、电柱、家具及木纤维工业原料等用材。是荒山造林，防风固沙、生态修复和水土保持树种。也是良好的园林绿化和观赏树种。

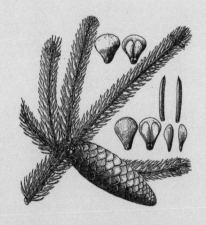

大天鹅

学名 *Cygnus cygnus*
别名 白鹅、黄嘴天鹅
科属 鸭科 天鹅属
保护等级 国家二级保护动物

形态特征 成鸟：大型游禽，最大者体型可达 165 厘米。雌鹅较雄鹅稍小。雌雄均为白色，头部稍沾棕黄色。虹膜暗红色。嘴黑，嘴基有大片黄色。黄色延至上喙侧缘成尖形。跗蹠、蹼、爪均为黑色。幼鸟：羽衣浅灰色，嘴带粉红色。

栖息环境 繁殖于欧亚大陆北部的池塘、淡水湖泊、流速缓慢的河流，很少出现于苔原带；冬季栖息于欧亚中部的温暖地区，在离水域不远的地势较低的农田、湖泊、河流、水库等地，通常距海岸较近。以植物性食物为主，主要食水生植物；在冬季以谷物、土豆或其它农作物作为食物补充食。

分布范围 在内蒙古繁殖于赤峰市达里诺尔周围及以东地区。国内繁殖于新疆、东北，越冬于山东沿海、黄河和长江中下游、东南沿海和台湾。

国外分布于冰岛和斯堪的纳维亚，向东至西伯利亚东北部；在欧洲的中部和西部，波罗的海周围，北海、黑海、里海和成海，向东至日本的海岸过冬。

沙狐

学名 *Vulpes corsac*
别名 东沙狐
科属 犬科 狐属
保护等级 已被列入《国家保护的有益的或者有重要经济、科学研究价值的陆生野生动物名录》、《世界自然保护联盟》（IUCN）2013 年濒危物种红色名录 ver 3.1——低危（LC）

形态特征 沙狐体长 50-60 厘米，尾长 25-35 厘米，体重约 2-3 千克。体型比赤狐略小，和一只中等大小的狗一样高。是一种长腿，红灰色的狐狸。脸短而吻尖，耳大而尖，耳基宽阔，毛细血管发达。背部呈浅棕灰色或浅红褐色，底色为银色。下颊至胸腹部呈淡白色至黄色。毛色呈浅沙褐色到暗棕色，头上颊部较暗，耳壳背面和四肢外侧灰棕色，腹下和四肢内侧为白色，尾基部半段毛色与背部相似，末端半段呈灰黑色。夏季毛色近于淡红色。沙狐和同属狐狸相比牙齿小，上门齿侧边的小尖不存在，外缘门齿与其他门齿略有间隙，并稍靠后。
生境类型 主要栖息于草原、荒漠和半荒漠地带，远离农田、森林和灌木丛。喜欢在草原和半沙漠中生活，最初源自蒙古草原。
地理分布 分布于阿富汗、中国、印度、伊朗、哈萨克斯坦、吉尔吉斯斯坦、蒙古、俄罗斯、土库曼斯坦、乌兹别克斯坦。
中国主要分布地区：新疆、青海、甘肃、宁夏、内蒙古、西藏。

蓑羽鹤

学名 *Anthropoides virgo*(Linnaeus)
别名 赤老、灰鹤、闺秀鹤
科属 鹤科 鹤属
保护等级 国家二级重点保护动物

形态特征 雄鸟（夏羽）:额、头顶、枕中部灰色，额部杂有黑色，
眼先、头顶两侧、颊、颏、喉、前颈、颈侧及颈项黑色，眼后耳
羽有一簇白色沾褐的长羽向后延伸至后颈侧。前胸蓑羽黑色，长
约 170 毫米。尾羽灰褐。初级飞羽、次级飞羽和初级覆羽黑色，
三级飞羽灰褐，羽端黑褐色，小翼羽灰褐。体余部羽毛均灰色。
虹膜红色。嘴黑，前端渐变为棕褐。胫、跗蹠、趾、爪均黑色，
跗蹠前部被盾状鳞，后部为网状鳞甸。

栖息环境 栖息于草甸草原、典型草原和荒漠草原。喜集群活
动。在迁徙季节和越冬地常集大群，有时与灰鹤混群在河滩、农
田及干燥的湿地觅食。在内蒙古鄂尔多斯市及赤峰市达里诺尔曾
见上万只秋季迁徙前所集的大群。

分布范围 国内繁殖于黑龙江、宁夏、新疆、内蒙古。迁徙季节
见于河北、青海。在西藏南部越冬。

国外繁殖于欧亚大陆中部，从黑海向东至蒙古国。在印度大陆和
撒哈拉沙漠以南，从乍得湖到埃塞俄比亚过冬。在土耳其和非洲
西北部的阿特拉斯山脉有小的、分离的繁殖种群。

纵纹腹小鸮

学名 *Athene noctua* (Scopoli)
别名 小鸮、尸怪子
科属 鸱鸮科 小鸮属
保护等级 国家二级重点保护动物

形态特征 成鸟（冬羽）：眼周、颏白色。眼先羽基白色，羽端黑褐，形成须状。耳羽栗色，具棕白色纵纹。额、头顶、枕部褐色，具棕白色羽轴纹，先端扩大成水滴状。上体余部棕褐色，均具棕白色圆形斑点，在后颈和上背的斑点较集中隐约形成倒三角形的领斑。尾羽亦呈棕褐色，具棕白色横斑。飞羽棕褐色，具棕白色斑纹，内翈斑纹较大而白。翼上覆羽与背同色。前胸和颈侧有一褐色斑带，下体余部棕白色，具宽阔的棕褐色纵纹，胸中部和两胁的纵纹较著，而肛周和尾下覆羽无纵纹。腋羽纯白色。跗蹠和趾均被棕白色羽毛。虹膜黄色。嘴黄绿色。爪栗色。后部为网状鳞甸。

栖息环境 栖息于树林、丘陵荒坡、草原、村庄等环境，也出现在农田、荒漠。常单只停息在大树上、电线杆上。该种鸮昼夜都能活动。主要在白天和黄昏捕食。常栖息在电线杆或树顶等待猎物出现，然后快速追击捕获。

分布范围 国内分布于内蒙古、四川、陕西、河南以北的大部分地区。均为留鸟。

国外欧洲中部和南部、中亚地区、远东地区、蒙古、朝鲜，南到地中海、伊拉克、伊朗、阿富汗、巴基斯坦、印度北部、锡金、不丹、非洲东北部。

蒙古兔

学名 *Lepus tolai* Pallas
别名 野兔、草兔
科属 兔科 兔属
保护等级 已被列入《国家保护的有益的或者有重要经济、科学研究价值的陆生野生动物名录》

形态特征 外形: 体型中等,略侧扁。耳较长,向前折时明显超过鼻端,耳毛尖端黑色。前肢短,后肢长。适于跳跃。
毛色: 冬毛背部为沙黄色,并带黑色波纹,白色针毛较多。夏毛多为浅沙棕色,并杂生少量白色针毛,后颈毛色浅棕。鼻部与额部颜色较暗。鼻部两侧、眼周、耳基部毛色较浅。耳外侧前部毛色与额部相同,后部毛色与颈部背方相同,耳先端黑棕色。身体两侧毛色渐淡,腹部为白色。臀部沙灰色。四肢背部棕黄色,跗蹠腹面白色。尾背面中央有一块明显的黑斑或黑棕色斑,斑块周围及尾腹面白色。
栖息环境 栖息于多种生境,喜欢在湖泊、河流附近的灌丛、芨芨草滩、草丛及苗圃、果园,田间地头的灌丛和高草丛中栖息。
分布范围 国内分布于北京、河北、天津、山西、陕西、吉林、黑龙江、山东、宁夏、内蒙古。
国外分布于伊朗、阿富汗、哈萨克斯坦、西伯利亚和蒙古。

灰头麦鸡

学名 *Vanellus cinereus*
别名 田凫
科属 鸻科 麦鸡属
保护等级 已被列入《国家保护的有益的或者有重要经济、科学研究价值的陆生野生动物名录》、《世界自然保护联盟》（IUCN）2013年濒危物种红色名录 ver 3.1——低危（LC）

形态特征 （夏羽）：头和颈部灰色，颈侧和后颈稍沾褐。背肩部，
腰部和三级飞羽淡褐色。腰侧和尾上覆羽白色。尾羽白色，除最
外侧尾羽外，均具黑色次端斑和狭斑、白色端缘，中央尾羽黑色
次端斑较宽阔，而外侧第二对尾羽的黑色次端斑较小。初级飞羽
和覆羽黑色，次级飞羽和大覆羽白色，小覆羽和内侧三级飞羽与
背同色。前胸灰色，胸部下方有黑褐色横带。下体余部白色。虹
膜红色。嘴黄色，先端三分之黑。脚呈黄色，爪黑色。
栖息环境 栖息于沼泽湿地、河岸、湿草甸、稻田等近水域环
境。繁殖季节常成对活动，但非繁殖季节喜集群活动。
分布范围 在内蒙古大多地区为夏候鸟，只有呼伦贝尔市及呼和
浩特市未见繁殖。国内繁殖于黑龙江、吉林、辽宁、江苏；越冬
于云南、贵州、广西、广东和香港；迁徙季节途经辽宁、河北、
山东、长江中下游地区、云南、贵州、四川、香港和台湾。
国外分布于俄罗斯的部分地区及日本；在亚洲南部，从尼泊
尔、印度东北部和孟加拉国至中南半岛过冬，偶见于更远的南部
地区。

岩羊

学名 *Pseudois nayaur* Hodgson
别名 崖羊、石羊、兰羊
科属 牛科 岩羊属
保护等级 国家二级重点保护野生动物

形态特征 外形：雄性比雌性体较大。头较小，头形狭长，眼大、耳小，无须。两性均具角，雄羊角粗大，两角靠紧，由头额长出，随即呈"V"形向两侧分开，再向后向外弯曲，然后角尖向内扭转。角表面有环棱，但隆起不明显。角中段突出一条纵棱，一直延伸到角尖。

毛色：体背面为青灰褐色，与岩石的颜色极相近，吻部和颜面部为灰白色与黑色混杂，胸部为黑褐色，向下伸到前肢的前面，直达蹄部。腹部和四肢的内侧白色或黄白色。雄兽体侧的下缘从腋下开始，经腰部、鼠蹊部、一直到后肢的前面，有一条明显的黑纹，将背腹毛色明显分开。而雌兽体侧的下缘没有黑纹或不明显。臀部和尾巴的腹面为白色，尾巴背面除基部为白色外，大部分为黑色。

栖息环境 栖息于高海拔无林山地、高山裸岩、高山草甸地带。无固定行走路线和栖息场所。喜群居，很少独栖。夜间及中午在山崖上或岩石旁休息，晨、昏在草类繁茂的陡坡觅食。

分布范围 国内分布于宁夏、陕西、云南、四川、青海、甘肃、西藏、内蒙古等地区。
国外分布于不丹、缅甸北部、尼泊尔、印度北部、巴基斯坦和塔吉克斯坦。

遗鸥

学名 *Larus relictus*
别名 黑头鸥
科属 鸥科 鸥属
保护等级 世界濒危鸟类红皮书的受威胁鸟种、国家一级重点保护鸟类

形态特征 夏羽：前额及嘴角处棕白沾褐色。额顶部、两颊、颏及上喉棕褐色。眼后缘上下各有一半月形白斑。枕部至后颈前缘、下喉及颈侧上部黑色。后颈及上背白色，稍沾浅灰，下背灰色。腰、尾上覆羽及内侧尾羽白色，外侧3对尾羽微沾灰色。下体灰白色。腋羽及两胁白色。翅飞羽浅灰色，羽轴白色。

冬羽：头白色，耳覆羽具一暗色斑。后颈具有小的暗色斑点。眼的上下各有一半月形白斑。

虹膜褐色。嘴暗红色。脚橙红色，爪黑色。幼鸟嘴黑色或灰褐色，尖端黑色，脚灰褐色。

栖息环境 栖息于内陆沙漠或沙地湖泊。巢大多营于湖心岛。集群营巢，但进入孵化期前多数结对活动。

分布范围 国内迁徙季节见于黑龙江省扎龙、新疆天山、河北北戴河、江苏镇江。国外繁殖于欧洲西北部和亚洲北部，向东一直到俄罗斯远东地区。偶尔在北美洲有分布。越冬地在繁殖区南部，主要在地中海、黑海和日本海。

豆雁

学名 *Anser fabalis*
别名 大雁、麦鹅
科属 鸭科 雁属
保护等级 已被列入《国家保护的有益的或者有重要经济、科学研究价值的陆生野生动物名录》《世界自然保护联盟》（IUCN）2013 年濒危物种红色名录 ver 3.1——低危（LC）

形态特征 雄性成鸟：头颈部棕褐色。上体羽在背肩部灰褐色，羽缘呈象牙白色。腰部黑褐色。尾上覆羽近纯白色，尾羽黑褐色，羽端近白色。初级飞羽和次级飞羽黑褐色，最外侧飞羽的外翈灰色。翅上覆羽和三级飞羽灰褐色，初级覆羽黑褐色，羽缘象牙白色。下体羽在颏喉部和胸部淡棕褐色。两胁缀深灰褐色横斑。腹部污白色，尾下覆羽白色。雌性成鸟：羽色与雄鸟近似。体型稍小于雄鸟。
虹膜暗褐色。嘴甲黑色，嘴黑褐色，在鼻孔前端与嘴甲之间具橙黄色斑带，此斑于嘴的两侧缘向后延伸几至嘴角。跗蹠和趾橙黄色，爪黑色。
栖息环境 繁殖地在西伯利亚及欧洲北部等地。5-6 月间繁殖，营巢于河谷干燥地面低凹洼坑中，巢材用干草、地衣、植物叶，内铺自身脱落绒羽。
分布范围 迁徙季节见于内蒙古各地。
国内繁殖于东北北部，迁徙时经过我国各地，在我国东南沿海、长江中下游海南越冬。国外繁殖于欧亚大陆北部，越冬于欧洲中南部和亚洲东部。

斑嘴鸭

学名 *Anas poecilorhyncha*
别名 大乌毛
科属 鸭科 鸭属
保护等级 列入《世界自然保护联盟》(IUCN)2013 年濒危物种红色名录 ver 3.1——低危(LC)

形态特征 雄鸭从额至枕棕褐色,从嘴基经眼至耳区有一棕褐色纹;眉纹淡黄白色;眼先、颊、颈侧、颏、喉均呈淡黄白色,并缀有暗褐色斑点。上背灰褐沾棕,具棕白色羽缘,下背褐色;腰、尾上覆羽和尾羽黑褐色,尾羽羽缘较浅淡。初级飞羽棕褐色;次级飞羽蓝绿色而具紫色光泽,近端处黑色,端部白色,在翅上形成明显的蓝绿色而闪紫色光泽的翼镜和翼镜后缘的黑边和白边,飞翔时极明显;三级飞羽暗褐色,外翈具宽阔的白缘,形成明显的白斑。翅上覆羽暗褐色,羽端近白色;大覆羽近端处白色,端部黑色,形成翼镜前缘的白色。胸淡棕白色,杂有褐斑;腹褐色,羽缘灰褐色至黑褐色;尾下覆羽黑色,翼下覆羽和腋羽白色。雌鸟似雄鸟,但上体后部较淡,下体自胸以下均淡白色,杂以暗褐色斑;嘴端黄斑不明显。虹膜黑褐色,外围橙黄色;嘴蓝黑色,具橙黄色端斑;嘴甲尖端微具黑色,跗蹠和趾橙黄色,爪黑色。
栖息环境 栖居于内陆湖泊、水库、河流的水面上。喜集群活动,常集成 5-20 只小群,换羽时结成几百只至上千只的大群。善于游泳和潜水。
地理分布 分布于内蒙古各地。
国内普通亚种繁殖于东北华北、甘肃、宁夏、青海、四川、云南西北部;终年留居长江中下游及华东一带;越冬于西藏南部,长江以南及台湾。云南亚种终年留居云南西部丽江、盈江、腾冲、最东及思茅。国外分布于蒙古东部、西伯利亚东南部萨哈林岛、千岛群岛、日本、朝鲜尼泊尔、印度、斯里兰卡、孟加拉国缅甸及中南半岛北部。

赤嘴潜鸭

学名 *Netta rufina*

别名 红头

科属 鸭科 狭嘴潜鸭属

保护等级 已被列入《国家保护的有益的或者有重要经济、科学研究价值的陆生野生动物名录》《世界自然保护联盟》（IUCN）2013 年濒危物种红色名录 ver 3.1——低危（LC）

形态特征 雄鸟（繁殖羽）：从头顶至颈项的冠状淡玉米黄色，头余部、喉、前颈的上部、侧均橘黄沾棕色，下颈羽基灰棕褐，羽端浓黑褐色。上背前部黑褐色，后部色稍淡，下背棕褐色。肩羽棕褐色，羽缘棕白，肩臼处的肩羽形一大型白斑。腰和尾上覆羽黑褐色闪绿色金属光泽，尾羽灰褐沾棕，羽缘棕白色。雌鸟（繁殖羽）：额、头顶、枕部和眼周棕褐色，头余部灰白色。上体除腰部为褐色外均为淡棕褐色，并有浅色羽端。初级飞羽羽端黑褐色，外侧初级飞羽外翈亦黑褐，内翈羽缘灰白，内侧初级飞羽灰白稍沾棕，翼镜灰白，后面有黑褐色边和白色狭缘。下体褐灰色，上胸、胸侧及两肋深暗而沾棕色。尾下覆羽灰白色，腋羽纯白色。雄鸭虹膜红色或棕色，雌鸭棕褐色。雄鸭嘴酒红色，嘴甲粉黄，雌鸭黑褐，先端粉红。跗蹠黄褐色。

栖息环境 主要栖息于水生植物丰富的淡水湖泊，在草原中的漳尔及公路两侧的水泡中也常能见到。

分布范围 主要繁殖于内蒙古乌梁素海，近几年繁殖区有向东延伸的趋势。国内繁殖在新疆塔里木盆地外缘、青海柴达木盆地柴旦，迁徙时见于甘肃、四川、山西、河南、湖北荆州，在西藏南部、云南过冬。国外主要繁殖在欧洲西南部及中亚地区，从黑海、土耳其西部，经里海、吉尔吉斯斯坦，向南到叙利亚、伊朗北部、蒙古西部，也有少量繁殖在欧洲西部，从丹麦、荷兰、往南到西班牙东部，法国南部。越冬主要在亚洲西南部印度北部和中部、欧洲南部及非洲东北隅和西北隅沿海一带。

黑翅长脚鹬

学名 *Himantopus himantopus*（Linnaeus）
别名 红腿娘子、高跷鸻
科属 反嘴鹬科 长脚鹬属
保护等级 已被列入《国家保护的有益的或者有重要经济、科学研究价值的陆生野生动物名录》《世界自然保护联盟》（IUCN）2013 年濒危物种红色名录 ver 3.1——低危（LC）

形态特征 嘴直而长。腿细而特长。翅和背肩部黑，闪金属光泽。上体余部和下体大都白色。

雄鸟（夏羽）：额白色。头顶至后颈、眼周及耳羽灰黑色。上背、肩部和两翅黑色，闪暗黑绿色金属光泽。下背和腰白色。尾上覆羽污灰色。尾羽淡灰褐色，外侧尾羽灰白色。下体羽几纯白色。腋羽白色，翼下覆羽黑色。

雌鸟（夏鸟）：背肩部和三级飞羽暗褐色。余部羽色类似雄鸟。

虹膜红色。嘴黑色，幼鸟下嘴基部棕红。腿橙红色。幼鸟上段粗肿。

栖息环境 栖息于海滨、河滩、湖泊、沼泽湿地等水域环境的浅水沼泽地。常在浅水中觅食。

生境分布 国内繁殖于内蒙古、新疆、青海、辽宁、吉林和黑龙江，迁徙季节途经河北、山东、河南、山西、四川、云南、西藏、江苏、福建、广东、香港和台湾。越冬于广东、香港和台湾。国外繁殖于欧洲东南部、塔吉克斯坦和中亚国家，越冬于非洲和东南亚，偶见于日本。

青脚鹬

学名 *Tringa nebularia*
别名 水鸡子
科属 鹬科 鹬属
保护级别 已被列入《国家保护的有益的或者有重要经济、科学研究价值的陆生野生动物名录》、《世界自然保护联盟》（IUCN）2013 年濒危物种红色名录 ver 3.1——低危（LC）

形态特征 中型涉禽。体长在 30 ~ 35 厘米之间，嘴稍上翘，腿长。头顶黑色，有浅灰纵纹，上体浅灰色有黑褐色轴斑。腰至尾上覆羽白色。尾羽白色有黑褐色横斑。飞行时脚与体平行，超过尾部，前颈、胸白色有褐色纵纹。腹、尾下覆羽白。

栖息环境 栖息于森林、山地及草原地区的湖泊、河流和沼泽地带。在浅水沿泽中觅食，主要吃虾、小鱼、昆虫等。单独或小群活动。觅食时在水边走走停停，也能快速奔跑。

分布范围 迁徙季节见于内蒙古地区。国内越冬于长江以南地区，西抵西藏东南部南至台湾、海南；其余大部地区为旅鸟。

国外繁殖于欧洲至亚洲北部；越冬于西北欧沿海地区、北非、地中海、西亚波斯湾、南亚、东南亚、澳大利亚、新西兰。

荒漠沙蜥

学名 *Phrynocephalus przewalskii* Strauch
别名 沙和尚
科属 鬣蜥科 沙蜥属
保护等级 列入《国家保护的有益的或者有重要经济、科学研究价值的陆生野生动物名录》。
列入《世界自然保护联盟》(IUCN)2013 年濒危物种红色名录近危 (NT) 。列入中国生物多
样性红色名录——脊椎动物卷，评估级别为易危 (VU) 。

形态特征 背鳞和腹鳞有强棱。无腋斑。颏、胸、腹部常有黑点
所成的斑块。颈部狭窄，有明显的颈褶和体侧褶。颈和背部有
棱鳞，尤以脊鳞的棱嵴更强；体侧鳞小，突出呈小刺状。幼蜥
腹面黄白色，无黑点或斑块；尾的腹面桔红色，与黑环交错相
间，尾尖下方黑色。
栖息环境 荒漠沙蜥是内蒙古西部荒漠中最典型的优势种蜥蜴。
栖息地的海拔高 1000 余米，气候极其干旱，植物稀疏，与该
蜥同栖一地的尚有隐耳漠虎、虫纹麻蜥、荒漠麻蜥、沙蟒和中
介蝮蛇等。
分布范围 东起鄂尔多斯西北部的库布其沙漠和黄河河套以西，
由乌拉特中旗往西经阿拉善左旗分布到额济纳旗，向南可穿越
甘肃武威地区进入河西走廊东部和宁夏北部地区。国外分布于
蒙古。

灰斑鸠

学名 *Streptopelia decaocto*(Frivaldszky)
别名 斑鸠
科属 鸠鸽科 斑鸠属

形态特征 额灰色。头顶至后颈浅粉红灰色，后颈基部有一道半月状
黑色领环，其前后缘为灰白色，背肩部、腰部及尾上覆羽均呈青铜色，
较长的数枚尾上覆羽基部沾灰。中央尾羽青铜色，外侧尾羽基部黑色，
端部呈灰色或灰白色。初级飞羽黑褐色，内侧几枚沾灰，次级飞羽蓝
灰色。翅上覆羽大都蓝灰色，仅小覆羽青铜色。颏、喉部灰白色。下
体余部蓝灰色，胸部紫粉红色。
虹膜红色，眼周裸出部灰白色。嘴近黑色。脚暗粉红色。
栖息环境 栖息于平原、低山丘陵、村座、城市公园、庭院等的树林
中。常在树上、建筑物顶部及电线上停落。飞于农田、路旁、居民点
附近觅食。
分布范围 国内分布于内蒙古、新疆、青海、宁夏、陕西南部、甘肃、
湖北、河北、山东、山西、吉林、云南、福建、安徽。
国外分布于欧洲的大部分、非洲东北部、亚洲西南部、印度、缅甸、
斯里兰卡、日本及朝鲜的部分地区。

红嘴鸥

学名 *Larus ridibundus*

别名 笑鸥、海鸥、钓鱼鸥

科属 鸥科 鸥属

保护等级 已被列入《国家保护的有益的或者有重要经济、科学研究价值的陆生野生动物名录》、《世界自然保护联盟》（IUCN）2013 年濒危物种红色名录 ver 3.1——低危（LC）。

形态特征 夏羽：头至颈上部咖啡褐色，羽缘微沾黑，眼后缘有一星月形白斑。颏中央白色。颈下部、上背、肩、尾上覆羽和尾白色，下背、腰及翅上覆羽淡灰色。翅前缘，后缘和初级飞羽白色。

冬羽：头白色，头顶、后头沾灰，眼前缘及耳区具灰黑色斑，嘴和脚鲜红色，嘴先端稍暗。深巧克力褐色的头罩延伸至顶后，翼前缘白色，翼尖的黑色并不长，翼尖无或微具白色点斑。脚和趾赤红色，冬时转为橙黄色；爪黑色。

栖息环境 栖息于平原和低山丘陵地带的湖泊、河流、水库、河口、渔塘、海滨和沿海沼泽地带。也出现于森林和荒漠与半荒漠中的河流、湖泊等水域。

分布范围 在中国繁殖于西北部天山西部地区及中国东北部的湿地。在中国东部及北纬 32 度以南所有湖泊、河流及沿海地带越冬。

翘鼻麻鸭

学名 *Tadorna tadorna* (Linnaeus)

别名 冠鸭

科属 鸭科 麻鸭属

保护等级 已被列入《国家保护的有益的或者有重要经济、科学研究价值的陆生野生动物名录》《世界自然保护联盟》(IUCN)2013 年濒危物种红色名录 ver 3.1——低危(LC)

形态特征 雄性(夏羽):头和颈上段黑褐色,闪暗绿光泽,并缀以茶叶沫状白点,颈下段及前胸白色。上背至胸部具有棕色环带,此环带在胸部加宽。背部、体侧、尾均白色,尾羽具黑色端斑。翼上覆羽白色。嘴上翘,赤红色,嘴基和额交界处有一红色侧扁皮质瘤。蜡膜棕褐色。脚蹼肉红色。

雌性成鸟:羽色较雄鸟略淡。头和颈局部绿色金属光泽,前额有一小白斑点。栗棕色胸环窄而浅淡,胸、腹至肛周的黑褐色带也变成模糊不清的淡褐色。尾下覆羽几成白色。嘴基无皮质肉瘤。

栖息环境 栖息于沿岸泥滩和港口,繁殖季节成对活动于岸边泥滩、沙丘。繁殖季节成对或集小群活动,营巢于树洞、狐狸废弃洞、野兔洞或其它洞中。巢为盘状,内垫柔软的杂草和绒羽。

分布范围 在内蒙古为繁殖鸟。

国内繁殖于黑龙江、青海湖及新疆天山;迁徙途经东北南部和西南部、河北、河南、山东青岛、山西南部、新疆西藏;越冬于长江中下游至广东沿海、贵州、浙江等地,国外繁殖于北纬 69° 直到挪威、芬兰西部、波罗的海周围国家、俄罗斯东南、咸海及黑海地区、西伯利亚西南部、蒙古国西北部至中国东北、法国北部、罗马尼亚、伊拉克和伊朗等地;在日本、朝鲜、中南半岛北部、印度北部、亚洲西南部、欧洲南部及非洲东北角和西北角等地越冬。

白琵鹭

学名 *Platalea leucorodia*
别名 划拉
科属 鹮科 琵鹭属
保护等级 国家二级重点保护鸟类

形态特征 成体（夏羽）：全身白色，具一丛橙黄色枕冠，冠羽长约
100 毫米，前颈基部具宽阔的橙黄色横带，颊和喉的裸出部黄色，
向后变为红色。

成体（冬羽）：与夏羽相似，但前颈基部及颊的橙黄色变白。虹膜暗
黄色。嘴黑色，先端黄色，嘴扁而长。

栖息环境 栖息于有水环境的开阔地域，喜集群活动，常见有
10～20 只一群，有时多达 100 只。有时也与大白鹭等混群。飞翔
时排成"一"字队或"人"字队。白琵鹭喜集群营巢。常与大白鹭、
草鹭、苍鹭的巢杂混在一起。筑巢于稠密的苇丛。

分布范围 国内繁殖于新疆、黑龙江、吉林、辽宁、河北、山西、甘
肃和西藏；在长江下游、江西、广东、福建和台湾等地越冬。国外
繁殖于欧洲、印度、斯里兰卡和北非东西海岸；在苏丹、波斯湾、
印度、斯里兰卡、日本南部越冬。

大斑啄木鸟

学名 *Picoides major*

别名 啄木鸟、树啄鸡

科属 啄木鸟科 啄木鸟属

保护等级 已被列入《国家保护的有益的或者有重要经济、科学研究价值的陆生野生动物名录》、《世界自然保护联盟》（IUCN）2013 年濒危物种红色名录 ver 3.1——低危（LC）。

形态特征 小型鸟类，体长 20～25cm。上体主要为黑色，额、颊和耳羽白色，肩和翅上各有一块大的白斑。尾黑色，外侧尾羽具黑白相间横斑，飞羽亦具黑白相间的横斑。下体污白色，无斑；下腹和尾下覆羽鲜红色。雄鸟枕部红色。雄鸟额棕白色，眼先、眉、颊和耳羽白色，头顶黑色而具蓝色光泽。后颈及颈两侧白色，形成一白色领圈。雌鸟头顶、枕至后颈辉黑色而具蓝色光泽，耳羽棕白色，其余似雄鸟（东北亚种）。

栖息环境 栖息于山地和平原针叶林、针阔叶混交林和阔叶林中，尤以混交林和阔叶林较多，也出现于林缘次生林和农田地边疏林及灌丛地带。

分布范围 中国分布于新疆、内蒙古东北部、黑龙江、吉林、辽宁、河北、河南、山东、江苏、安徽、山西、陕西、甘肃、青海、四川、贵州、云南、湖北、湖南、江西、浙江、福建、广东、广西、香港和海南岛等地。

大白鹭

学名 *Ardea alba*
别名 老等、白庄
科属 鹭科 鹭属
保护等级 已被列入《国家保护的有益的或者有重要经济、科学研究价值的陆生野生动物名录》《世界自然保护联盟》（IUCN）2013 年濒危物种红色名录 ver 3.1——低危（LC）。

形态特征 大中型涉禽，成鸟的夏羽全身乳白色；鸟喙铁锈色；头有短小羽冠；肩及肩间着生成丛的长蓑羽，一直向后伸展，通常超过尾羽尖端 10 多厘米，有时不超过；蓑羽羽干基部强硬，至羽端渐小，羽支纤细分散；冬羽的成鸟背无蓑羽，头无羽冠，虹膜淡黄色。大白鹭只在白天活动，步行和飞行时颈均收缩成 S 形，取食时伸直；飞行时脚向后伸直，超过尾部。

栖息环境 栖息于海滨、水田、湖泊、红树林及其他湿地。常成单只或 10 余只的小群活动，有时在繁殖期间亦见有多达 300 多只的大群，偶尔亦见和其他鹭混群。常见与其他鹭类、鸭鹕、鸬鹚等混在一起。以甲壳类、软体动物、水生昆虫以及小鱼、蛙、蝌蚪和蜥蜴等小动物性食物为食。主要在水边浅水处涉水觅食，也常在水域附近草地上慢慢行走，边走边啄食。

分布范围 分布于全球温带地区。我国广泛分布于华北、华中、华南、东北和西北地区。内蒙古为夏候鸟。

结 语

库布其，大自然的恩赐

大漠广阔而寂静，浩瀚而深沉。一个人落在纷繁的尘世间就像一颗星落在宇宙里，只有找到自己的位置才会闪闪发光。

每个星光灿烂的夜晚，我漫步于库布其千余株云杉丛，沉浸在醉人的清香中。那细密的针叶映出库布其星河的光晕，仿如大自然装点的"圣诞树"，熠熠生辉，对我们30年的沙漠苦行予以回应。清风徐来，似乎带给我远方欧洲友人的信息，他们在向我询问库布其云杉的消息。多年前，我们曾有约定：我会在库布其为他们种一片"圣诞树"，让全世界共享"绿水青山"的美好愿望，在中国治沙人修复的荒漠中，焕发绿色的生机。

也许，我注定就是这沙漠中的修行者，注定要坐沙悟禅，孤独地穿越一扇扇朝圣的门，悟道大漠，终于找到沙漠绿洲的图腾。我们生命的最初，是由统一的混沌到个体清晰的过程，到生命的最后，殊途同归，或殊荣，或平淡，都是大自然给我们最好的恩赐。所有的相遇都是最美的恩赐，30年前与大漠相遇，今后与大漠相生相伴也是一种恩赐。这几天，我碰到一位资深的蒙古语专家，他告诉我："库布其"在蒙古语中还有一个更深层次的意思，那就是"深绿茂密的森林"，今天的库布其用这个意思来翻译更为贴切。我想这是亿利治沙30年的收获，更是大自然对库布其的恩赐，让它回归了本原。

在人生的荒漠中不乏大智奇人，他们踩着岁月的符码，都想找到自己的道与法，都想去悟出真"道"，但唯有走向天道、运用天道造福众生才找到了"根"和"本"。真正"悟出道，行出道"，跟随生命的脚步，走出困顿的迷局，摆脱浮躁的轮回，用智慧去浸润"根本"，这也许就是对亿利集团库布其治沙从哲学层面的最好解读。我常常给亿利治沙人讲，无论是哪种宗教，都在推崇"种瓜得瓜，种豆得豆，善有善报、恶有恶报"的重要法则。30 年来，亿利治沙人、社会投资者、沙区农牧民在各级党委政府的领导支持下，埋头苦干、默默无闻，用勤劳和智慧辛勤耕耘在库布其大漠，感动上苍，感动自然，恩赐了我们这座库布其沙漠绿洲。湖岸风云净，沙坡草树鲜，七星湖犹如一颗翡翠明珠镶嵌在大漠腹地。湖面风生水起，绿波荡漾，水鸟飞旋，鱼翔浅底；湖内芦苇丛生，蛙声四起，连绵不绝，每年春秋有大批白天鹅、遗鸥、青章、鹤等十几种珍稀鸟类来此栖息。一沙一世界，一叶一乾坤，那绿如影随形，那绿没完没了，那绿"远近高低各不同"。沙柳、柠条、白杨、樟子松……各种绿，或深，或浅；每个沙头，或大，或小；各处布局，或疏，或密；沙湖相依、绿绿相映，仿佛以宏阔之势，演奏出库布其大漠的交响曲，那么雄壮、那么欢快、那么意味深长！

大自然恩赐库布其，让千年荒漠变身为满目青翠、生机盎然的大漠绿洲。过去京津冀的沙尘源成了今天的过滤网，不仅控制住令当地人憎恨的沙尘暴，而且过滤、吸收了过境的沙子，把沙尘挡在塞外，把清风送给了北京。这里成了中国最美观星地之一，夜晚当你举目仰望星空，便能与银河亲密接触。天似穹庐，星光璀璨，笼盖着无垠的大漠，仿佛一颗颗晶莹的宝石，洒落在银河里，有的密，有的疏，然后漫不经心地衔接到地平面。大漠星空与深夜的海洋如此相像，泛着宝蓝色的光芒，星星也不再是清冷的煞白，在蓝色、紫色、粉色阑珊的夜幕中，"噼里啪啦"绽放出绚烂的生命，这世间仿佛没有哪种光芒能与之相媲美，邀约时光独酌，凝望时空吟思。觅一片精神的镜像，就能从远方听到心灵的回声。同时大自然恩赐了库布其一域干净清新、朗润的空气，轻轻地呼吸，沁人心肺，让人瞬间忘记疲惫、惬意舒爽。在这里，你可以享受它的宁静，你可以在充满负氧离子的环境下，一觉睡到自然醒。远处一两只黑颈鹭鸟滑翔而至，只见它们收束双翅，稳稳地立于溪涧边。它们开始在草泽中觅食，或者走到一起嬉戏，水边湿地上印下几行深浅不一的爪痕……如此山水田园美景，让人恍然置身仙侠之境、桃园之所，沉醉不知归路。

大自然恩赐库布其，将其由过去的生命禁区变为生命绿洲。500多种植物争相吐艳，绽放青春。大漠胡杨在此扎根成林，演绎着"三个千年"的生命传奇。今天的库布其，呈现了风吹绿草、水鸟飞翔、仙鹤来仪、荷花绽放、鱼游浅底、碧水映霞的美丽画卷。雨后的阵阵蛙声，诉说着库布其的丰收。天降祥瑞，时常出现的大漠彩虹，为这片大漠增添了福瑞。让我印象更为深刻的是2013年8月和2016年正月，库布其大漠出现的双彩虹桥更是为这片沙漠增添了神奇感。

大自然恩赐库布其，将其由过去赤地千里的荒漠荒沙变成绿水青山。上百万亩沙漠绿土地，滋养着绿色的、美味的沙漠果蔬，让我们找回儿时的味道。种养殖业、加工业、文化旅游业一二三产业融合发展，百舸争流，绽放经济活力。沙区农牧民从过去游沙啃沙，到治沙用沙，以沙发家，鼓起了钱包，丰富了脑袋，鼓足了干劲，开阔了眼界。

库布其治沙30年，生态加生意，增绿又增收，治沙又治穷，"绿起来"又"富起来",演绎了一幅天、地、人和谐统一,美丽与发展包容并蓄,道与法顺其自然的沙漠经济实践篇章。

库布其治沙 30 年,绿色不是句号,而是基础和起点。新时代、新征程,"绿水青山就是金山银山"的伟大理念是亿利治沙人永远的价值追求。在这一伟大理念的指引下,未来 30 年,亿利人将在库布其实现由沙漠绿水青山向金山银山的成功转变。未来 30 年,亿利人将会把库布其精神、理念、技术、产业、人才带到全世界更多的沙漠地区,让更多的沙漠变成绿水青山和金山银山,让更多的沙漠不再有沙尘和饥饿,让更多的沙漠鲜花烂漫、生机盎然。

沙漠经济学的实践,只有起点,没有终点。只有永远的成长,没有永远的成功。我希望与天下关心沙漠、热爱沙漠的有识之士共同交流和探讨。

在本书编写过程中,我们得到了中国治沙暨沙业协会、北京林业大学、内蒙古林科院以及亿利集团很多治沙专家的帮助和支持,在此一并表示感谢。